Robustheitsbewertung crashbelasteter Fahrzeugstrukturen

Nino Andricevic

Robustheitsbewertung crashbelasteter Fahrzeugstrukturen

Nino Andricevic

Von der Technischen Fakultät der Albert-Ludwigs-Universität Freiburg im Breisgau zur Erlangung des akademischen Grades eines Doktor-Ingenieurs (Dr.-Ing.) genehmigte Dissertation

Schriftenreihe $\dot{\varepsilon}$ – Forschungsergebnisse aus der Kurzzeitdynamik

Herausgeber Prof. Dr. rer. nat. Klaus Thoma
Prof. Dr.-Ing. habil. Stefan Hiermaier

Heft Nr. 31

FRAUNHOFER VERLAG

Kontaktadresse:
Fraunhofer-Institut für Kurzzeitdynamik,
Ernst-Mach-Institut, EMI
Eckerstraße 4
79104 Freiburg
www.emi.fraunhofer.de

Bibliografische Information der Deutschen Nationalbibliothek:
Die Deutsche Nationalbibliothek verzeichnet diese Publikation in der Deutschen Nationalbibliografie; detaillierte bibliografische Daten sind im Internet über http://dnb.d-nb.de abrufbar.
ISSN: 1612-6718
ISBN: 978-3-8396-1057-2

DE-25
Zugl.: Freiburg, Univ., Diss., 2016

Druck und Weiterverarbeitung:
IRB Mediendienstleistungen
Fraunhofer-Informationszentrum Raum und Bau IRB, Stuttgart

Für den Druck des Buches wurde chlor- und säurefreies Papier verwendet.

Fraunhofer-Informationszentrum Raum und Bau IRB
Postfach 800469, 70504 Stuttgart
Nobelstraße 12, 70569 Stuttgart
Telefon 0711 970-2500
Telefax 0711 970-2508
verlag@fraunhofer.de
www.verlag.fraunhofer.de

Dissertation zur Erlangung des Doktorgrades
der Technischen Fakultät der Albert-Ludwigs-Universität
Freiburg im Breisgau

Thema der Dissertation	Robustheitsbewertung crashbelasteter Fahrzeugstrukturen
Verfasser	Dipl.-Ing. Nino Andricevic, M.Sc.
Dekan	Prof. Dr. Georg Lausen
Promotionsausschuss	Erster Berichterstatter Prof. Dr. Stefan Hiermaier
	Zweiter Berichterstatter Prof. Dr. Fabian Duddeck
Mit der Promotion erlangter akademischer Grad	Doktor der Ingenieurwissenschaften (Dr.-Ing.)
Tag der Prüfung	27. April 2016

Stuttgart, den 27. April 2016

»Essentially, all models are wrong, but some are useful.«
George E. P. Box

Vorwort

Die vorliegende Dissertation entstand während meiner Tätigkeit als Doktorand in der Aufbau Vorentwicklung der Dr. Ing. h.c. F. Porsche AG.

Die hochschulseitige Betreuung erfolgte durch das Fraunhofer Institut für Kurzzeitdynamik, Ernst-Mach-Institut (EMI). Mein besonderer Dank gilt, stellvertretend für das gesamte Team des EMI, Prof. Dr. Stefan Hiermaier für seine ausgezeichnete Betreuung der Arbeit. Trotz seiner zahlreichen Aufgaben nahm er sich stets Zeit für den fachlichen Austausch.

Für sein großes Interesse bei der Übernahme des Koreferats bedanke ich mich herzlich bei Prof. Dr. Fabian Duddeck. Seine konstruktiven Anmerkungen trugen wesentlich zum Erfolg der Arbeit bei.

Hervorzuheben ist die erstklassige Betreuung seitens Porsche durch Martin Kamm und Dr. Tassilo Gilbert, die sich zusätzlich zu ihrem Tagesgeschäft stets Zeit für meine Arbeit nahmen. Vielen Dank auch an Dr. Werner Tietz, Frank Sautter und Mathias Fröschle für die wohlwollende Unterstützung des Porsche Doktorandenmodells.

Herzlicher Dank gebührt der Unfallforschung des Volkswagen-Konzerns unter der Leitung von Dr. Ralf Tenzer. Insbesondere möchte ich mich bei Dr. Mirko Junge bedanken, der durch seinen Einsatz entscheidend zum Erfolg dieser Arbeit beigetragen hat.

Besonderer Dank für die zahlreichen fachlichen Diskussionen gilt Dietmar Krase, Gerd Bolte sowie Dr. Simon Alexander Maurer.

Herzlich bedanken möchte ich mich außerdem bei meinen unermüdlichen Abschlussarbeitern Andreas Patzelt, Robert Antes, Roland Golz, Dominik Roß, Dimitri Schulz, Konstantin Lühe und Jens Bohlien.

Eine Doktorarbeit ist dann besonders erfolgreich, wenn man auch privat die nötige Rückendeckung erfährt. Herzlichen Dank für das Verständnis und die Unterstützung an meine Eltern, meinen Bruder, Jennifer und meine Freunde. Meinen Eltern, die mich, seit ich denken kann, bei der Verwirklichung all meiner Ziele unterstützt haben, widme ich diese Arbeit.

Stuttgart, im April 2016
Nino Andricevic

Inhaltsverzeichnis

1 Einleitung

1.1 Motivation und Problemstellung

Der übergeordnete Antrieb der Fahrzeugsicherheit liegt in der Reduktion der Anzahl von Unfalltoten und Schwerverletzten im Verkehrsgeschehen [Deu14]. Um die Sicherheit von Automobilen stetig zu verbessern, wurden die Anforderungen an die Fahrzeugsicherheit in den vergangenen 50 Jahren sowohl quantitativ als auch qualitativ kontinuierlich angehoben [Nal13]. Durch die Einführung neuer gesetzlicher Lastfälle und höherer Verbraucherschutzanforderungen, die in ihrer Ausprägung aus dem realen Unfallgeschehen motiviert sind [Lin03], konnte die Anzahl zu beklagender Verkehrstoten in Deutschland zwischen 1970 und 2014 um fast 85 % reduziert werden [Sta15]. Trotzdem kommen pro Jahr noch immer ca. 300.000 Menschen im bundesdeutschen Straßenverkehr zu Schaden [Sta15]. Zum Teil lässt sich dies auf Unfallkonstellationen zurückführen, die bisher durch die Anforderungen der Fahrzeugsicherheit nur unzureichend abgedeckt werden. Diese Diskrepanzen zwischen standardisierten Crashlastfällen und dem realen Unfallgeschehen bilden den ersten Aspekt der Motivation für diese Arbeit und sind in Abbildung 1-1 dargestellt.

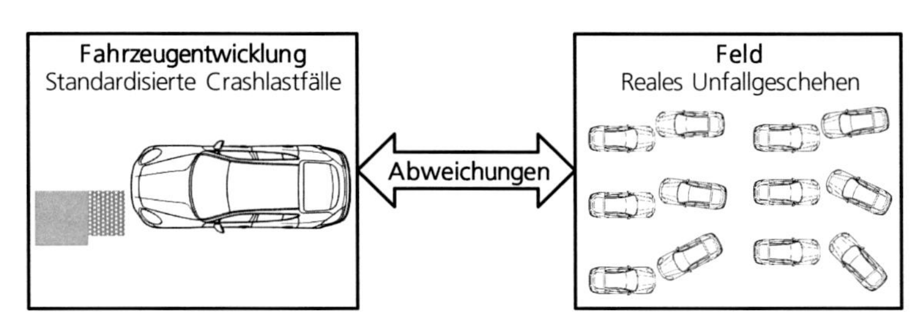

Abbildung 1-1: Erster Aspekt der Motivation für diese Arbeit: Abweichungen zwischen standardisierten Crashlastfällen und dem realen Unfallgeschehen

Neben steigenden Anforderungen an die Fahrzeugsicherheit führt u. a. ein erhöhter Komfortanspruch an die Mobilität zu einer Erhöhung der Fahrzeugmasse. Zusätzlich schreibt das globale Ziel der Ressourceneffizienz anspruchsvolle Grenzwerte für den Energieverbrauch von Automobilen vor. Insgesamt kommt damit dem Leichtbau in der Fahrzeugentwicklung eine zentrale Bedeutung zu. Neben innovativen Mischbauweisen auf Basis metallischer Grundwerkstoffe [Tie12] kommen in Fahrzeugstrukturen zunehmend auch Faserkunststoffverbunde [And15a] als Leichtbautechnologie zum Einsatz. Zur beanspruchungsgerechten und effizienten Auslegung von Karosseriestrukturen werden in der Fahrzeugentwicklung Methoden der numerischen Optimierung eingesetzt [Dud15a, Ort15]. Auslegungsentwürfe, die Resultat einer numerischen Optimierung sind, neigen jedoch dazu, ihre Leistungsfähigkeit nur in einem sehr begrenzten Entwurfsraum zu erreichen [Les09, Kha10, Ray15]. Konkret bedeutet dies, dass kleine Änderungen der optimalen Bedingungen großen Einfluss auf das gewünschte Ergebnis haben können. In der Realität unterliegt jedes physikalische System natürlichen Eingangsstreuungen [Har08]. Werden in der Auslegung nur die Nominalwerte berücksichtigt und die natürlichen Streuungen ignoriert, kann dies zu einer Einschätzung des Systemverhaltens führen, das u. U. stark vom realen Verhalten abweichen kann. Abbildung 1-2 verdeutlicht diesen zweiten Aspekt der Motivation für diese Arbeit anhand des Vergleichs zwischen dem deterministischen Ergebnis einer Struktursimulation und dem Ergebnis unter Berücksichtigung von streuenden Eingangsgrößen.

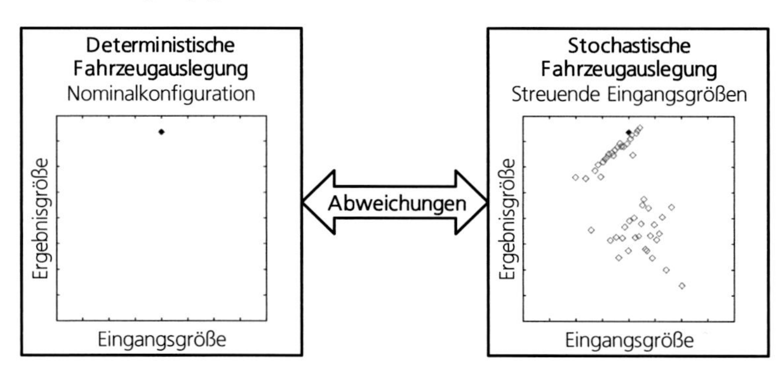

Abbildung 1-2: Zweiter Aspekt der Motivation für diese Arbeit: Abweichungen zwischen dem deterministischen Ergebnis einer Struktursimulation und dem Ergebnis unter Berücksichtigung streuender Eingangsgrößen

Insgesamt ergeben sich somit sowohl aus dem realen Unfallgeschehen (Abbildung 1-1) als auch aus der virtuellen Bauteilauslegung (Abbildung 1-2) Streueinflüsse, die in der Fahrzeugentwicklung berücksichtigt werden sollten. Hierzu werden Methoden benötigt, die sich zur Analyse der Robustheit crashbelasteter Fahrzeugstrukturen hinsichtlich der beiden aufgezeigten Aspekte eignen.

1.2 Stand der Wissenschaft

Robustheitsmethoden werden in zahlreichen Disziplinen der Ingenieurwissenschaften und für verschiedene Problemstellungen eingesetzt, wie zum Beispiel zur Auslegung des Energiemanagements von Hybridfahrzeugen [Opi14], zur Effizienzsteigerung transparenter Solarzellen [Yu14] oder im Rahmen multidisziplinärer Optimierung in der Luftfahrtindustrie [Kar06]. Im Folgenden wird ein Überblick über den Stand der Wissenschaft von Robustheitsuntersuchungen in der Entwicklung technischer Systeme im Allgemeinen und der Fahrzeugsicherheit im Speziellen gegeben.

In Unterkapitel 1.2.1 werden Analysen des realen Unfallgeschehens beleuchtet. Hierbei geht es zunächst um die Überprüfung von Anforderungen der Fahrzeugsicherheit auf Basis realer Unfalldaten. Im nächsten Schritt werden Forschungsaktivitäten resümiert, die mithilfe realer Felddaten der Unfallforschung nutzbare Zusammenhänge für die Entwicklung von Fahrzeugsicherheitssystemen herleiten, wie z. B. Verletzungsrisikofunktionen.

Unterkapitel 1.2.2 betrachtet Forschungsansätze zur Robustheit bei der Entwicklung technischer Systeme. Neben Robustheitsmethoden und deren Einordnung in den Produktentstehungsprozess (PEP) werden Beispiele für Robustheitsanalysen in der Auslegung crashbelasteter Fahrzeugstrukturen beschrieben. Ein weiterer Schwerpunkt des Unterkapitels bildet eine Zusammenschau von Forschungsarbeiten zur qualitativen und quantitativen Bewertung der Systemeigenschaft Robustheit.

Die im Rahmen der Literaturrecherche beleuchteten Themengebiete sind in Abbildung 1-3 in Abhängigkeit von Aussageniveau und Detaillierungsgrad qualitativ zueinander angeordnet.

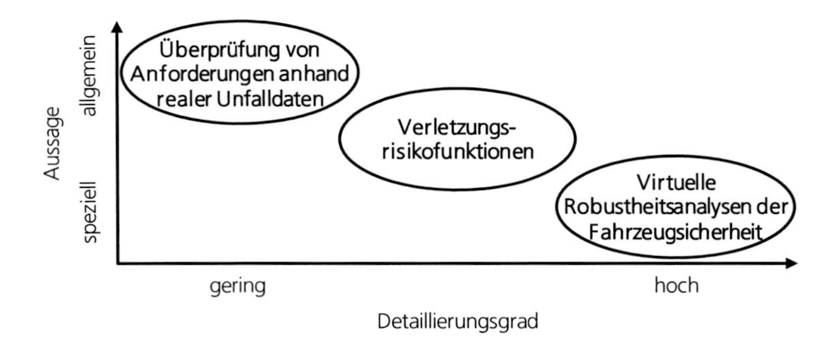

Abbildung 1-3: Übersicht der Themengebiete der Literaturrecherche

Für den vorliegenden Überblick zum Stand der Wissenschaft wurden die wissenschaftlichen Fachzeitschriften *Accident Analysis & Prevention*, *Advances in Engineering Software*, *Engineering Computations*, *International Journal for Numerical Methods in Engineering*, *International Journal of Crashworthiness*, *Journal of Automobile Engineering* und *Traffic Injury Prevention* sowie die Tagungsbände der Konferenzen *International Research Council on Biomechanics of Injury* (IRCOBI), *International Technical Conference on the Enhanced Safety of Vehicles* (ESV) und *Stapp Car Crash Conference* systematisch auf relevante Veröffentlichungen durchsucht. Zusätzlich wurde die Datenbank der *American Society of Mechanical Engineers* in die Literaturrecherche miteinbezogen, die unter anderem die Fachzeitschrift *Journal of Mechanical Design* sowie die Tagungsbände der *International Design Engineering Technical Conferences and Computers and Information in Engineering Conference* enthält. Angereichert wird dieser Fundus durch zusätzliche Veröffentlichungen aus Fachzeitschriften oder Tagungsbänden diverser Institutionen sowie durch Dissertationen.

1.2.1 Analysen des realen Unfallgeschehens

Zur Überprüfung der Feldeffektivität und der Relevanz von Anforderungen an die Passive Fahrzeugsicherheit wird das reale Unfallgeschehen analysiert. Arbeiten, die den Zusammenhang zwischen Ergebnissen von gesetzlichen Anforderungen sowie Verbraucherschutztests und den realen Unfallfolgen sowie deren Relevanz untersuchen, werden in Abschnitt 1.2.1.1 vorgestellt. In einem weiteren Schritt lassen sich aus den Realunfalldaten Verletzungsrisikofunktionen herleiten, die für Potenzialanalysen von Systemen der Fahrzeugsicherheit genutzt werden können. Forschungsarbeiten hierzu werden in Abschnitt 1.2.1.2 beleuchtet.

1.2.1.1 Überprüfung von Anforderungen der Fahrzeugsicherheit

Die in diesem Absatz vorgestellten Arbeiten untersuchen die Effektivität von standardisierten Crashlastfällen in der Bewertung der realen Fahrzeugsicherheit. In einem Vergleich von Kullgren et al. zeigt sich eine starke Korrelation zwischen Ergebnissen von Verbraucherschutztests und realen Unfalldaten hinsichtlich des Crashverhaltens in schweren Unfällen, was die Bedeutung von Sicherheitsbewertungen nach dem *European New Car Assessment Programme* (Euro NCAP) in Bezug auf das Verletzungsrisiko unterstreicht [Kul10]. Auch Thomas und Frampton bestätigen die positive Wirkung der Einführung des Euro NCAP [Tho03b]. Sie untersuchen die Reduktion des Risikos tödlicher Unfälle anhand eines Vergleichs von Realunfalldaten älterer und neuerer Fahrzeuge auf Basis der britischen *Co-operative Crash Injury Study* (CCIS) [Mac85]. Demgegenüber finden Segui-Gomez et al. keine statistisch signifikanten Zusammenhänge zwischen Bewertungen nach Euro NCAP und dem Letalitätsrisiko oder dem Risiko schwerer Verletzungen in Realunfällen auf Basis von CCIS-Daten und schlagen daher eine Anpassung der biomechanischen Grenzwerte vor [Seg07, Seg10]. Farmer widmet sich dem US-amerikanischen Unfallgeschehen und untersucht den Zusammenhang zwischen Testergebnissen des *Insurance Institute for Highway Safety* (IIHS) und Todesfällen im realen Unfallgeschehen [Far05]. Dabei zeigt sich unter Berücksichtigung aller betrachteten Realunfälle des *Fatality Analysis Reporting System* (FARS), dass Todesraten bei gut *(good)* bewerteten Fahrzeugen geringer ausfallen als bei schlecht *(poor)* bewerteten Fahrzeugen. Teoh und Lund bestätigen diese Erkenntnisse für Seitenkollisionen [Teo11].

Mit speziellem Fokus auf Fußgängerunfälle weisen Strandroth et al. eine signifikante Korrelation zwischen Fußgängerschutzbewertungen nach Euro NCAP und den Folgen von Realunfällen zwischen Fußgängern und Pkw in der schwedischen Unfalldatenbank *Swedish Traffic Accident Data Acquisition* (STRADA) aus [Str11]. Liers untersucht den Zusammenhang zwischen Bewertungen des Fußgängerschutzes nach Euro NCAP und dem realen Unfallgeschehen in Deutschland [Lie09] und bewertet den möglichen positiven Einfluss passiver Sicherheitssysteme auf das Verletzungsrisiko anhand realer Unfalldaten [Lie11].

Zur Bewertung der Fahrzeugsicherheit bei Überschlag *(Rollover)* konstatieren Friedmann und Mattos eine Insuffizienz des statischen Dacheindrückversuchs nach *Federal Motor Vehicle Safety Standard* (FMVSS) 216 bei der Bewertung des fahrzeugabhängigen Verletzungsrisikos und schlagen eine verbesserte Bewertungsmethodik vor [Fri10].

Eine weitere Analyserichtung fokussiert die Überprüfung der Relevanz von Anforderungen an die Fahrzeugsicherheit anhand realer Unfalldaten. Ragland kategorisiert hierzu Realunfälle des US-amerikanischen *National Automotive Sampling System* (NASS) und ordnet sie den drei Frontalcrashkonfigurationen des Barrierenaufpralls mit teilweiser Überdeckung *(Offset Deformable Barrier)*, des schrägen Barrierenaufpralls *(Moving Deformable Barrier)* und des geraden Wandaufpralls *(Fixed Rigid Barrier)* zu [Rag03]. Der schräge Barrierenaufprall wird hierbei als Konfiguration mit der höchsten Relevanz in Bezug auf Verletzungen von Fahrern im realen Unfallgeschehen herausgestellt. Prasad et al. untersuchen den durch die *National Highway Traffic Safety Administration* (NHTSA) vorgeschlagenen schrägen Frontalaufprall *(Oblique, 35% Overlap Research Moving Deformable Barrier Impact)* bezüglich seiner Feldrelevanz [Pra14b]. Gemäß ihrer Auswertung US-amerikanischer Unfalldaten der Jahre 1998 bis 2010 bildet die vorgeschlagene schräge Frontalaufprallkonfiguration 1,2 % aller Frontalkollisionen ab.

Jakobsson et al. analysieren die Feldrelevanz der durch das IIHS vorgeschlagenen Frontalaufprallkonfiguration geringer Überdeckung *(Small Overlap)* und weisen diese als repräsentativ hinsichtlich einer Vielzahl von Frontalkollisionen des schwedischen Unfallgeschehens aus [Jak13]. Auf Basis US-amerikanischer Unfalldaten beziffern Prasad et al. den Anteil von Frontalkollisionen gemäß IIHS *Small Overlap* auf 3 bis 8 % aller tödlichen Frontalkollisionen [Pra14a].

Dalmotas et al. vergleichen die Anforderungen der weltweiten Verbraucherschutztests des NCAP miteinander und überprüfen deren Feldrelevanz auf Basis US-amerikanischer und kanadischer Unfalldaten [Dal10]. Die Autoren weisen die Bewertungsschemata als besonders sensitiv gegenüber den zugrundeliegenden Verletzungsrisikofunktionen aus und schlagen Verbesserungen zur Erhöhung der Feldrelevanz des NCAP vor. Loftis et al.

vergleichen Realunfalldaten mit standardisierten Frontal- und Seitencrashlastfällen US-amerikanischer Gesetzgebung und US-amerikanischen Verbraucherschutzes [Lof14]. Für Seitencrashlastfälle ist die Ähnlichkeit zwischen standardisiertem Test und den real beobachteten Seitenkollisionen demnach größer als bei Frontallastfällen und realen Frontalkollisionen.

In einer Untersuchung von Parenteau et al. werden anhand des US-amerikanischen Unfallgeschehens Fahrzeugkinematiken von Überschlagsunfällen untersucht und mit jenen standardisierter Crashtests verglichen [Par03]. Aufgrund der geringen Abdeckung des realen Unfallgeschehens hinsichtlich Überschlagsunfällen durch bekannte Crashtests werden drei weitere Testkonfigurationen vorgeschlagen.

1.2.1.2 Untersuchungen zur Verletzungsschwere

Eine bedeutende Bewertungsgröße zur Klassifizierung von Realunfällen ist das Verletzungsrisiko am Unfall beteiligter Personen. Eine Abschätzung dieses Risikos wird z. B. durch Verletzungsrisikofunktionen ermöglicht. Zu deren Erstellung dienen entweder reale Unfalldaten, Versuche an Dummys oder Ergebnisse von Leichenversuchen an sogenannten postmortalen Testobjekten (PMTO) oder *Post Mortem Human Subjects* (PMHS). PMTO-Versuche werden insbesondere zur Kalibrierung von Dummybelastungskorridoren herangezogen, wie z. B. der des *Worldwide Harmonized Side Impact Dummy* (WorldSID) [Pet09] oder zur Untersuchung des Risikos bestimmter Verletzungsarten, wie z. B. von Brustverletzungen [Lai03, Pet03, Lai05]. Demgegenüber geben auf Basis von Felddaten erzeugte Verletzungsrisikofunktionen Auskunft über das reale Verletzungsrisiko eines an einer entsprechenden Kollision beteiligten Menschen und sind somit klar von Dummy- und PMTO-basierten Risikofunktionen zu trennen. Erst die Verwendung von Unfalldatenschreibern in Fahrzeugen ermöglicht eine Zusammenführung dieser beiden grundverschiedenen Methoden der Erstellung von Verletzungsrisikofunktionen [Nor95, Kul98]. Schwerpunkt der vorliegenden Literaturrecherche sind Arbeiten zur Überprüfung bestehender oder zur Erstellung neuer Verletzungsrisikofunktionen auf Basis realer Unfalldaten sowie übergeordnete Untersuchungen zum Verletzungsrisiko im Feld in Abhängigkeit diverser Unfallparameter, wie z. B. dem Masseverhältnis der beteiligten Fahrzeuge [Sev71, O'N74, Eva93, Woo02, Eva04].

Eine Forschungsgruppe um Prasad, Mertz, Dalmotas, Augenstein und Digges überprüft vier durch die NHTSA ausgewählte Verletzungsrisikofunktionen zur Bewertung von Ergebnissen des US NCAP anhand realer Unfalldaten auf ihre Feldrelevanz [Pra10]. Die Autoren stellen hierbei Abweichungen zwischen den Verletzungsrisikofunktionen der NHTSA und dem realen Unfallgeschehen fest und schlagen Alternativen vor. Stigson et al. erarbeiten Verletzungsrisikofunktionen für Frontalkollisionen auf Basis von Realdaten des schwedischen Unfallgeschehens [Sti12].

Rudd et al. bestimmen Verletzungsursachen in schrägen *(oblique)* Frontalkollisionen sowie in Frontalkollisionen geringer Überdeckung *(Small Overlap)* anhand von US-Realunfalldaten [Rud11]. Newland et al. bewerten Einflüsse auf das Verletzungsrisiko durch Insasseninteraktion in Seitenkollisionen auf Basis von Realunfalldaten sowie zur detaillierten Abbildung der Insassenkinematik anhand von sechs Gesamtfahrzeugcrashtests [New08].

Peng et. al untersuchen das Risiko von Kopfverletzungen von Fußgängern anhand von 43 ausgewählten Realunfällen und bilden diese virtuell nach [Pen13a, Pen13b]. Lefler und Gabler analysieren Fußgängerunfälle im US-amerikanischen Unfallgeschehen mit speziellem Fokus auf Unfällen unter Beteiligung leichter Nutzfahrzeuge, Vans und SUVs und weisen hierbei ein deutlich höheres Letalitätsrisiko für Fußgänger gegenüber Kollisionen mit Pkw aus [Lef04]. Niebuhr et al. entwickeln Verletzungsrisikofunktionen für Fußgängerkollisionen mit Pkw [Nie13] und erweitern diese um körperregionenspezifische [Nie15] sowie um altersabhängige Verletzungsrisikofunktionen [Nie16]. In einer experimentellen Studie bewerten Untaroiu et al. den Einfluss der Form der Fahrzeugfront sowie der Pose des Fußgängers bei der Kollision auf die Belastung der unteren Extremitäten [Unt07]. In einer weiteren Untersuchung wird gezeigt, dass sich die Position des Fußgängers unmittelbar vor der Kollision mithilfe numerischer Optimierungsmethoden prognostizieren lässt [Unt09]. Zusätzlich werden Möglichkeiten untersucht, die Fahrzeugfront mit dem Ziel einer Verbesserung des Fußgängerschutzes zu gestalten [Li15].

Als Ergänzung zu vorliegenden Bewertungsschemata von Verbraucherschutzorganisationen wie NCAP oder IIHS werden übergeordnete Kenngrößen vorgeschlagen, die sowohl die Schwere von Kollisionen als auch die tatsächliche Sicherheit von Pkw im realen Unfallgeschehen beschreiben und bewerten sollen. Vangi erweitert zwei dimensionslose Kennzahlen zur

Bewertung der Unfallschwere bezüglich ihrer Anwendbarkeit auf nichtzentrische, nichtvollplastische Aufprallkonfigurationen [Van14]. Newstead et al. definieren auf Basis von Realunfalldaten aus Frankreich und Großbritannien ein fahrzeugspezifisches Maß zur Bewertung des Verletzungsrisikos von Fahrern, die an einem Unfall beteiligt sind [New05]. In einer weiteren Untersuchung führen Newstead et al. einen Sicherheitsindex zur kombinierten Bewertung der Fahrzeugsicherheit in Bezug auf Eigen- und Partnerschutz auf Basis australischer und neuseeländischer Unfalldaten ein [New11], der es ermöglicht, das Risiko schwerer oder tödlicher Verletzungen der Unfallbeteiligten in Abhängigkeit der involvierten Fahrzeuge zu quantifizieren.

Naing et al. beschäftigen sich mit der die Unfallschwere beeinflussenden Verkehrsumgebung [Nai08]. Sie bewerten reale Unfalldaten sowie Ergebnisse von Crashsimulationen und Crashtests, um innerhalb des Forschungsprojekts RISER *(Roadside Infrastructure for Safer European Roads)* Handlungsempfehlungen für die Gestaltung von Fahrbahnbegrenzungen und Fahrbahnumgebungen auszusprechen. Auch Ydenius zeigt anhand von Realunfalldaten, dass die Unfallschwere nicht nur von den Unfallbeteiligten selbst, sondern auch von der Verkehrsumgebung abhängt [Yde09]. Auf einer nationalen Ebene beschreiben Kent et al. den Einfluss einer alternden Gesellschaft relativ zu anderen, das Verletzungsrisiko beeinflussenden, Faktoren auf das reale Unfallgeschehen in den USA [Ken03].

1.2.2 Robustheit in der Entwicklung technischer Systeme

Neben einer allgemeinen Übersicht zu Robustheitsmethoden in der Entwicklung technischer Systeme in Abschnitt 1.2.2.1 wird im darauffolgenden Abschnitt 1.2.2.2 speziell auf Robustheitsanalysen crashbelasteter Fahrzeugstrukturen eingegangen. Abschnitt 1.2.2.3 beinhaltet eine Übersicht zu Bewertungsgrößen der Systemeigenschaft Robustheit.

1.2.2.1 Virtuelle Robustheitsmethoden im Produktentstehungsprozess

Zur Robustheitsanalyse technischer Systeme werden in Abhängigkeit der Problemstellung sowie des Reifegrads des Untersuchungsmodells unterschiedliche Vorgehensweisen vorgeschlagen. Die nachfolgend vorgestellten Arbeiten thematisieren Robustheitsmethoden in der Entwicklung technischer Systeme sowie deren prozessuale Implementierung in den PEP.

Aufbauend auf den Robustheitsmethoden nach Taguchi [Pha89] entwickeln Chen et al. eine Vorgehensweise, um gleichzeitig Ergebnisvariationen vom Typ I (ausgelöst durch nicht kontrollierbare Störgrößen) und Typ II (ausgelöst durch kontrollierbare Entwurfsvariablen) zu reduzieren [Che96]. Sie kombinieren in ihrem Robustheitsprozess *Response-Surface-Methoden* mit Entscheidungsunterstützungsmethoden *(Decision Support Problem)*, um insbesondere im Gegensatz zu Taguchis linearem Ansatz präzisere Abbildungen nichtlinearer Problemstellungen zu ermöglichen. Zusätzlich zu Robustheitsmethoden nach Taguchi bedient sich Kemmler an den ganzheitlichen Ansätzen des *Axiomatic Design* [Suh01], um eine Methode zur Entwicklung robuster und zuverlässiger Produkte vorzuschlagen [Kem14]. Hierbei werden die drei Phasen des Systementwurfs sowie die anschließende Festlegung von Systemparametern und -toleranzgrenzen unterschieden. Lee und Bang entwickeln eine Vorgehensweise zur robusten Auslegung für die Frühe Phase der Fahrzeugentwicklung mithilfe eines Ansatzes der statistischen Versuchsplanung [Lee06].

Kamarajan und Forrest ordnen stochastische Simulationsmethoden in Abhängigkeit der Modellgenauigkeit und Modellkomplexität in den PEP ein und schlagen qualitative Bewertungskriterien zur Beurteilung des Kosten-Nutzenverhältnisses vor [Kam02]. Will und Baldauf präsentieren zur Auslegung von Rückhaltesystemen einen mindestens zweistufigen Robustheitsprozess, der zunächst in einer ersten Phase auf Basis unsicherer und abgeschätzter Eingangsinformation grundlegende Erkenntnisse über das Systemverhalten liefern soll [Wil05a, Wil06a]. Anschließend werden die Ausprägungen der zu berücksichtigenden Eingangsparameter sowie die Zeitpunkte weiterer Robustheitsuntersuchungen definiert.

Will et al. untersuchen die Robustheit eines Umformprozesses mithilfe von Korrelations- und Variationsanalysen [Wil05b]. Insbesondere für die Frühe Phase des PEP wird dem vorgeschlagenen Robustheitsprozess durch gezielte Einflussnahme auf die Bauteilgestaltung ein hohes Potenzial ausgewiesen. In der Frühen Phase empfehlen Beer und Liebscher neben den Bauteilstreuungen auch eine gewisse Unschärfe im Entwurf selbst zu berücksichtigen, um größere Entscheidungsspielräume für die finale Auslegung zu schaffen [Bee08]. Streilein und Hillmann untersuchen einen zweiteiligen Robustheitsprozess, bestehend aus stochastischer Analyse und stochastischer Optimierung, hinsichtlich seiner Einsatzpotenziale für die Fahrzeugentwicklung [Str02]. Aufgrund des hohen Aufwands bei geringem Mehrwert gegenüber analytischen Verfahren weisen die Autoren der stochastischen Optimierung ein geringes Potenzial aus, empfehlen allerdings stochastische Robustheitsanalysen zu bedeutenden Meilensteinen des PEP.

Weigert et al. beschreiben einen Robustheitsprozess unter Anwendung stochastischer und geometrischer Analysen mit Hauptaugenmerk auf einer anwenderfreundlichen Automatisierbarkeit für den Einsatz im automobilen PEP [Wei12]. Unter dem übergeordneten Ziel einer Optimierung implementieren Hilmann et al. Robustheitsuntersuchungen in einen automatisierten Prozess für Anwendungen in der Automobilindustrie [Hil07]. Es werden innerhalb der Optimierung Bauteilstreuungen berücksichtigt und die Entwürfe auch hinsichtlich ihrer Robustheit bewertet.

Für stark nichtlineare Simulationen schlagen Will et al. [Wil03] ein iteratives Vorgehen bei Robustheitsbewertungen vor, bei dem zunächst die Robustheit des Simulationsprozesses mithilfe zufälliger Streuungen bewertet wird. Im nächsten Schritt findet die eigentliche Bewertung des Auslegungsentwurfs unter Berücksichtigung tatsächlich auftretender Streuungen statt. Brix und Tok untersuchen die Robustheit in der Insassensimulation am Beispiel des schrägen Pfahlseitenaufpralls nach FMVSS 214 [Bri13]. In einem mehrstufigen Verfahren werden durch Korrelations- und Regressionsanalysen die Sensitivitäten der 18 gewählten Eingangsparameter in Bezug auf die Ergebnisgrößen untersucht sowie eine strukturelle Interpretation des Deformationsverhaltens vorgenommen.

Bayer und Will implementieren Zufallsfelder in die Robustheitsuntersuchung von Strukturbauteilen am Beispiel des Versicherungseinstufungstests des *Research Council for Automobile Repairs* (RCAR) [Bay10]. Räumlich verteilte, zufällige Bauteileigenschaften wie Blechdicken oder Verfestigungseigenschaften, die aus stochastischen Analysen des Herstellungsprozesses oder aus Messdaten gewonnen werden, dienen als Eingangsinformation für die Robustheitsanalyse des Crashverhaltens.

Zimmermann et al. entwickeln einen insbesondere für die Frühe Phase geeigneten Algorithmus, der anstelle einer einzelnen optimalen Lösung einen möglichst großen Bereich möglicher Lösungen berechnet [Zim13]. In diesem mithilfe stochastischer Stichprobenmethoden iterativ ermittelten

Lösungsraum werden die vorgegebenen Auslegungsziele unter Berücksichtigung aleatorischer und epistemischer Streuungen in den Eingangsparametern robust erfüllt (siehe Unterkapitel 2.1.1 für Begriffsdefinitionen).

1.2.2.2 Virtuelle Robustheitsanalysen in der Fahrzeugsicherheit

Robustheitsanalysen in der Passiven Fahrzeugsicherheit ermöglichen die Abbildung von streuenden Eingangsgrößen in Bezug auf die Ergebnisgrößen von Struktursimulationen [Mar99, Mar00, Lin01, Rih03]. Entscheidend Einfluss auf die Untersuchungsmethodik nehmen hierbei der betrachtete Lastfall sowie u. U. die Anzahl berücksichtigter Eingangsparameter.

Eine der ersten Anwendungen von Monte-Carlo-Methoden in der Fahrzeugsicherheit für Robustheitsuntersuchungen auf Gesamtfahrzeugniveau beinhaltet 1997 die Abbildung von über 60 stochastischen Variablen in 128 Einzelrechnungen [Mar97]. Hierbei werden sowohl strukturseitige Eingangsgrößen, wie z. B. Wanddicken und Festigkeitswerte, als auch Streuungen in den Versuchsparametern, wie z. B. Auftreffwinkel oder Geschwindigkeit, berücksichtigt. Später beschreiben auch Lin et al. Robustheitsanalysen durch Struktursimulationen auf Gesamtfahrzeugniveau [Lin01]. Mit 18 Eingangsparametern werden Streuungen in der Fahrzeugstruktur und im Rückhaltesystem in einer Gesamtfahrzeugsimulation des frontalen Wandaufpralls nach US NCAP abgebildet. Im Rahmen mehrerer Robustheitsanalysen unterschiedlicher Eingangsparameteranzahl untersuchen Will et al. das Crashverhalten einer Fahrzeugstruktur aus dem Industrieprojekt *Ultralight Steel Auto Body* (ULSAB) in einem frontalen Wandaufprall mit einer Geschwindigkeit von 14 km/h [Wil07], bzw. ein Fahrzeugmodell der Daimler AG im Versicherungseinstufungstests RCAR [Wil08]. Die maximal 84 Streuparameter berücksichtigen dabei sowohl Bauteil- als auch Versuchsstreuungen. Neben der Betrachtung von Streudiagrammen und Histogrammen weisen die Autoren den Anteil der durch lineare und quadratische Korrelation erklärbaren Streuung mithilfe eines Bestimmtheitsmaßes aus. Avalle et al. berücksichtigen in ihren Robustheitsuntersuchungen zwei Parameter, mit denen sie die Streuungen in Materialeigenschaften eines Fahrzeugvorderwagens abbilden [Ava07]. Eine Größenordnung der Eingangsstreuung von 10 % hat hierbei im teilüberdeckten Frontalaufprall nach

Euro NCAP Streuungen der Ergebnisgrößen, z. B. von Beschleunigungen oder Intrusionen, von bis zu 20 % zur Folge.

Riha et al. koppeln Struktur- und Insassensimulation, um mit einem metamodellbasierten Ansatz stochastische Untersuchungen in Bezug auf 20 Eingangs- und zehn Ergebnisgrößen einer teilüberdeckten Fahrzeug-Fahrzeug-Kollision durchzuführen [Rih03]. Lönn et al. untersuchen mithilfe von mathematischen Ersatzmodellen die Robustheit einer Lkw-Kabine unter statischer und dynamischer Belastung [Lön09]. Hierbei werden in einem ersten Schritt unter Verwendung linearer Metamodelle aus zunächst 40 Eingangsgrößen die in Bezug auf die untersuchte Ergebnisgröße der Kabinendeformation neun wichtigsten Eingangsgrößen bestimmt, um diese anschließend mithilfe quadratischer Metamodelle in ihrer Wichtigkeit zu sortieren. In einer weiteren Untersuchung führen Lönn et al. Robustheitsuntersuchungen eines Crash-Management-Systems sowohl experimentell als auch virtuell durch [Lön11]. Unter Berücksichtigung von neun Eingangs- und zwei Ergebnisgrößen stellen sich angesichts eines kleinen Parameterraums ohne Bifurkationen lineare Approximationen als geeignetes Mittel zur Abbildung der Ergebnisgrößen heraus. Der Vergleich zwischen Nominalergebnis und dem Mittelwert der Robustheitsuntersuchung zeigt, dass eine deterministische Simulation im Allgemeinen nicht den Mittelwert des FE-Modells unter Berücksichtigung von Eingangsstreuungen widerspiegelt. Bulik et al. untersuchen unter Verwendung des Moduls *M-Xplore* des FE-Simulationsprogramms *Radioss* einen Längsträger eines Fahrzeughinterwagens auf Robustheit im Deformationsverhalten [Bul04]. Die Autoren heben hervor, dass zur Detektion von Fehlermoden keine universell anwendbare Vorgehensweise existiert, schlagen jedoch beispielsweise Streudiagramme zur Analyse unterschiedlicher Versagensmoden vor.

Zur Steigerung der strukturellen Robustheit von Fahrzeugen gegenüber verschiedenen Unfallkonstellationen schlagen Wågström et al. eine Methodik zur Identifikation nichtkompatibler Aufprallkonstellationen vor [Wåg13b]. Hierfür wird die Kollision zweier identischer Fahrzeugmodelle in einer Vielzahl unterschiedlicher Frontalaufprallkonstellation simuliert. Als Ergebnis der Methodik werden diejenigen Konstellationen identifiziert, bei denen sich das Crashverhalten der beiden Fahrzeuge bezüglich Intrusionen in die Fahrgastzelle und Beschleunigungsverlauf deutlich voneinander unterscheidet.

1.2.2.3 Robustheitsbewertung technischer Systeme

Im folgenden Abschnitt wird auf Verfahren zur Bewertung der Systemeigenschaft Robustheit eingegangen. Vor allem im Rahmen der Optimierung werden Ansätze angewandt, mit denen das auf Basis der Zielfunktion ermittelte deterministische Optimum hinsichtlich seiner Robustheit bewertet wird [Zhu09, Kha10, Shi13]. Im Gegensatz zu diesen Ansätzen werden nachfolgend insbesondere Verfahren aufgeführt, die primär auf die Robustheitsbewertung einer vorliegenden Konstruktion oder Auslegung und nicht auf deren Optimierung unter Berücksichtigung der Robustheit als Nebenbedingung abzielen. Ansätze aus der Optimierung finden Erwähnung, sofern ein eigenes Maß für die Systemrobustheit vorgeschlagen wird.

In Anlehnung an das Signal-zu-Störgrößen-Verhältnis *(Signal-to-Noise Ratio)* nach Taguchi [Pha89] vergleichen Streilein und Hillmann zur Robustheitsbewertung die Variationskoeffizienten von Eingangs- und Ergebnisstreuung [Str02]. Ein System wird als robust bewertet, sofern der Variationskoeffizient der Ergebnisstreuung kleiner oder gleich jenem der Eingangsstreuung ist. Diese Bewertungsweise stellt sich als zielführend für ein Problem der Akustik heraus, zeigt sich jedoch anhand der dargestellten Beispiele als nur bedingt auf Crashsimulationen übertragbar [Str02]. Lee und Park erweitern die Taguchi-Methode, indem sie das Signal-zu-Störgrößen-Verhältnis durch eine charakteristische Funktion ersetzen, die neben der Robustheit der Ergebnisgröße gegenüber der Zielgröße auch die Robustheit gegenüber Einhaltung der Nebenbedingungen berücksichtigt [Lee02]. Ray et al. unterscheiden im Zusammenhang von Robustheitsoptimierung in Robustheit gegenüber Versagen sowie Robustheit gegenüber Versagen und Ergebnisvariation, wobei ersteres nur den Zielerreichungsgrad charakterisiert und letzteres zusätzlich die Streubreite der Ergebnisverteilung berücksichtigt [Ray15]. Aufbauend auf [Tag99], [Pha89] und [Suh01] entwickeln Hwang und Park eine Robustheitskenngröße unter Verwendung der Wahrscheinlichkeitsdichtefunktion und einer Robustheitswichtungsfunktion [Hwa05]. Neben der Zielerreichung der Ergebnisverteilung bewertet diese Kenngröße außerdem die Ergebnisvariation sowie die Erfolgswahrscheinlichkeit. Watai et al. schlagen zur Bewertung der Robustheit zwei Kenngrößen vor [Wat09]. Der erste Robustheitsindex ist ein Maß für die Überdeckung der Verteilungsfunktion einer Ergebnisgröße mit dem vorgegebenen Toleranzfeld und eignet sich auch zur Bewertung nichtnormalverteilter Ergebnisgrößen. Der zweite Robustheitsindex aggregiert in der Bewertung der Zielerreichung mehrere

Ergebnisverteilungen, wodurch eine Robustheitsbewertung verstellbarer Systemgrößen, wie z. B. von Einstellbereichen von Sitzlehnen, möglich wird.

Mithilfe des Kolmogorov-Smirnov-Tests weisen Lomario et al. Robustheit als Unterschied zwischen der tatsächlichen Verteilung einer Ergebnisgröße und der dazugehörigen, in Bezug auf Mittelwert und Standardabweichung äquivalenten Normalverteilung aus [Lom07]. Durch diese Vorgehensweise sollen insbesondere multimodale Verteilungen von Ergebnisgrößen detektiert werden, die aufgrund der Ausprägung mehrerer Ergebnisformen auf ein nichtrobustes Systemverhalten hinweisen. Sippel und Marczyk definieren die topologische Robustheit als Eigenschaft eines Systems dem Zerfall seiner inneren Struktur, beschrieben durch sogenannte Prozesspläne *(Process Maps)*, zu widerstehen [Sip09]. Die Komplexität des Systems stellt hierbei ein Maß der inneren Strukturiertheit dar. Anregungen bzw. Störungen des Systems werden durch die Entropie beschrieben. Die topologische Robustheit des betreffenden Systems quantifiziert die Unempfindlichkeit des Prozessplans, also der inneren Struktur, gegenüber Erhöhungen der Entropie [Sip09].

Mourelatos und Jinghong nutzen im Rahmen einer kombinierten Robustheits- und Zuverlässigkeitsoptimierung einen definierten Anteil (z. B. 90 %) der Breite der Verteilungsdichtefunktion der jeweiligen Ergebnisgröße als Robustheitsmaß [Mou05]. Einen ähnlichen Ansatz verfolgen Schumacher und Olschinka, die über Quantilwerte der Ergebnisgrößen (z. B. 95 %) eine erweiterte Funktion für die robuste Minimierung der Zielwerte erzeugen [Sch08]. Ebenfalls im Bereich der Robustheitsoptimierung entwickelt Wuttke eine Vorgehensweise zur Robustheitsbewertung von Kinematikmodulen in der Frühen Phase der Fahrzeugentwicklung unter Berücksichtigung aleatorischer und epistemischer Unsicherheiten [Wut12] (siehe Unterkapitel 2.1.1 für Begriffsdefinitionen). Er definiert ein Robustheitsmaß durch gewichtete Mittelung von Ausfallwahrscheinlichkeit und Variationskoeffizient für einzelne funktionale Systemanforderungen und ermittelt hieraus wiederum mithilfe von Wichtungsfaktoren die Gesamtrobustheit des betrachteten Systems. Im Rahmen eines risikobasierten Ansatzes definieren Faber et al. Robustheit als Widerstandsfähigkeit eines Systems gegenüber Schädigung an Systemkomponenten [Fab06]. Am Beispiel von Tragwerken quantifiziert der vorgestellte Robustheitsindex wie groß der Einfluss der summierten Ausfallrisiken von Teilkomponenten auf das Ausfallrisiko des Gesamtsystems ist. Auf Basis einer Nutzwertanalyse schlagen Baxter und Malak eine Vorgehensweise vor, die Robustheit eines technischen Systems zu steigern, indem funktionale Modelle der Komponenten des betrachteten technischen Systems erzeugt werden und jede Funktionsebene einer nutzwertorientierten Robustheitsanalyse unterzogen wird [Bax13].

Zur Robustheitsbewertung eingebetteter Systeme entwickelt Heller eine Robustheitskennzahl auf Basis der Maßtheorie, die den Systemzustand hinsichtlich des definierten Funktionsziels quantifiziert [Hel12]. Vor allem Veränderungen während der Betriebsphase eines Systems, wie z. B. Störungen der Umgebung oder Verschleißerscheinungen, werden durch das vorgestellte Robustheitsmaß berücksichtigt. Kang und Bai entwickeln eine Robustheitskenngröße auf Basis eines nichtprobabilistischen, konvexen Modellansatzes [Kan13]. Die Systemrobustheit wird dabei zu maximieren versucht, indem möglichst große Parametervariationen zugelassen werden ohne vorgegebene Auslegungsgrenzwerte zu überschreiten. Devarakonda und Yedavalli führen zusätzlich zu quantitativen Robustheitsmerkmalen eine qualitative Bewertungskomponente ein, die sich an Systemen der Ökologie und Biologie orientiert und versucht deren Widerstandsfähigkeit gegenüber natürlich streuenden Umgebungseinflüssen auf lineare Systeme der Regelungstechnik zu übertragen [Dev11].

1.2.3 Zusammenfassung der Literaturrecherche

Die im Rahmen der Literaturrecherche behandelten Arbeiten sind in Abbildung 1-4 zusammenfassend nach Themengebieten angeordnet. Die wenigen zitierten Veröffentlichungen, die nicht aufgeführt sind, lassen sich den gewählten Themengebieten nicht eindeutig zuordnen.

Die in Abschnitt 1.2.1.1 dargestellten Arbeiten zur Überprüfung der Anforderungen der Fahrzeugsicherheit durch Analysen des realen Unfallgeschehens lassen sich nach ihrer Zielsetzung aufteilen in Untersuchungen zur Effektivität sowie zur Relevanz der Anforderungen. Effektivitätsbetrachtungen analysieren, inwiefern ein standardisierter Crashlastfall zu einer Erhöhung der realen Fahrzeugsicherheit im Feld führt. Sie erfolgen meist retrospektiv auf Basis von Einzelfahrzeugdaten, indem ein reales Unfallergebnis des jeweiligen Fahrzeugs mit dessen Bewertung nach einem standardisierten Testverfahren verglichen wird, vgl. [Tho03b, Lie09, Kul10, Str11]. Demgegenüber können Untersuchungen zur Relevanz einer Anforderung prospektiv und fahrzeugübergreifend durch die Aggregation von Felddaten bezüglich einer bestimmten geometrischen Unfallkonstellation erfolgen, wie z. B. für Frontalkollisionen geringer Überdeckung [Jak13, Pra14a, Pra14b]. Felddatenbasierte Analysen zur Robustheit von Anforderungen können in der Literatur nicht gefunden werden.

Untersuchungen zur Verletzungsschwere in Unfällen, auf die in Abschnitt 1.2.1.2 eingegangen wird, können zum einen fahrzeug- oder umgebungsdatenbasiert erfolgen. Ein Ergebnis eines solchen Vorgehens kann eine fahrzeugspezifische Bewertung der realen Fahrzeugsicherheit auf Basis von Unfalldaten sein [New05, New11]. Zum anderen lassen sich mithilfe von Verletzungsrisikofunktionen fahrzeugübergreifende Zusammenhänge über die zu erwartende Unfallschwere für eine bestimmte geometrische Unfallkonstellation in Abhängigkeit eines physikalischen Unfallparameters beschreiben, wie z. B. für das Verletzungsrisiko in Frontalkollisionen [Sti12].

Die in Abschnitt 1.2.2.1 aufgeführten Arbeiten zu Robustheitsmethoden in der Produktentwicklung gehen zum Teil sehr spezifisch auf die Anforderungen des automobilen PEP ein, vgl. [Kam02, Str02, Wil06a, Wei12], während andere Arbeiten eher allgemeiner ausgerichtet sind, vgl. [Che96].

Der untersuchte Lastfall der in Abschnitt 1.2.2.2 vorgestellten Robustheitsuntersuchungen im Fahrzeugcrash kann hinsichtlich der anwendbaren Analysemethoden bedeutend sein. Lastfälle hoher Geschwindigkeit, wie z. B. der Frontalaufprall nach Euro NCAP [Mar97, Str02], werden gegenüber Lastfällen geringerer Geschwindigkeiten, wie z. B. dem Versicherungseinstufungstest RCAR [Wil08, Bay10, Lön11], abgegrenzt.

Lediglich eines der in Abschnitt 1.2.2.3 aufgeführten Verfahren beschreibt die quantitative Robustheitsbewertung von crashbelasteten Fahrzeugstrukturen [Sip09]. Die übrigen Kenngrößen und Bewertungsverfahren adressieren anderweitige Problemstellungen, wie beispielsweise des Bauingenieurwesens [Kan13] oder des Flugzeugbaus [Lom07].

Die vorliegende Arbeit lässt sich den beschriebenen Themengebieten der Literaturrecherche wie in Abbildung 1-4 dargestellt zuordnen.

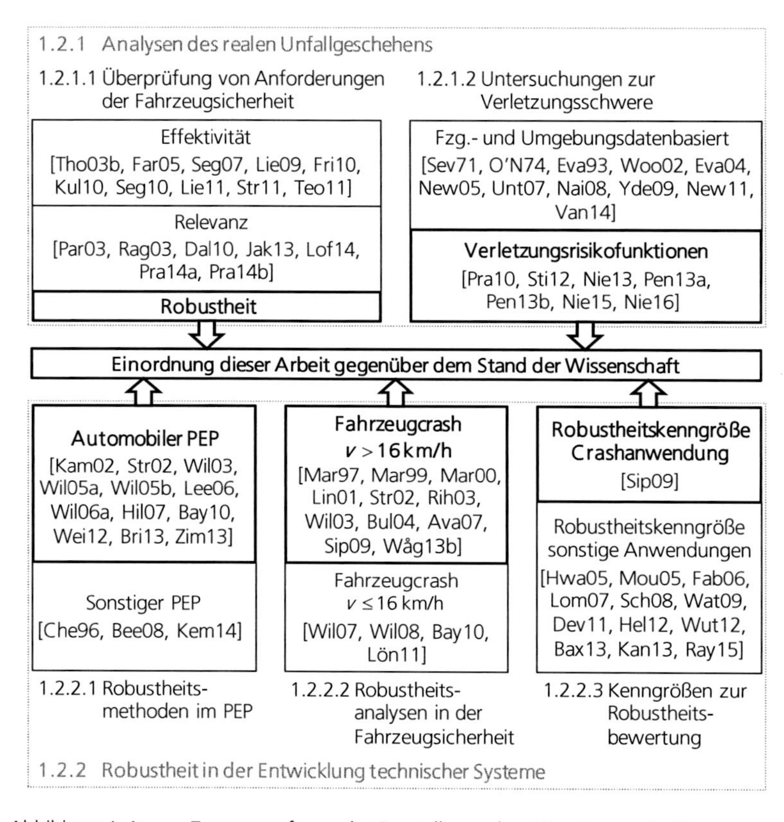

Abbildung 1-4: Zusammenfassende Darstellung der Literatur nach Themengebieten und Einordnung der vorliegenden Arbeit

1.3 Zielsetzung und Vorgehensweise

Diese Arbeit verfolgt das Ziel einer ganzheitlichen Robustheitsbewertung crashbelasteter Fahrzeugstrukturen. Hierzu soll in Erweiterung zum Stand der Wissenschaft eine Betrachtungsweise definiert werden, die zusätzlich zu den Streueinflüssen, die sich direkt aus der Fahrzeugentwicklung ableiten lassen, Abweichungen berücksichtigt, die aus dem realen Unfallgeschehen im Vergleich zu standardisierten Crashtests resultieren.

Die entwickelte Vorgehensweise zur Berücksichtigung von Streuungen aus dem Feld soll durch eine Unfalldatenanalyse veranschaulicht werden. Insbesondere sollen die betrachteten Realunfälle hinsichtlich ihrer technischen Unfallschwere im Vergleich zu standardisierten Crashtests beurteilt werden. Zur Bewertung des Verletzungsrisikos soll anschließend die technische mit der medizinischen Unfallschwere korreliert werden.

Für die virtuelle Robustheitsbewertung crashbelasteter Fahrzeugstrukturen soll eine skalare Kenngröße definiert werden. Die Eignung dieser Kenngröße im Vergleich zu Analysemethoden, die aus dem Stand der Wissenschaft bekannt sind, soll an geeigneten Beispielen untersucht werden. Sowohl die getroffenen Annahmen zu den Eingangsstreuungen als auch deren Einfluss auf das Ergebnis stochastischer Struktursimulationen sollen analysiert werden.

Die dafür gewählte Vorgehensweise ist in Abbildung 1-5 dargestellt.

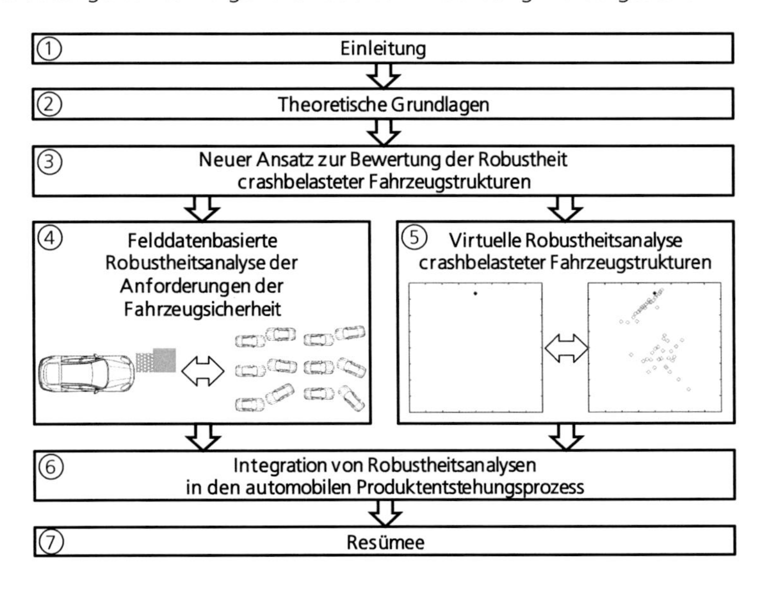

Abbildung 1-5: Vorgehensweise dieser Arbeit

Ausgehend vom Stand der Wissenschaft (Teilkapitel 1.2) und den theoretischen Grundlagen (Kapitel 2) wird in Kapitel 3 ein neuer Ansatz zur Bewertung crashbelasteter Fahrzeugstrukturen definiert. Hierbei wird methodisch zwischen felddatenbasierten Robustheitsanalysen der Anforderungen der Fahrzeugsicherheit und virtuellen Robustheitsanalysen crashbelasteter Fahrzeugstrukturen hinsichtlich dieser Anforderungen unterschieden. Einer der zentralen Beiträge dieser Arbeit zum Stand der Wissenschaft ist die Einführung einer skalaren Kenngröße zur virtuellen Robustheitsbewertung, die in Teilkapitel 3.2 eingeführt wird.

In Kapitel 4 wird die Anforderung des schrägen Frontalaufpralls nach NHTSA [Sau12, Sau13a, Sau13b] hinsichtlich ihrer Robustheit gegenüber dem realen Unfallgeschehen in einer felddatenbasierten Analyse überprüft. Dazu werden Unfalldaten der *German In-Depth Accident Study* (GIDAS) herangezogen, plausibilisiert und erweitert. Zur Beurteilung der technischen Unfallschwere wird eine generische Aufteilung der Fahrzeugkarosserie in Strukturknoten vorgenommen, die eine detaillierte Beurteilung von Deformationen ermöglicht. Die medizinische Unfallschwere wird durch die Herleitung von Verletzungsrisikofunktionen für den betrachteten Lastfall analysiert.

Kapitel 5 thematisiert die virtuelle Robustheitsanalyse crashbelasteter Strukturen gegenüber Anforderungen der Fahrzeugsicherheit. Die Betrachtung beschränkt sich dabei auf die Auslegung von Fahrzeugstrukturen. Insassensimulationen werden nicht durchgeführt. Außerdem bestehen die untersuchten Strukturen ausschließlich aus metallischen Werkstoffen. Robustheitsanalysen von Kunststoffen und Faserkunststoffverbunden werden nicht angestellt. Da stochastische Struktursimulationen eine Möglichkeit darstellen, die Streuungen der Realität virtuell abzubilden, sollten die berücksichtigten Eingangsgrößen die tatsächlichen Verhältnisse möglichst präzise wiedergeben. Hierzu werden Messdaten aus der industriellen Produktion hinsichtlich der Verteilungen ausgesuchter Merkmale ausgewertet. Der eingeführte Robustheitsindex wird an zwei crashbelasteten Strukturen angewandt. Die Aussage dieser übergeordneten Robustheitsbewertung wird mit den Erkenntnissen qualitativer Analysemethoden verglichen. Des Weiteren wird der Einfluss unterschiedlicher Streuparameterarten, wie Wanddicken-, Material- oder Versuchsstreuungen, in Abhängigkeit der jeweils gewählten Streubreite auf das Ergebnis stochastischer Struktursimulationen untersucht. Hierfür wird ein Fahrzeugteilmodell in einem Hochgeschwindigkeitscrash in Anlehnung an den teilüberdeckten Frontalaufprall nach Euro NCAP [Eur13] simuliert.

Kapitel 6 bildet die Synthese dieser Dissertation und diskutiert die Einsatzmöglichkeiten und Potenziale der vorgestellten Methoden anhand des automobilen PEP.

2 Theoretische Grundlagen

Im Hinblick auf die Themenstellung und Zielsetzung der vorliegenden Arbeit werden in Kapitel 2 die theoretischen Grundlagen gelegt, die zum weiteren Verständnis der Arbeit benötigt werden. Dies beinhaltet zunächst eine Übersicht der zahlreichen Interpretationen des Robustheitsbegriffs in Wissenschaft und Praxis. Des Weiteren erfolgt ein Einblick in die Verkehrsunfallforschung, deren Erkenntnisse die Basis der felddatenbasierten Robustheitsanalyse bilden. Hierauf werden in knapper Form Aspekte der nichtlinearen Finite-Elemente-Methode erläutert, die zum Verständnis der Ergebnisse von Crashsimulationen beitragen sollen. Als theoretisches Fundament der virtuellen Robustheitsanalyse wird abschließend die stochastische Struktursimulation eingeführt.

2.1 Robustheit in Wissenschaft und Praxis

Das vorliegende Teilkapitel gibt einen Überblick unterschiedlicher Robustheitsdefinitionen und beschreibt Robustheitsmethoden, die sowohl in der Wissenschaft als auch in der industriellen Praxis Anwendung finden. Hierdurch werden die Grundlagen für den in der vorliegenden Arbeit entwickelten neuen Ansatz zur Bewertung der Robustheit crashbelasteter Fahrzeugstrukturen vorgestellt. Zudem wird der Robustheitsbegriff gegenüber der Resilienz und der Zuverlässigkeit abgegrenzt.

2.1.1 Begriffsdefinitionen

Der Robustheitsbegriff wird heute in unterschiedlichen Anwendungen verschiedener Disziplinen verwendet. Obwohl sich, wie in Teilkapitel 1.2 dargestellt, bereits zahlreiche Beiträge aus Wissenschaft und industrieller Praxis mit dem Thema Robustheit auseinandergesetzt haben, fehlt eine übergeordnete und einheitliche Definition des Begriffs. Angesichts der Themenvielfalt der Anwendungsfälle darf die Frage gestellt werden, ob eine fächer- und disziplinenübergeordnete Begriffsdefinition überhaupt möglich bzw. zielführend ist (vgl. [Par95, Fab06, Bee08, Sip09, Bax13]). Im ursprünglichen und allgemeinen Sinn wird ein Produkt als robust bezeichnet, wenn es in der Sicherstellung seiner funktionellen Eigenschaften bezüglich des jeweils gewünschten Zielwerts unempfindlich gegenüber Schwankungen der für den jeweiligen Betrachtungsgegenstand relevanten

Eingangsgrößen ist [Pha89]. Die Zielsetzung einer robusten Auslegung ist es folglich, die Ergebnisgrößen eines Systems unempfindlich gegenüber Streuungen zu machen, die sowohl von außen wirken als auch aus dem System selbst resultieren können, ohne die Ursachen für diese Streuungen zu entfernen [Nai92, Tsu92]. Verdeutlichen lässt sich dies anhand der in Abbildung 2-1 dargestellten Funktion, die unter Annahme der Zielstellung einer Minimierung der Systemantwort $f(x)$ sowohl einen robusten als auch einen nichtrobusten Auslegungspunkt beinhaltet.

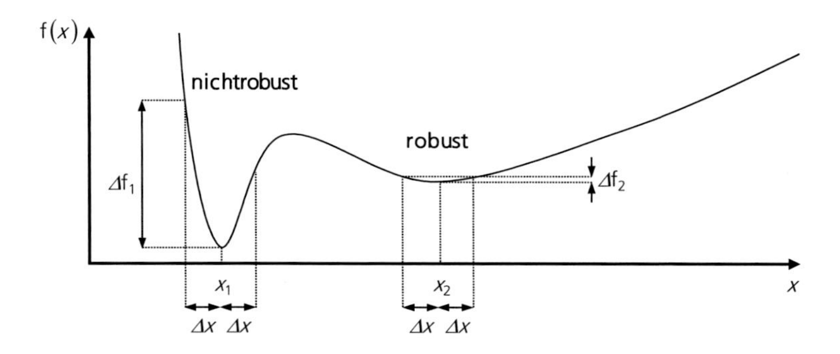

Abbildung 2-1: Darstellung robuster Auslegung am Beispiel einer analytischen Funktion [Har08]

Zunächst wird an dieser Stelle die im Zusammenhang von Robustheitsuntersuchungen (und -optimierungen) übliche Einteilung von Parametern in drei Kategorien eingeführt (vgl. [Deh89, Cho05, Pha82, Dud07]): Entwurfsvariablen *(Control Factors)*, Störgrößen *(Noise Factors)* und Ergebnisgrößen *(Responses)*. Als Entwurfsvariablen werden diejenigen Eingangsparameter bezeichnet, welche kontrolliert und eingestellt werden können. Demgegenüber sind Störgrößen exogene Parameter, welche das Systemverhalten zwar beeinflussen, aber nicht kontrolliert werden können. Ergebnisgrößen sind Systemantworten, die meist in Bezug zu den Zielwerten der Auslegung gesetzt werden.

Hinsichtlich der abzubildenden Unsicherheiten lassen sich zwei Arten unterscheiden. Aleatorische Unsicherheiten sind objektive Unsicherheiten *(Variability)*, die aus natürlichen Abweichungen, wie z. B. Temperaturschwankungen, resultieren und nicht reduzierbar sind [Hel97]. Demgegenüber sind epistemische Unsicherheiten subjektive Unsicherheiten

(Uncertainty), die aus einem Informationsdefizit bezüglich des betrachteten Systems resultieren [Cha09]. Insbesondere in der Frühen Phase des PEP können diese Unsicherheiten durch Informations- und Wissensdefizite vermehrt auftreten. So sind beispielsweise Auslegungsziele noch nicht vollumfänglich definiert und können sich im Laufe der weiteren Entwicklungsphasen noch ändern. Epistemische Unsicherheiten lassen sich durch den Ausgleich dieser Defizite in aleatorische Unsicherheiten überführen oder sogar beseitigen.

Bezüglich der Quellen der betrachteten Unsicherheiten lassen sich vier Robustheitstypen unterscheiden, die sich in der Literatur etabliert haben (vgl. [All06, Les09]). Nach einer ersten Einteilung in Robustheit des Typs I und II durch Chen [Che96] nimmt Choi eine Erweiterung um die Typen III und IV vor [Cho05]. Die Unterschiede zwischen den vier Robustheitstypen sind in Abbildung 2-2 veranschaulicht.

Robustheit vom **Typ I** berücksichtigt in der Reduktion der Ergebnisstreuung ausschließlich Streueinflüsse durch Störgrößen. Analog zu obiger Definition einer Störgröße betrifft dies z. B. Schwankungen der Außentemperatur. In der ursprünglichen Definition entspricht dies der Auffassung von Robustheit nach Taguchi. [Che96]

Robustheit vom **Typ II** betrifft Streuungen in den Entwurfsvariablen selbst, wie z. B. Streuungen in der spezifizierten Geometrie. Da Nominalwerte der Entwurfsvariablen zwar vorgegeben werden, ihre Streuungen aber nur im Rahmen der vorgegebenen Toleranzen kontrollierbar sind, sollten sie im Rahmen von Robustheitsuntersuchungen ähnlich abgebildet werden wie Störgrößen. [Che96]

Robustheit vom **Typ III** beinhaltet Unsicherheiten, die aus dem Modell selbst resultieren, mit dem das betrachtete System abgebildet wird. Dies beinhaltet zum einen sogenanntes nichtparametrisches Systemrauschen *(Non-Parametric System Noise)*, das Streuungen in den Ergebnisgrößen ohne Veränderung der Eingangsparameter zur Folge hat. Ein Grund für verschiedene Ergebnisse bei unveränderten Eingangsgrößen kann beispielsweise die unterschiedliche Art der Aufteilung von FE-Modellen auf Großrechnern sein [ASC13]. Zum anderen ergeben sich Unsicherheiten aus der Abbildung der Modellparameter *(Model Parameter Uncertainty)* sowie aus Annahmen und Vereinfachungen bei der Modellerstellung *(Model Structural Uncertainty)*. [Cho05]

Robustheit vom **Typ IV** berücksichtigt epistemische Unsicherheiten im Entwicklungsprozess. Diese beinhalten sowohl Änderungen in den Auslegungskriterien, die sich im Laufe einer Produktentwicklung ergeben können, als auch die Fortpflanzung und mögliche Verstärkung von Unsicherheit durch die Vielzahl der an der Produktentstehung beteiligten Personen und Parteien [Cho05].

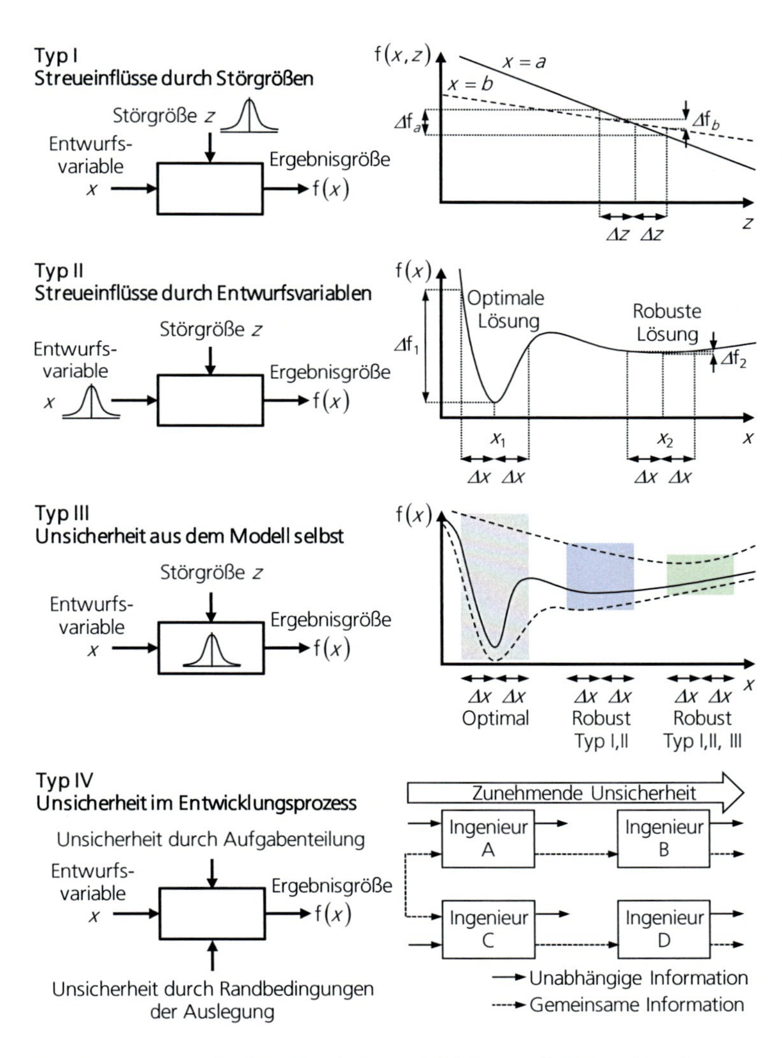

Abbildung 2-2: Robustheit Typ I bis IV in Anlehnung an [Che96, Cho05]

2.1.2 Robustheitsmethoden

Den meisten Robustheitsmethoden in Wissenschaft und Technik gemein ist ihr Ursprung in den Arbeiten des japanischen Ingenieurs und Statistikers Genichi Taguchi (*1924, †2012) [Tag78, Tag79, Tag86, Deh89, Pha89]. Obwohl er seine Methoden bereits in den Nachkriegsjahren in Japan entwickelte, wurden diese erst mit Taguchis Wirken in den USA durch Veröffentlichungen in den 1970er und 1980er Jahren publik. Ein Produkt wird nach Taguchi als robust bezeichnet, sofern es in der Sicherstellung seiner funktionellen Eigenschaften bezüglich des jeweils gewünschten Zielwerts unempfindlich gegenüber Schwankungen der Störgrößen *(Noise Factors)* ist [Pha82]. Störgrößen lassen sich in drei Kategorien einteilen [Pha82]:

1. Äußere Einflussgrößen *(External Factors):* Schwankungen der äußeren Betriebsbedingungen, wie z. B. Temperatur, Feuchtigkeit oder Versorgungsspannung.
2. Fehler im Herstellungsprozess *(Manufacturing Imperfections):* Durch Toleranzen hervorgerufene unvermeidbare Streuungen der Produkteigenschaften, wie z. B. die Kapazität eines Kondensators.
3. Verfall der Produktsubstanz *(Product Deterioration):* Verschlechterung der Produkteigenschaften im Laufe der Produktlebensdauer, wie z. B. Verringerung der Kapazität eines Elektrolytkondensators mit zunehmendem Alter.

Zur Sicherstellung der Unempfindlichkeit von Produkten gegenüber Schwankungen aller Störgrößen ist es unumgänglich, bereits in der Produktentwicklung Qualitätssicherungsmaßnahmen zur Erhöhung der Robustheit einzuleiten und diese bis in die Produktionsplanung und die Bauteilfertigung zu erweitern. Maßnahmen im PEP *(Off-line Quality Control)* werden hierbei methodisch von Maßnahmen während der Produktion *(On-line Quality Control)* abgegrenzt. Im PEP *(Off-line Qualitiy Control)* besteht die Möglichkeit robuste Produkteigenschaften durch Anpassung der Auslegung *(Parameter Design)* oder durch Anpassung der Toleranzgrenzen *(Tolerance Design)* herbeizuführen. Toleranzgrenzen werden als letzte Alternative nur angepasst, falls durch entsprechende Auslegung keine Konfiguration gefunden werden kann, die eine ausreichende Unempfindlichkeit der funktionellen Produkteigenschaften gegenüber Störgrößen garantiert [Pha82].

Taguchi definiert die Quadratische Qualitätsverlustfunktion *(Quadratic Quality Loss Function)*, um die Auswirkungen von Streuungen der funktionellen Produkteigenschaften auf die Qualitätswahrnehmung aus Kundensicht zu quantifizieren. Die in Abbildung 2-3 gezeigte Quadratische Qualitätsverlustfunktion stellt auf der Abszisse den Mittelwert der betrachteten Produkteigenschaft mit oberer und unterer Toleranzgrenze dar. In Abhängigkeit der tatsächlichen Ausprägung der Produkteigenschaft ergibt sich bei Abweichung vom Zielwert y auf der Ordinate ein Qualitätsverlust Q_L, der von durch den Kunden erlebten Unannehmlichkeiten über monetären Verlust bis hin zu körperlichem Schaden reichen kann [Kac86, Pha89].

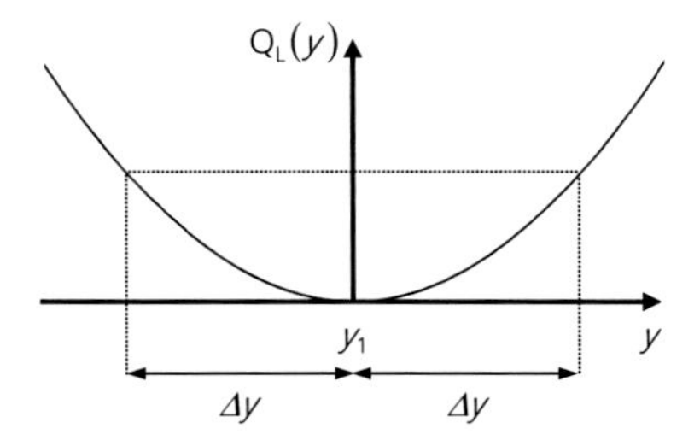

Abbildung 2-3: Quadratische Qualitätsverlustfunktion *(Quadratic Quality Loss Function)* nach Taguchi [Kac86, Pha89]

Nach einer gegebenenfalls erforderlichen Verschiebung des tatsächlichen Mittelwerts μ auf den Zielmittelwert μ_0 lässt sich der Angepasste Qualitätsverlust Q_A unter Berücksichtigung der Qualitätsverlustkonstanten k_Q und der Standardabweichung σ wie folgt berechnen [Pha89]:

$$Q_A = k_Q \mu_0^2 \left(\frac{\sigma^2}{\mu^2} \right). \tag{2.1}$$

Da k_Q und μ_0 im Rahmen einer gegebenen Problemstellung konstant sind, hängt der Angepasste Qualitätsverlust lediglich von der Standardabweichung σ und dem tatsächlichen Mittelwert μ ab, deren Quotient (μ^2 / σ^2) als Signal-zu-Störgrößen-Verhältnis *(Signal-to-Noise Ratio)* bezeichnet wird. Eine Maximierung des Signal-zu-Störgrößen-Verhältnisses, bzw. eine Minimierung des in Formel (2.1) verwendeten dazu reziproken Quotienten, führt zu einer Minimierung des Angepassten Qualitätsverlusts und damit zu einer Unempfindlichkeit der Zielgröße gegenüber Störgrößen.

Zur Bestimmung einer zielführenden Kombination von Eingangsgrößen in Bezug auf die Robustheit der Zielgröße werden Experimente auf Basis der statistischen Versuchsplanung *(Design of Experiments,* DOE) durchgeführt [Kat85]. Weitere Beschreibungen der Robustheitsmethode nach Taguchi können Dehnad [Deh89], Peace [Pea93], Phadke [Pha89] und Taguchi [Tag99, Tag05] entnommen werden.

Methoden nach Taguchi werden vor allem in der robusten Auslegung von Produktionsprozessen zielführend eingesetzt [Kat85, Hwa05]. Zur robusten Auslegung von Produkten finden sich in der Literatur sowohl Methoden, die auf Taguchi aufbauen, als auch neue Ansätze. Tabelle 2-1 stellt wesentliche Methoden zur Analyse und Steigerung der Robustheit technischer Systeme zusammenfassend dar.

Die Taguchi-Methode ließe sich in die deterministischen Robustheitsmethoden eingliedern, wird aufgrund ihrer Bedeutung für das Feld allerdings separat geführt. Für Robustheitsanalysen crashbelasteter Fahrzeugstrukturen ohne Berücksichtigung epistemischer Unsicherheiten stellen sich auf Basis der Anwendungsbereiche und Einschränkungen der aufgeführten Methoden insbesondere probabilistische Methoden als zielführend heraus.

Übergeordnet lassen sich Robustheitsmethoden nach ihrer Zielsetzung aufteilen in Robustheit der Realisierbarkeit im Hinblick auf die Zielerreichung *(Feasibility Robustness)* sowie Robustheit der Sensitivität der Ergebnisgrößen gegenüber Streuungen *(Sensitivity Robustness)* [Par95]. Erstere verfolgen die Zielsetzung, dass Auslegungsentwürfe auch unter Einfluss von Streuung die Auslegungszielvorgabe nicht verletzen. Letztere versuchen, die Ergebnisgrößen eines gegebenen Systems möglichst unempfindlich gegenüber Streuung zu gestalten. Häufig findet sich in Wissenschaft und Technik keine klare Trennung dieser beiden Ansätze, da in der Reduktion der Sensitivität eines Systems gegenüber Streuung die Zielerreichung mitbetrachtet oder sogar impliziert wird (vgl. [Tag78, Tag79, Tag86, Deh89, Pha89, Lee02, Hwa05, Mou05, Fab06, Lom07, Sch08, Sip09, Bri13, Ray15]).

Tabelle 2-1: Methoden zur Analyse und Steigerung der Robustheit technischer Systeme. Für Robustheitsanalysen crashbelasteter Fahrzeugstrukturen sind probabilistische Robustheitsmethoden unter Verwendung von Monte-Carlo-Simulationen besonders geeignet, falls keine epistemischen Unsicherheiten berücksichtigt werden. Unter Verwendung von [Par95, Par06, Bey07, Eif13]

Bezeichnung	Beschreibung
Deterministische Robustheits-methoden	*Method of Transmitted Variation:* Schätzung der Ergebnisstreuungen mithilfe von Taylorreihen erster Ordnung; geeignet für kleine Toleranzbänder (1-3 %) und schwach nichtlineare Probleme [Par90, Par93] *Post Optimality Analysis:* Schätzung des Einflusses von Toleranzen auf die analytische Beschreibung der optimalen Lösung mithilfe der zweiten Ableitungen der Lagrange Funktion [Sob82, Fia83, Par90] *Parametric Constraints:* Direkte Berechnung der Auswirkung von Toleranzen der Eingangsgrößen auf eine Ergebnisgröße durch schrittweise Abtastung des Toleranzbandes; geeignet bei sehr geringer Anzahl streuender Eingangsgrößen [Fox71] *Tolerance Box Approach:* Definition eines Toleranzbereichs um die optimale Lösung; robustes Optimum so nah wie möglich an nominalem Optimum, Toleranzbereich dabei vollständig in zulässigem Bereich [Ban74, Mic81, Bal86]
Probabilistische Robustheits-methoden	Realisierung von Zufallsvariablen entsprechend zugrunde liegender Verteilungsfunktion mithilfe numerischer Routinen (Monte-Carlo-Simulation). Auswertung der gezogenen Stichprobe in Bezug auf Zielwerte und Nebenbedingungen [Wet89, Egg90]
Possibilistische Robustheits-methoden	Abbildung von Unsicherheiten in der Auslegung *(Design under Uncertainty)* mithilfe von Fuzzylogik; Unterschied zu übrigen Robustheitsmethoden: Berücksichtigung von Unsicherheiten in Randbedingungen der Auslegung (epistemische Unsicherheiten), nicht nur in Auslegungsparametern selbst (aleatorische Unsicherheiten) [Rao87a, Rao87b, Dhi89, Woo89, Woo90]
Axiomatic Design	Zweistufige Vorgehensweise zur robusten Auslegung von Systemen: (1) *Independence Axiom* zur Wahrung der Unabhängigkeit von Funktionsanforderungen voneinander; (2) *Information Axiom* zur Minimierung des Informationsgehalts eines Auslegungsentwurfs [Suh01]

2.1.3 Robustheit in Abgrenzung zu Resilienz und Zuverlässigkeit

Der Robustheitsbegriff wird im Folgenden gegenüber den Begriffen der Resilienz sowie der Zuverlässigkeit abgegrenzt, da diese in Wissenschaft und Praxis teilweise nicht präzise genug voneinander unterschieden werden [Kem15].

Resilienz wird definiert als die Fähigkeit eines Systems, äußere Einwirkungen, die über die auslegungsrelevanten Systemanforderungen hinausgehen können, einzukalkulieren, diese zu verkraften und nach der Einwirkung wieder zu einem Zustand zurückzukehren, der den Betrieb des Systems ermöglicht [Hol06, Hai09, Bax13, Tho14]. Hierbei sind eine geringe Anfälligkeit gegenüber Bedrohungsszenarien, geringe Konsequenzen aus diesen Szenarien sowie eine geringe Wiederherstellungszeit von zentraler Bedeutung [Bru03]. Als ein Beispiel resilienten Systemverhaltens führen Hollnagel et al. die schnelle Errichtung eines Ersatzgebäudes im Fall einer Zerstörung durch Feuer oder andere Einflüsse an [Hol06]. Robustheit kann als eine Teileigenschaft von Resilienz verstanden werden, welche die Fähigkeit eines Systems beschreibt, Einwirkungen bis zu einem gewissen Grad begegnen zu können, ohne eine Beeinträchtigung der Funktionsfähigkeit zur Folge zu haben [Bru03]. Resilienz erweitert folglich den Robustheitsbegriff um die Fähigkeit, unvorhergesehenen Einflüssen antizipierend zu begegnen, diesen gegebenenfalls unter Einbußen der funktionalen Systemeigenschaften zu widerstehen sowie um die Fähigkeit eines Systems, nach einer desaströsen Einwirkung wieder schnell zum Nominalzustand zurückzukehren [Hai09, Tho14]. Abbildung 2-4 stellt schematisch eine analytische Funktion dar, mit der sich die Resilienz eines Systems quantifizieren lässt. Die Systemqualität Q wird durch ein katastrophales Ereignis beeinträchtigt und kehrt nach einer gewissen Zeit t wieder zum Ausgangssystemzustand zurück. Die schraffierte Fläche, die durch das Integral R_{Res} beschrieben wird, ist ein Maß für die Resilienz des betreffenden Systems.

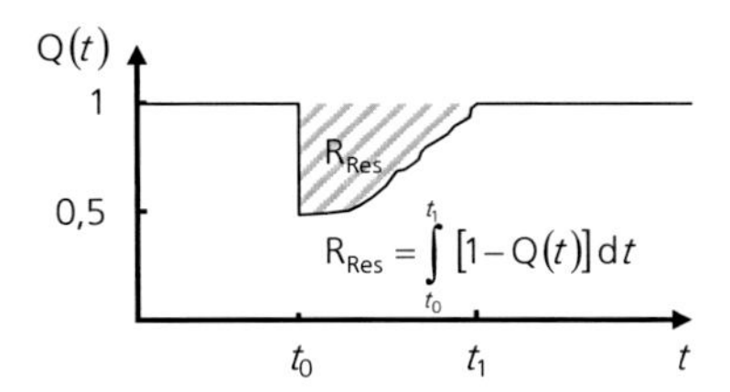

Abbildung 2-4: Schematische Darstellung der Resilienz R_{Res} eines Systems in Anlehnung an [Bru03, Fis15]

Ziel der Zuverlässigkeitstechnik ist die Analyse, Absicherung und Verbesserung der zuverlässigen Funktionserfüllung eines Systems oder Produkts mithilfe qualitativer und quantitativer Methoden [Kem14]. Dabei wird Zuverlässigkeit als die Wahrscheinlichkeit des Nichtausfalls eines Produkts unter gegebenen Funktions- und Umgebungsbedingungen definiert [Ber04]. Mithilfe quantitativer Methoden der Zuverlässigkeitstechnik wird versucht, Ausfallwahrscheinlichkeiten abzuschätzen. Da Systemausfälle im Bereich geringer Wahrscheinlichkeiten liegen, werden im Rahmen der Zuverlässigkeitstechnik im Unterschied zur Robustheit die Enden der Wahrscheinlichkeitsdichtefunktion, also Bereiche außerhalb der dreifachen oder sogar der sechsfachen Standardabweichung, betrachtet [Dud07]. Abbildung 2-5 a) verdeutlicht zunächst anhand einer Wahrscheinlichkeitsdichtefunktion die maßgeblichen Bereiche für Robustheit und Zuverlässigkeit. In Abbildung 2-5 b) wird der Unterschied in der Zielsetzung zur Steigerung der Robustheit bzw. der Zuverlässigkeit dargestellt. Im Rahmen der Zuverlässigkeitstechnik werden Ausfallwahrscheinlichkeiten zu minimieren versucht. Dementsprechend ist eine Verschiebung der Wahrscheinlichkeitsdichtefunktion und damit des Mittelwerts anzustreben. Im Gegensatz dazu wird zur Steigerung der Robustheit eine Reduktion der Varianz und somit eine Verschmälerung der Verteilungsdichtefunktion vorgenommen [Dud07]. Eine Kombination der Zielstellungen von Zuverlässigkeit und Robustheit verfolgt die Methode des *Design for Six-Sigma* in Form der gleichzeitigen Verschiebung und Verschmälerung der Wahrscheinlichkeitsdichtefunktion [Koc04].

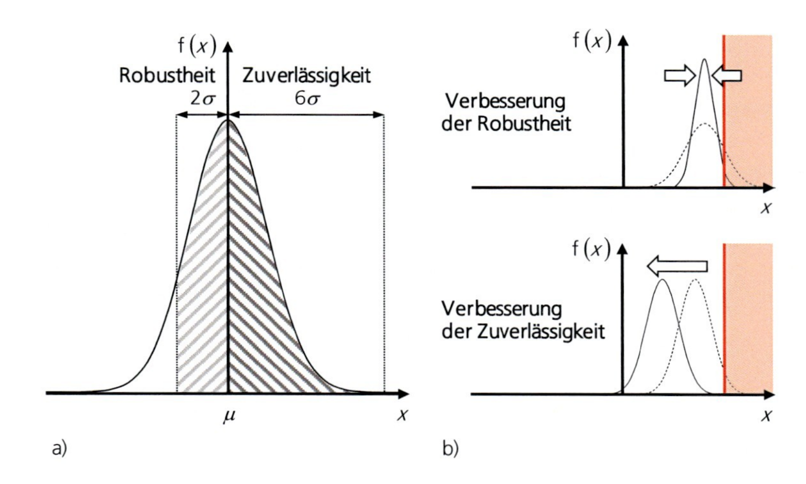

Abbildung 2-5: a) Verdeutlichung der Wahrscheinlichkeitsbereiche von Robustheit und Zuverlässigkeit anhand der Wahrscheinlichkeitsdichtefunktion in Anlehnung an [Roo05], b) Zielstellungen bei der Verbesserung von Robustheit und Zuverlässigkeit in Anlehnung an [Dud07]

Ein weiterer Begriff, der an dieser Stelle gegenüber der Robustheit abgegrenzt wird, ist die Redundanz in technischen Systemen. Redundante Systemkomponenten können die Funktion ausgefallener Systemkomponenten übernehmen, wodurch die Funktionsfähigkeit des Gesamtsystems weiterhin gegeben ist [Hai09]. Der Einsatz von Redundanzen in Fahrzeugstrukturen ist aufgrund des damit u. U. einhergehenden Zusatzgewichts nur unter besonderen Randbedingungen zielführend, weshalb sie im Rahmen dieser Arbeit keine weitere Erwähnung finden.

2.2 Verkehrsunfallforschung

Kern der Verkehrsunfallforschung, kurz Unfallforschung, ist die systematische Untersuchung und phänomenologische Beschreibung der dem realen Unfallgeschehen zugrunde liegenden Vorgänge [Hau85]. Zu nennen ist hierbei zunächst die technische Unfallrekonstruktion zur Klärung der juristischen Schuldfrage [Joh13]. Darauf aufbauend setzt die Unfallforschung im eigentlichen Sinne an, indem der Zusammenhang zwischen der ermittelten technischen Unfallschwere und den Verletzungen der Beteiligten untersucht wird [Had64]. Mithilfe anschließender Analysen zu den daraus entstehenden Unfallfolgekosten können die realen Kosten der Mobilität ermittelt werden [Chu09, Bau10]. Als zentrales Ziel der Unfallforschung kann die Ermittlung der realen Gründe für Verletzungen in Verkehrsunfällen angesehen werden. Somit bilden die Erkenntnisse der Unfallforschung die Grundlage für die Entwicklung gesetzlicher Crashtests sowie von Verbraucherschutzanforderungen der Fahrzeugsicherheit. Sämtliche aktuellen Testkonfigurationen beruhen auf der statistischen Interpretation von Unfalldaten [Lin03]. Zusätzlich liefert die Unfallforschung einen wichtigen Beitrag zur Verbesserung der Verkehrsinfrastruktur sowie der Straßenverkehrsordnung. Hinsichtlich einer einheitlichen Nomenklatur stellt Tabelle 2-2 die inzwischen international übliche Einteilung des Unfallgeschehens dar, die auch in dieser Arbeit verwendet wird [Joh13]. Danach werden Unfälle nach den Unfallbeteiligten, der Konfliktauslösung, der geometrischen Konstellation sowie dem aus dem Unfall resultierenden Schädigungsbild unterschieden.

Tabelle 2-2: Einteilung des Unfallgeschehens nach [Joh13]

Bezeichnung	Unfallart	Unfalltyp	Kollisionsart	Kollisionstyp	Aufprallart	Aufpralltyp
Bezug	Betrachteter oder am schwersten betroffener Kontrahent	Art der Konfliktauslösung (Einteilung der Polizei)	Betroffene Kollisionskontrahenten	Geometrische Konstellation bei der Kollision	Ort der Beschädigung bzw. Krafteinwirkung am betrachteten Fahrzeug	Detailliertes Beschädigungsmuster am betrachteten Fahrzeug
Beispiel	Fußgängerunfall oder Pkw-Unfall	Fahrunfall oder Unfall im Längsverkehr	Lkw-Pkw-Kollision	Schräge Frontalkollision unter 45° mit voller Überdeckung für den Pkw, Offset für den Lkw	Seitenaufprall	11 FYMW3 30 % (VDI) oder BG3 (GDV)

Im Rahmen dieses Teilkapitels wird auf die wissenschaftliche Unfalldatenerhebung (Unterkapitel 2.2.1) sowie einige Aspekte der Unfalldatenanalyse (Unterkapitel 2.2.2) eingegangen, die als methodische Basis der felddatenbasierten Robustheitsanalyse dienen.

2.2.1 Wissenschaftliche Unfalldatenerhebung

Die Hauptaufgabe der Unfalldatenerhebung ist die Erfassung unfallspezifischer Daten [Joh13]. Aus technischer Sicht dienen insbesondere der Kollisionspunkt und die Endlage der Fahrzeuge, aus denen die in der Kollision umgesetzte Energie bestimmt werden kann, der Rekonstruktion der Ausgangssituation und des Unfallhergangs. Die medizinische Unfalldatenerhebung erfasst die Dokumentation der auftretenden Einzelverletzungen, um beispielsweise Letalitätsrisiken in Abhängigkeit der Unfallkonstellation ableiten zu können. Die dritte Säule der Unfalldatenerhebung bilden psychologische Daten, durch welche Rückschlüsse zur Unfallursache gezogen werden können. Eine wissenschaftlich fundierte Erhebung ist Grundvoraussetzung für eine aussägekräftige Datenanalyse hoher Prognosegüte [Hau85, Fil98]. Unterschieden werden drei Kategorien der Unfalldatenerhebung [Joh13], die in Tabelle 2-3 dargestellt sind.

Tabelle 2-3: Kategorien der Unfalldatenerhebung in Anlehnung an [Joh13]

Kategorie	Beschreibung
Unmittelbare Primärerhebung	Unfalldatenerhebung direkt nach dem Unfall und direkt am Unfallort
Retrospektive Primärerhebung	Unfalldatenerhebung andernorts und später, aber direkt am Unfallgut
Retrospektive Sekundärerhebung	Nutzung des Datenmaterials aus Primärerhebungen von anderer Seite

Unmittelbare Primärerhebungen bieten die Möglichkeit am Unfallort Daten hoher Informationstiefe zu generieren. Insbesondere flüchtige Spuren wie ausgelaufene Flüssigkeiten, Spuren elektronischer Regelsysteme wie ABS und ESP oder Driftspuren können durch retrospektive Erhebungen nicht sicher erfasst werden [Hil01]. Im Rahmen primärerhobener Unfalldaten sind wissenschaftliche Unfalldatenerhebungen polizeilichen Unfallberichten hinsichtlich Detailgenauigkeit überlegen und dementsprechend zu bevorzugen [Far03]. Weltweit existieren in Automobilkonzernen und deren Zuliefererindustrie, an Universitäten, in staatlichen Institutionen sowie bei den Versicherern zahlreiche Unfallforschungen mit zum Teil eigenen Primärerhebungen [Joh13, Erb14]. Abbildung 2-6 zeigt eine Auswahl verschiedener weltweiter Unfallerhebungen und ordnet diese nach Erhebungsumfang, Bearbeitungsaufwand und Informationstiefe an.

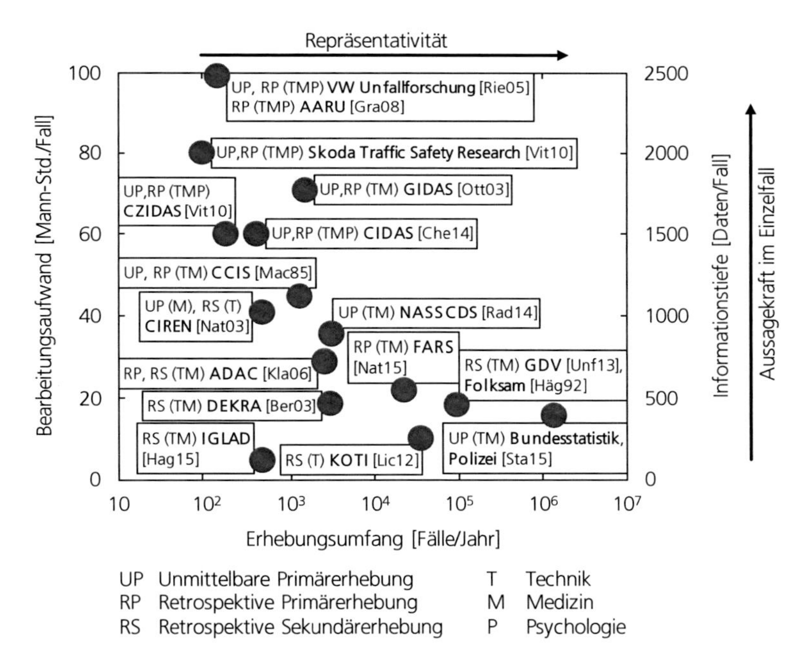

Abbildung 2-6: Anordnung verschiedener Unfalldatenerhebungen nach Erhebungsumfang, Bearbeitungsaufwand und Informationstiefe unter Verwendung von [Joh13]

Die Untersuchungen, die im Zusammenhang dieser Arbeit im Bereich der Unfallforschung durchgeführt werden, basieren auf Daten der *German In-Depth Accident Study* (GIDAS) [Ott03]. GIDAS ist ein Verbundprojekt der Bundesanstalt für Straßenwesen (BASt) und der Forschungsvereinigung Automobiltechnik (FAT), in dem seit 1999 in den Großräumen Hannover und Dresden durch spezialisierte Forschungsteams der Medizinischen Hochschule Hannover respektive der Verkehrsunfallforschung der TU Dresden GmbH (VUFO) Primärerhebungen von Unfalldaten durchgeführt werden. Einem statistischen Stichprobenplan folgend wird in einem Vierschichtbetrieb, der die Abbildung jeder Tageszeit gewährleisten soll, eine 50%-Stichprobe erhoben, die einem Umfang von jährlich ca. 1000 Unfällen pro Standort entspricht. Das Erhebungskriterium ist durch mindestens eine am Unfall beteiligte verletzte Person definiert. Die unmittelbare Erhebung erfasst am Unfallort sämtliche Unfallspuren in schriftlicher und bildlicher Form. Zusätzlich werden die Verletzungen der Beteiligten sowie die ärztlichen Diagnosen dokumentiert. Aus den Daten der Erhebung erfolgt in einem weiteren Schritt die Unfallrekonstruktion, aus der beispielsweise der Betrag der vektoriellen Geschwindigkeitsdifferenz in Folge der Kollision Δv ermittelt wird. Die Daten aus Erhebung und Rekonstruktion werden in codierter Form in die GIDAS-Datenbank überführt. Wissenschaftliche Detailerhebungen wie GIDAS bieten eine hohe Informationstiefe, fordern gleichzeitig jedoch auch einen hohen Bearbeitungsaufwand. Die Repräsentativität lässt sich durch Hochrechnung der Einzelstichprobe auf die Grundgesamtheit steigern [Hau05, Kre15]. Umgekehrt bieten nur detaillierte Falldaten eine hohe Aussagekraft im Einzelfall (vgl. Abbildung 2-6). Für Ausführungen zu Rekonstruktionsmethoden der Unfallforschung sei auf Burg und Moser [Bur09] sowie auf Johannsen [Joh13] verwiesen [Ott03, Hau05].

2.2.2 Aspekte der Unfalldatenanalyse

Das ursprüngliche Ziel der Unfalldatenanalyse ist die Darstellung des Unfallgeschehens auf Basis einer gezogenen Stichprobe mittels deskriptiver oder explorativer Statistik [Opp92, Elv09]. Mithilfe von Experteneinschätzungen unter Verwendung vergangener Analysen werden heutzutage verstärkt Modelle auf Basis vermuteter Zusammenhänge erstellt und diese dann an realen Unfalldaten validiert. Durch die gewonnenen Erkenntnisse über das vergangene Unfallgeschehen lassen sich unter Einbeziehung technischer Neuerungen Prognosen der zukünftigen Entwicklung ableiten [Erb14]. Insbesondere die Bewertung der Feldeffektivität von Systemen der Aktiven Fahrzeugsicherheit, wie beispielsweise des elektronischen Stabilitätsprogramms [Kre11, Fil13], wird durch Unfalldatenanalyse ermöglicht. Die Effektivitätsbewertung bzw. Potenzialabschätzung von Fahrzeugsicherheitssystemen kann hierbei durch Verletzungsrisikofunktionen erfolgen [Nie15].

Verletzungsrisikofunktionen stellen statistisch ermittelte Abschätzungen der Wahrscheinlichkeit dar, bestimmte Verletzungen einer definierten

Schwere in Abhängigkeit eines physikalischen Unfallparameters zu erleiden [Pra10]. Die physikalischen Unfallparameter können Kräfte, Momente, Verschiebungen, Geschwindigkeiten, Beschleunigungen oder Kombinationen dieser Größen sein [Pra10]. Dabei sollte der physikalische Parameter hinsichtlich der jeweiligen Verletzungsentstehung sinnvoll gewählt werden [Ver84, Pra15]. Ein Beispiel hierfür ist die Druckrate als viskoses Kriterium zur Beschreibung von Verletzungen von viszeralen Organen wie der Leber [Via85]. Zur Erstellung von Verletzungsrisikofunktionen werden empirische Daten aus PMTO-Versuchen oder Unfalldatenerhebungen genutzt, wobei die Verwendung unzensierter Daten aus PMTO-Versuchen bei großen Stichproben keinen nennenswerten Vorteil gegenüber der Verwendung zensierter Daten aus Unfalldatenerhebungen haben muss [Di 05].

PMTOs werden zur Kalibrierung von Dummybelastungskorridoren eingesetzt und z. B. in Schlittenversuchen getestet, die eine hohe Reproduzierbarkeit aufweisen. Die im Rahmen dieser Arbeit erstellten Verletzungsrisikofunktionen hingegen beruhen auf realen Unfalldaten. Die abgeleiteten Funktionen bilden also retrospektiv das Verletzungsrisiko von Menschen im Feldgeschehen ab und repräsentieren nicht nur eine bestimmte Teilpopulation unter Laborbedingungen, wie z. B. den 50 %-Mann. Dementsprechend muss sowohl bei der Erstellung als auch bei der Interpretation von Verletzungsrisikofunktionen klar zwischen diesen beiden Ansätzen unterschieden werden.

Statistische Methoden der Regression, der Ereigniszeitanalyse *(Survival Analysis)* oder nichtparametrische Methoden wie die konsistente Schwellenwertschätzung *(Consistent Threshold Estimate)* oder die Bestimmtheitsmethode *(Certainty Method)* werden eingesetzt, um die empirischen Daten zur Erstellung von Verletzungsrisikofunktionen nutzbar zu machen [Di 05, Has07, Pet11, Pra11, McM14]. Abbildung 2-7 stellt den Verlauf von Verletzungsrisikofunktionen schematisch dar.

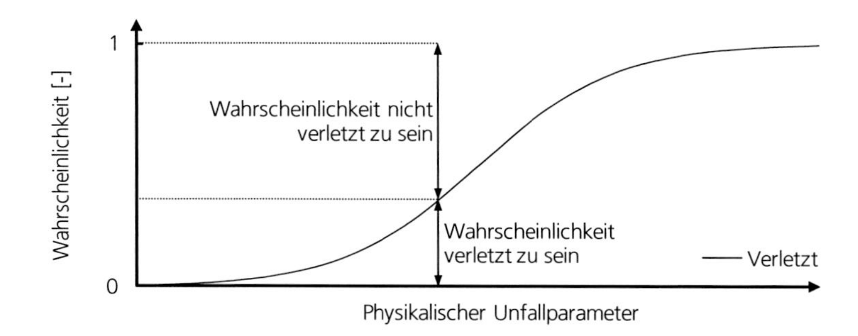

Abbildung 2-7: Schematische Darstellung einer Verletzungsrisikofunktion in Anlehnung an [Pra11, Erb14]

Die Verletzungsschwere, die als Basisparameter einer jeden Verletzungsrisikofunktion zugrunde liegt, wird in medizinischen Verletzungsskalen ausgedrückt. Die gängigste Verletzungsskala in der Unfallforschung ist die *Abbreviated Injury Scale* (AIS) [Sta69, AAA80, Pet81], die bereits mehrfach weiterentwickelt und an den Stand der medizinischen Diagnostik und Versorgung angepasst wurde [AAA85, AAA90, AAA05]. Einzelverletzungen werden hierbei nach dem jeweils assoziierten Letalitätsrisiko klassifiziert [Haa10]. Die Bewertung der schwersten Einzelverletzung wird in zahlreichen Veröffentlichungen (z. B. Gab06, Gab08, Kus12, Pra10 und Sti12) als Maß der Gesamtverletzungsschwere eines Patienten herangezogen und als maximaler AIS (MAIS) bezeichnet. Auf Basis der AIS-Bewertung wird der *Injury Severity Score* (ISS) [Bak74, Bak76, Som83, Osl97] sowie dessen auf einer logarithmischen Transformation beruhende Weiterentwicklung, der sogenannte ISSx [Nie13], definiert.

Zur Überführung AIS-codierter Verletzungen in den ISS werden die drei am schwersten verletzten ISS-Körperregionen wie folgt zusammengefasst:

$$\text{ISS} := \sum_{i=1}^{3} \text{AIS}_i^2 \,. \tag{2.2}$$

Durch die Summierung quadrierter AIS-Werte soll dem nichtlinearen Zusammenhang zwischen den einzelnen AIS-Ausprägungen Rechnung getragen werden, da beispielsweise das Letalitätsrisiko einer AIS4-Verletzung deutlich höher ist als jenes von zwei AIS2-Verletzungen [Bak74].

Erst die logarithmische Transformation des AIS führt jedoch zur gewünschten metrischen Ratioskala

$$AISx_i := 25\,\frac{e^{AIS_i}-1}{e^5-1}, \qquad (2.3)$$

die unter Verwendung der drei am schwersten verletzten ISS-Körperregionen eine Vergleichbarkeit aggregierter Verletzungen mit

$$ISSx := \sum_{i=1}^{3} AISx_i \qquad (2.4)$$

ermöglicht [Nie13]. Tabelle 10-1 im Anhang enthält eine Übersichtstabelle zur Umwandlung AIS-codierter Verletzungstripel in ISS- bzw. ISSx-Werte.

2.3 Aspekte der nichtlinearen Finite-Elemente-Methode

Die virtuelle Produktentwicklung mithilfe numerischer Simulation *(Computer Aided Engineering, CAE)* ist neben der Konstruktion und dem Versuch die dritte Säule der modernen Fahrzeugentwicklung [Sch09]. Das Grundprinzip aller Methoden der numerischen Simulation ist die näherungsweise Lösung der zugrunde liegenden partiellen Differentialgleichungen durch räumliche und zeitliche Diskretisierung. Durch diese Zerlegung der räumlichen Struktur sowie des zeitlichen Verlaufs in eine endliche (finite) Anzahl von Elementen werden die für komplexe Systeme nicht mehr geschlossen lösbaren Differentialgleichungen durch Approximierung lösbar [Hie03]. Im Folgenden wird auf einige Aspekte der nichtlinearen Finite-Elemente-Methode (FEM) eingegangen, da sie in der Crashsimulation von Fahrzeugen eingesetzt wird. Im Gegensatz zur linearen FEM, bei der kleine strukturelle Verschiebungen und ein linear elastisches Werkstoffgesetz angenommen werden, treten in der Praxis, insbesondere in der Crashberechnung, häufig nichtlineare Phänomene auf. Es wird unterschieden zwischen geometrischen Nichtlinearitäten, nichtlinearem Materialverhalten und Kontakt [Rus09]. Für Beschreibungen anderer finiter Methoden sowie zu ihrer Einordnung in den Kontext numerischer Simulation wird auf Hiermaier verwiesen [Hie03, Hie08]. Grundlagen der FEM sind bei Goldsmith [Gol60], Meißner [Mei00], Rust [Rus09], Klein [Kle12] und Link [Lin14] zu finden.

2.3.1 Geometrische Nichtlinearitäten

Bei der nichtlinearen Berechnung werden große Rotationen sowie große Dehnungen berücksichtigt und Gleichgewichtszustände am verformten System berechnet. Hierbei können sogenannte Stabilitätsprobleme auftreten, die insbesondere für die Crashberechnung eine zentrale Bedeutung haben. Typische Stabilitätsprobleme sind das Ausknicken eines Stabs unter Druckbelastung (Eulersche Knickfälle), das Verdrehen eines Balkens unter Druckbelastung (Drillknicken), das Ausweichen des Druckgurtes unter Biegebelastung (Kippen) sowie Kombinationen (Biegedrillknicken). Das Ausweichen ebener Platten senkrecht zur Belastungsrichtung stellt ebenfalls ein Stabilitätsproblem dar und wird als Beulen bezeichnet. Charakteristisch für die erwähnten Phänomene ist eine Verformung quer zur Belastungsrichtung durch eine minimale Störung ab einem bestimmten Lastniveau. Aufgrund der dabei auftretenden zwei Gleichgewichtspfade, die in Abbildung 2-8 dargestellt sind, spricht man von einem Verzweigungs- oder Bifurkationsproblem [Rus09].

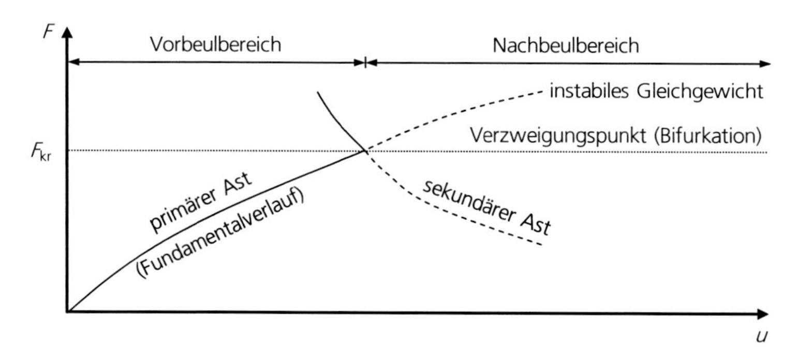

Abbildung 2-8: Last-Verschiebungs-Diagramm eines Verzweigungsproblems in Anlehnung an [Rus09]

2.3.2 Nichtlineares Materialverhalten

In der Beschreibung nichtlinearen Materialverhaltens kann zunächst zwischen nichtlinearem Elastizitätsverhalten und Plastizität unterschieden werden. Zusätzlich können Nichtlinearitäten durch Schädigung und

Versagen sowie durch belastungsabhängige Spannungs-Dehnungs-Beziehungen, wie z. B. durch Dehnratenabhängigkeit, entstehen. Nichtlineares Elastizitätsverhalten tritt dann auf, wenn der Spannungs-Dehnungs-Verlauf des zu beschreibenden Materials nicht dem Hooke'schen Gesetz und damit einer Linearisierung folgt. Das elastische Materialverhalten kann dann durch eine nichtlineare Kraft-Verschiebungs- bzw. Spannungs-Dehnungs-Funktion beschrieben werden. Analog zur Abbildung des elastischen Materialverhaltens durch das Hooke'sche Gesetz folgen Be- und Entlastung hierbei demselben Pfad. Abbildung 2-9 verdeutlicht nichtlineares Elastizitätsverhalten.

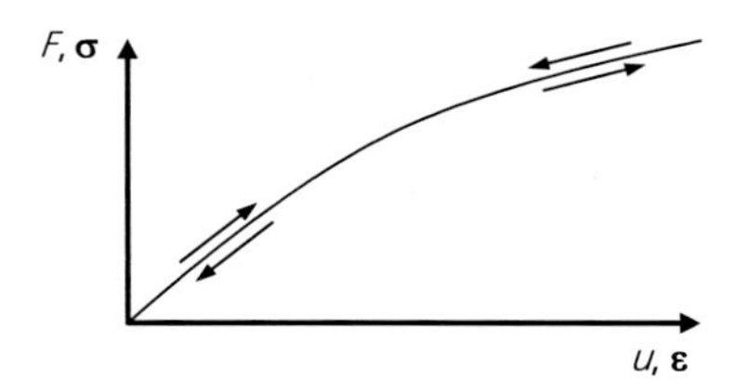

Abbildung 2-9: Nichtlineare Elastizität [Rus09]

Bei plastischem Werkstoffverhalten treten nicht eindeutige Spannungs-Dehnungs-Zusammenhänge oft zugleich mit großen Verzerrungen auf. Im Gegensatz zum nichtlinearen Elastizitätsverhalten sind im Fall von Plastizität die eingeprägten Verzerrungen bis auf den reversiblen elastischen Anteil auch nach der Entlastung weiterhin vorhanden. Damit folgen Be- und Entlastung unterschiedlichen Pfaden, was auch als Hysterese bezeichnet wird. Abbildung 2-10 zeigt zwei repräsentative Spannungs-Dehnungs-Verläufe. Die Annahme eines elastisch-ideal-plastischen Materialmodells (a) stellt hierbei eine Idealisierung dar und dient der vereinfachten Approximation des realen Werkstoffverhaltens. Tatsächlich verhalten sich die meisten metallischen Konstruktionswerkstoffe von Fahrzeugstrukturen wie Stahl, Aluminium- oder Magnesiumlegierungen hingegen verfestigend, weshalb ein linear-elastisches Materialverhalten mit Verfestigung im plastischen Bereich (b) angenommen werden kann [Rus09, Kle12].

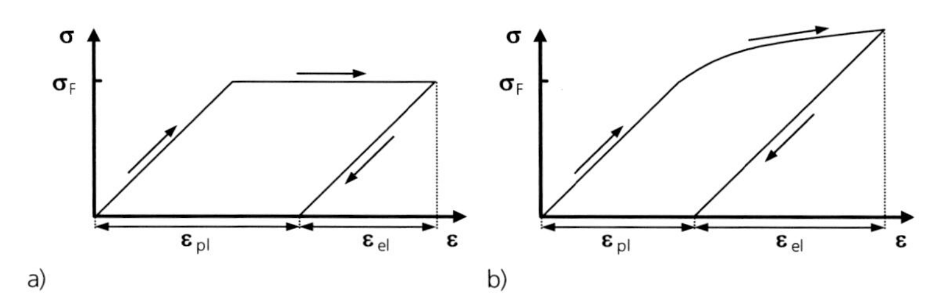

Abbildung 2-10: Einachsiges Spannungs-Dehnungsverhalten in Anlehnung an [Ode72, Rus09]: a) elastisch-ideal-plastisches Verhalten, b) elasto-plastisches Verhalten mit Verfestigung im plastischen Bereich

2.3.3 Kontakt

Bei der numerischen Berechnung von Deformationsvorgängen kann es in Folge von Verformungen zu Kontakt zwischen Bauteilen kommen. Durch die auftretenden mechanischen Einflüsse wie Stoßeffekte, Grenzflächen-deformation, Haftung oder Reibung stellt die FE-gestützte Kontakt-modellierung ein hochgradig nichtlineares Problem dar. Im Gegensatz zur rein strukturmechanischen Formulierung der FEM müssen hierbei zusätzliche Rechenalgorithmen bemüht werden, um Kontakt im FE-Modell erkennen zu können. Da die sich im Laufe einer FE-Simulation ergebenden Kontaktflächen häufig nicht vorhersehbar sind und die Randbedingungen von den Lösungsvariablen abhängen, werden inkrementelle Lösungsverfahren benötigt [Kle12].

Im Zusammenhang der Kontaktberechnung werden folgende Fälle unterschieden [Rus09]:

1. Kontakt eines Körpers mit einem Starrkörper und Aufhalten bzw. Deformation des Körpers durch Berührung mit dem Starrkörper,
2. Kontakt zweier Körper und gegenseitige Deformation in Folge von Berührung,
3. Kontakt innerhalb eines Körpers (Selbstkontakt) und
4. Kontakt zweier Starrkörper durch Berücksichtigung von Kraft-Eindringungs-Charakteristiken.

2.4 Stochastische Struktursimulation

Das vorliegende Teilkapitel thematisiert die theoretischen Grundlagen der stochastischen Struktursimulation. Es wird auf Wahrscheinlichkeitsverteilungen eingegangen, die unter anderem für die Abbildung von Eingangsstreuungen benötigt werden. Hierbei kommt der Normalverteilung in Bezug auf die den Auswertemethoden zugrunde liegenden theoretischen Herleitungen eine besondere Bedeutung zu. Daran anschließend werden stochastische Stichprobenverfahren erläutert, die eine moderne Erweiterung klassischer Methoden der statistischen Versuchsplanung (DOE) darstellen und insbesondere für virtuelle Experimente geeignet sind. Abschließend erfolgt eine Einführung in die im Verlauf dieser Arbeit angewandten Methoden der statistischen Auswertung von Stichproben.

2.4.1 Wahrscheinlichkeitsverteilungen

Im Rahmen der stochastischen Struktursimulation werden Eingangsparameter als Zufallsvariablen definiert. Eine Zufallsvariable X ist eine Funktion, die jedem Elementarereignis ω eines Zufallsexperiments genau eine reelle Zahl $X(\omega)$ zuordnet [Pap11]. Die Wahrscheinlichkeit P dafür, dass eine Zufallsvariable X innerhalb eines definierten Wertebereichs einen Wert annimmt, der kleiner oder gleich einer vorgegebenen reellen Zahl x ist, wird durch ihre Verteilungsfunktion $\mathrm{P}(x)$ oder durch ihre Wahrscheinlichkeitsdichtefunktion, kurz Dichtefunktion, $\mathrm{p}(x)$ in der Form

$$\mathrm{P}(x) = \int_{-\infty}^{x} \mathrm{p}(u)\,\mathrm{d}u \tag{2.5}$$

vollständig beschrieben [Pap11]. Daneben können zur Beschreibung von Wahrscheinlichkeitsverteilungen auch bestimmte Kennwerte oder Maßzahlen, die auch als statistische Momente bezeichnet werden, herangezogen werden. Der Mittelwert μ, auch Erwartungswert erster Ordnung (im Folgenden kurz Erwartungswert) $\mathrm{E}(X)$ genannt, kennzeichnet den arithmetischen Durchschnitt einer Wahrscheinlichkeitsverteilung. Die Varianz σ^2 oder $\mathrm{Var}(X)$ sowie die Standardabweichung σ stellen Maßzahlen zur Beschreibung der Streuung der Verteilung um den Mittelwert dar. Als relative Beschreibung von Abweichungen vom Erwartungswert wird das Verhältnis zwischen Standardabweichung und Mittelwert als Variationskoeffizient

$$CoV = \frac{\sigma}{\mu} \tag{2.6}$$

bezeichnet [Har09]. Es wird unterschieden zwischen diskreten Zufallsvariablen, die nur endlich viele oder abzählbar unendlich viele Werte annehmen können und stetigen Zufallsvariablen, die jeden beliebigen Wert innerhalb eines Intervalls annehmen können. Im Folgenden wird ausschließlich auf stetige Zufallsvariablen eingegangen, die ohne Einschränkung der Allgemeingültigkeit diskret abgebildet werden können. Die Definitionen und Formeln dieses Unterkapitels 2.4.1 sind [Pap11] entnommen, sofern sie nicht anders gekennzeichnet sind. Für Ausführungen zu weiteren Verteilungen, wie z. B. der Binomialverteilung, der Exponentialverteilung oder der Weibullverteilung, wird auf Bertsche [Ber04], Brandt [Bra13], Bucher [Buc09], Hartung [Har09], Kühlmeyer [Küh01] und Papula [Pap11] verwiesen.

2.4.1.1 Gleichverteilung

Die stetige Gleichverteilung oder Rechteckverteilung $\mathrm{U}(a,b)$ wird durch die Dichtefunktion

$$\mathrm{p}(x) = \begin{cases} \frac{1}{b-a} & \text{für} \quad a \leq x \leq b \\ 0 & \quad\quad\;\; \text{alle übrigen } x \end{cases} \tag{2.7}$$

sowie den Erwartungswert

$$\mathrm{E}(X) = \frac{a+b}{2} \tag{2.8}$$

und die Varianz

$$\mathrm{Var}(X) = \frac{(a-b)^2}{12} \tag{2.9}$$

beschrieben. Die Gleichverteilung spielt insbesondere in der Simulation von Zufallszahlen eine bedeutende Rolle, da jeder Wert im Intervall $a \leq x \leq b$ dieselbe Wahrscheinlichkeit hat, eine Realisation von X zu sein. Die Verläufe der Dichte- und Verteilungsfunktion einer Gleichverteilung sind in Abbildung 2-11 dargestellt.

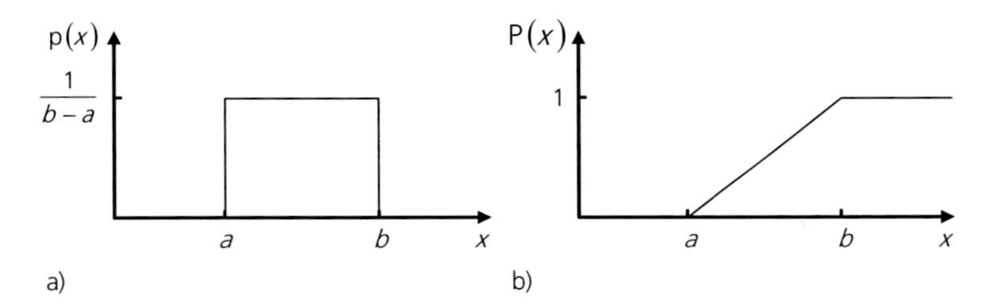

Abbildung 2-11: a) Dichtefunktion einer stetigen Gleichverteilung, b) Verteilungsfunktion einer stetigen Gleichverteilung, a) und b) in Anlehnung an [Pap11]

2.4.1.2 Normalverteilung

Die Gauß'sche Normalverteilung $\mathrm{N}(\mu,\sigma)$, kurz Normalverteilung, bezeichnet eine stetige Verteilung mit der Dichtefunktion

$$\mathrm{p}(x)=\frac{1}{\sqrt{2\pi}\,\sigma}\,\mathrm{e}^{-\frac{(x-\mu)^2}{2\sigma^2}} \qquad (-\infty < x < \infty). \tag{2.10}$$

Dabei stellt μ den Erwartungswert und $\sigma > 0$ die Standardabweichung einer normalverteilten Zufallsvariable dar. Der Parameter μ beschreibt die Lage des arithmetischen Mittelwerts, während der Parameter σ Breite und Höhe der Normalverteilung festlegt. Insbesondere lassen sich durch Angabe von Vielfachen der Standardabweichung Wahrscheinlichkeiten definieren. Einige Beispiele dafür sind in Tabelle 2-4 aufgeführt. Im Fall von $\mu = 0$ und $\sigma = 1$ spricht man von der Standardnormalverteilung oder standardisierten Normalverteilung. Gemäß dem zentralen Grenzwertsatz *(Central Limit Theorem)* strebt eine additive Superposition unabhängiger und identisch verteilter Zufallszahlen asymptotisch gegen die Normalverteilung [Buc09, Gra13]. Dadurch kommt der Normalverteilung in der industriellen Praxis eine herausragende Rolle zu, da Messwerte, wie z. B. Bauteiltoleranzen, in der Regel angenähert normalverteilt sind. Abbildung 2-12 zeigt die Gestalt von Dichte- und Verteilungsfunktion der Normalverteilung.

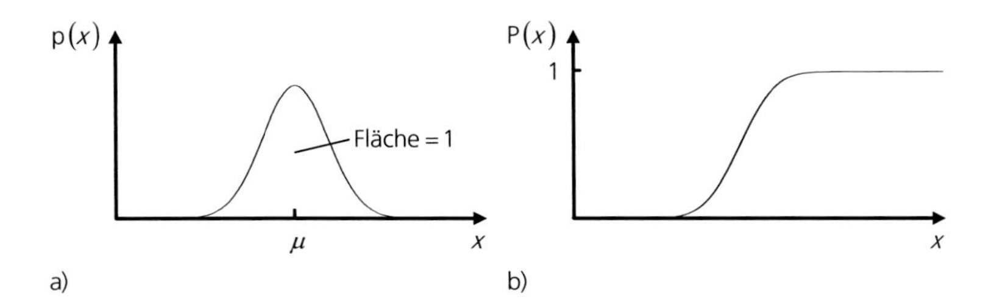

Abbildung 2-12: a) Dichtefunktion einer stetigen Normalverteilung, b) Verteilungsfunktion einer stetigen Normalverteilung, beides in Anlehnung an [Pap11]

Tabelle 2-4: Vielfache der Standardabweichung der Normalverteilung mit Angabe der zugehörigen Wahrscheinlichkeiten [Koc04]

Vielfache der Standardabweichung	Wahrscheinlichkeit [-]	Versagenswahrscheinlichkeit [-]
$\pm 1\sigma$	0,6826	0,3174
$\pm 2\sigma$	0,9546	0,0454
$\pm 3\sigma$	0,9973	0,0027
$\pm 4\sigma$	0,999937	0,000063
$\pm 5\sigma$	0,99999943	0,00000057
$\pm 6\sigma$	0,999999998	0,000000002

2.4.1.3 Lognormalverteilung

Die Lognormalverteilung beschreibt Zufallsvariablen, deren Logarithmen normalverteilt sind. Lognormalverteile Zufallsvariablen folgen der Dichtefunktion

$$p(x) = \begin{cases} \frac{1}{x\sqrt{2\pi}\,\sigma} e^{-\frac{(\ln x-\mu)^2}{2\sigma^2}} & \text{für} \quad x > 0 \\ 0 & \quad\quad\; x \leq 0 \end{cases} \tag{2.11}$$

mit dem Erwartungswert

$$E(X) = e^{\frac{2\mu+\sigma^2}{2}} \tag{2.12}$$

und der Varianz

$$Var(X) = e^{2\mu+\sigma^2}\left(e^{\sigma^2} - 1\right). \tag{2.13}$$

Wie in Abbildung 2-13 zu sehen ist, nimmt die Lognormalverteilung nur positive Werte an und dient zur Darstellung schief verteilter Zufallsvariablen. Im Bereich der stochastischen Struktursimulation werden teilweise Materialkennwerte wie die 0,2%-Dehngrenze oder die Zugfestigkeit als lognormalverteilt angenommen [Wil07], [Küh01].

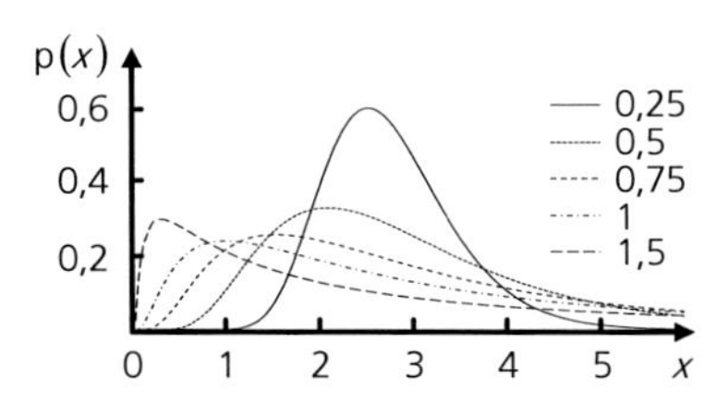

Abbildung 2-13: Dichtefunktionen stetiger Lognormalverteilungen für verschiedene Werte von σ bei konstantem Parameter $\mu = 1$ in Anlehnung an [Küh01]

2.4.2 Stochastische Stichprobenverfahren

Im Gegensatz zu klassischen Methoden der statistischen Versuchsplanung *(Classical DOE)*, kurz klassische DOE-Methoden, wurden die modernen DOE-Methoden *(Modern DOE)*, zu denen die im Folgenden eingeführten stochastischen Stichprobenverfahren zählen, zur Durchführung rechnergestützter Experimente entwickelt. Der grundlegende Unterschied der klassischen zu den modernen DOE-Methoden besteht in der Annahme eines zufälligen Fehlers, der sich bei der Durchführung eines Laborexperiments ergibt. Demgegenüber sind Computersimulationen in der Regel deterministisch, was bei mehrmaliger Wiederholung einer identischen Simulation im Allgemeinen zum selben Resultat führen sollte. Da Laborexperimente nicht exakt wiederholbar sind, legen klassische DOE-Methoden zur einfacheren Ableitung globaler Zusammenhänge die Stichprobenpunkte in die Randbereiche des Parameterraums [Giu03]. Zu diesen Methoden zählen u. a. teil- und vollfaktorielle Versuchspläne oder Box-Behnken-Pläne, für deren Beschreibung auf Kleppmann [Kle13] und Siebertz [Sie10] verwiesen wird. Moderne DOE-Methoden ermöglichen die Abbildung von Eingangsparametern auf Basis von Verteilungsfunktionen, wobei diese im Unterschied zu klassischen DOE-Methoden nicht gleichverteilt sein müssen. Um die Ergebnisgrößen einer stochastischen Struktursimulation einer statistischen Auswertung zugänglich machen zu können, werden gewisse Anforderungen an die Eingangsparameter und damit an das Stichprobenverfahren gestellt. Zunächst ist sicherzustellen, dass die Stichprobenwerte der vorgegeben Verteilungsfunktion der Eingangsparameter so gut wie möglich entsprechen. Des Weiteren müssen die zufällig erzeugten Stichprobenwerte statistisch unabhängig voneinander sein. Abbildung 2-14 stellt den typischen Ablauf einer stichprobenbasierten stochastischen Struktursimulation dar [Giu03, Buc09].

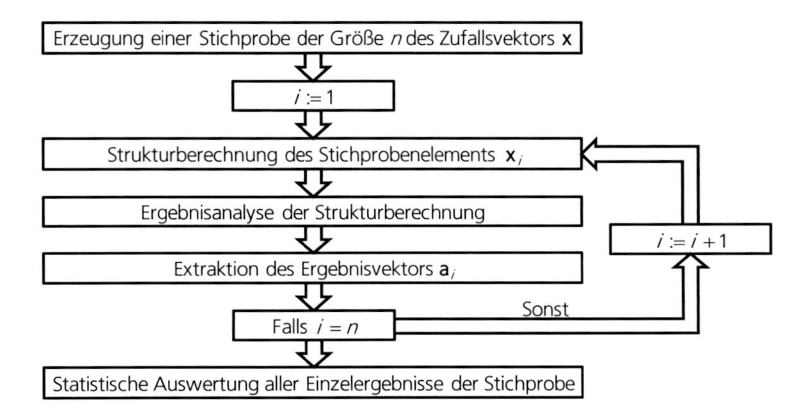

Abbildung 2-14: Ablauf einer stichprobenbasierten stochastischen Struktursimulation in Anlehnung an [Buc09]

2.4.2.1 Zufälliges Monte-Carlo-Sampling

Das zufällige *Monte-Carlo-Sampling (Random Monte Carlo Sampling,* RMCS) stellt ein Verfahren zur Abbildung von Zufallsvariablen dar und wurde erstmals von Metropolis und Ulam [Met49] im Rahmen rechnergestützter Simulationen eingesetzt. Die exakte Bezeichnung müsste Pseudo-RMCS lauten, da die zur Erzeugung der Stichprobe hinterlegten Algorithmen mithilfe von Pseudozufallszahlen versuchen, tatsächlich zufällige Prozesse aus der Natur nachzubilden [Giu03]. Da echte Zufallszahlen durch physikalische Zufallsgeneratoren erzeugt werden, die u. U. nicht langzeitstabil und durch das erforderliche Zusatzgerät kostenintensiv sein können, werden für stochastische Stichprobenverfahren Pseudozufallsgeneratoren eingesetzt, welche in ihrer Funktion von echten Zufallsgeneratoren kaum zu unterscheiden sind [Dor09]. In einem gegebenen Intervall wird durch RMCS eine Zufallszahl bestimmt, die in diesem Intervall liegt. Ein Nachteil des RMCS ist die relativ schlechte Abbildung der vorgegebenen Verteilungsfunktion bei einer geringen Stichprobengröße. Zusätzlich kann in mehrdimensionalen Anwendungen der Eingangsparameterraum nur unzureichend abgedeckt werden, wodurch Regionen entstehen, in denen keine oder nur sehr wenige Stichprobenwerte liegen. Dieser Nachteil lässt sich durch eine Erhöhung der Stichprobengröße teilweise kompensieren, was jedoch im Fall von Fahrzeugcrashsimulationen sehr kostenintensiv sein kann. Weiterentwicklungen wie das Geschichtete RMCS *(Stratified RMCS)* oder das *Latin-Hypercube-Sampling* können diese Defizite ausgleichen. [Giu03, Buc09]

2.4.2.2 Latin-Hypercube-Sampling

Das von McKay et al. [McK79] sowie Iman und Conover [Ima82] eingeführte *Latin-Hypercube-Sampling* (LHS) stellt eine Methode dar, welche die statistischen Unsicherheiten des RMCS reduziert. Das Prinzip des LHS lässt sich anhand von Abbildung 2-15 erläutern. Die Zufallsvariable X soll normalverteilt mit dem Mittelwert $\mu = 5$ und der Standardabweichung $\sigma = 1{,}5$ mit einer Stichprobe der Größe $n = 50$ abgebildet werden. Es wird zunächst die blau dargestellte, gleichverteilte Stichprobe erzeugt, indem das Intervall zwischen 0 und 1 in n Abschnitte der Größe $1/n$ unterteilt wird. In jedem dieser Intervalle wird in beliebiger Reihenfolge eine zufällige Realisation von X erzeugt, bis die gewünschte Stichprobengröße n erreicht ist und in jedem Intervall ein Wert liegt. Durch die inverse Verteilungsfunktion $P^{-1}(X)$ der gewählten Normalverteilung werden die gleichverteilten Werte in die grün dargestellte Stichprobe transformiert. Aus dem Histogramm wird ersichtlich, dass diese die geforderte Normalverteilung abbildet. In analoger Weise können auch andere Verteilungsarten abgebildet werden. Für die mathematische Beschreibung von LHS im Speziellen und Monte-Carlo-Methoden im Allgemeinen sei auf [Owe13] verwiesen. [Buc09]

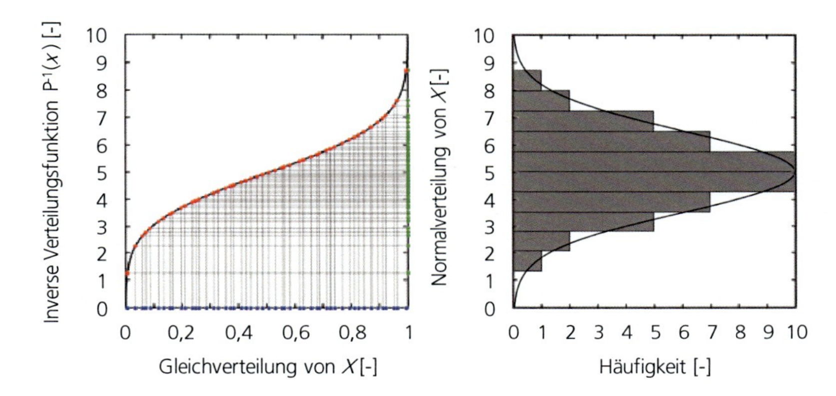

Abbildung 2-15: Schematische Darstellung des *Latin-Hypercube-Samplings* in Anlehnung an [Sie10]

Erweitert man diese Vorgehensweise in höhere Dimensionen, steigt die Anzahl der benötigten Stichprobenwerte zur Abbildung aller möglichen Kombinationen exponentiell. Da diese Zunahme der Stichprobengröße unwirtschaftlich ist, wird die Stichprobengröße in der Regel begrenzt. Dies hat jedoch zur Folge, dass unerwünschte, zufällige Korrelationen zwischen den Zufallsvariablen auftreten können. Florian schlägt zur Vermeidung dieser zufälligen Korrelationen eine Erweiterung des LHS, das sogenannte *Updated LHS* vor, das unabhängige Zufallspermutationen von Rangzahlen zur Erzeugung der Stichprobe nutzt [Flo92]. Andere Weiterentwicklungen nutzen Optimierungsmethoden, um die Güte des LHS hinsichtlich der Vermeidung unerwünschter Korrelationen sowie bezüglich der statistischen Abbildung der Verteilungsfunktionen zu steigern [Li97, Hun98]. Tabelle 2-5 vergleicht die Abweichung des Erwartungswerts der Stichprobe zum tatsächlichen Mittelwert einer analytischen Funktion unter Verwendung von RMCS, LHS und eines optimierten LHS *(Optimal Latin Hypercube Sampling,* OLHS) in Abhängigkeit der Stichprobengröße [Bul04]. Es wird ersichtlich, dass sich die Güte der Stichprobe durch den Einsatz von LHS und insbesondere modifizierten LHS gegenüber RMCS steigern lässt. Zu ähnlichen Ergebnissen kommen [Buc09] und [Wil06b]. Eine Übersicht des Stands der Wissenschaft von LHS, inklusive einer Einordnung von LHS zu anderen Stichprobenverfahren wie dem Hammersley-Sampling, gibt Viana [Via13]. Weitere Methoden zur

Abbildung von Zufallseffekten in der Strukturanalyse können z. B. bei Bucher [Buc09] oder Hurtado [Hur98] gefunden werden.

Tabelle 2-5: Abweichung des Erwartungswerts der Stichprobe zum tatsächlichen Mittelwert einer analytischen Funktion unter Verwendung von RMCS, LHS und OLHS in Abhängigkeit der Stichprobengröße. LHS und insbesondere OLHS stellen zur Abbildung des vorgegebenen Mittelwerts effiziente Alternativen zum RMCS dar. In Anlehnung an [Bul04]

Stichprobengröße	RMCS [%]	LHS [%]	OLHS [%]
10	37,8	20,7	9,1
20	17,8	14,3	3,5
50	12,5	10,2	1,5
100	9,4	6,6	1,1
200	6,0	5,6	0,6

2.4.3 Statistische Auswertung von Stichproben

Im Rahmen von Robustheitsanalysen werden Stichproben generiert, die gemäß dem in Abbildung 2-14 dargestellten Schema einer stochastischen Struktursimulation zugeführt werden. Von zentraler Bedeutung für die Auswertung solcher Analysen sind statistische Methoden, mit denen auf Basis der gezogenen Stichprobe Rückschlüsse auf die Grundgesamtheit, im speziellen Fall also auf das Crashverhalten der zu untersuchenden Fahrzeugstruktur, getroffen werden können. Hierzu bedient man sich sogenannter Parameterschätzungen und unterscheidet zwischen Punkt- und Intervallschätzungen, auf die im Folgenden eingegangen wird. Grundannahme dieser Schätzmethoden ist das Vorliegen einer normalverteilten Grundgesamtheit. Zur Analyse der Verteilungsart einer Stichprobe werden statistische Anpassungstests vorgestellt [Buc09, Har09, Pap11].

2.4.3.1 Punktschätzung von Mittelwert und Standardabweichung

Anhand einer Stichprobe der Größe n ist der Erwartungswert $\bar{x}$ einer normalverteilten Grundgesamtheit durch

$$\bar{x} = \frac{1}{n}\sum_{i=1}^{n} x_i \tag{2.14}$$

und die empirische Standardabweichung s als Quadratwurzel der Varianz s^2 durch

$$s = \sqrt{s^2} = \sqrt{\frac{1}{n-1}\sum_{i=1}^{n}(x_i - \bar{x})^2} \tag{2.15}$$

erwartungstreu schätzbar [Har09].

2.4.3.2 Intervallschätzung von Konfidenzintervallen für Mittelwert und Standardabweichung

Die im vorangegangenen Abschnitt eingeführten Punktschätzer enthalten zunächst keine Information darüber, wie genau und sicher die Werte für Mittelwert und Standardabweichung sind. Mithilfe der sogenannten Intervallschätzung lassen sich Konfidenzintervalle berechnen, die eine Aussage über die Genauigkeit und Sicherheit der Punktschätzer zulassen. Ein Konfidenzintervall wird dabei stets mit einer statistischen Sicherheit, dem sogenannten Konfidenzniveau γ, sowie einer entsprechenden Irrtumswahrscheinlichkeit oder einem entsprechenden Signifikanzniveau $\alpha = 1-\gamma$ angegeben. Dieses Konfidenzniveau γ entspricht der Wahrscheinlichkeit auf Basis einer konkreten Zufallsstichprobe ein Konfidenzintervall zu erhalten, das den wahren (aber unbekannten) Parameterwert enthält [Pap11].

Für den Mittelwert μ ergibt sich bei normalverteilten Grundgesamtheiten und unbekannter Standardabweichung σ das γ-Konfidenzintervall zu [Har09]

$$\bar{x} - \mathrm{t}_{n-1;\,1-\alpha/2}\frac{s}{\sqrt{n}} \leq \mu \leq \bar{x} + \mathrm{t}_{n-1;\,1-\alpha/2}\frac{s}{\sqrt{n}}, \tag{2.16}$$

wobei $t_{n-1;1-\alpha/2}$ das entsprechende Quantil der Student-t-Verteilung, n die Stichprobengröße und s die empirische Standardabweichung ist.

Das Konfidenzintervall für die Standardabweichung σ kann bei unbekanntem Mittelwert μ und der Annahme einer normalverteilten Grundgesamtheit unter Verwendung der entsprechenden Quantile der χ^2-Verteilung, der Stichprobengröße n sowie der empirischen Standardabweichung s wie folgt berechnet werden [Har09]:

$$\frac{(n-1)s^2}{\chi^2_{n-1;1-\alpha/2}} \leq \sigma \leq \frac{(n-1)s^2}{\chi^2_{n-1;\alpha/2}}. \quad (2.17)$$

2.4.3.3 Anpassungstests an die Normalverteilung

Im Rahmen probabilistischer Robustheitsuntersuchungen werden Annahmen zur Art der Eingangsverteilungen als auch zu den für die statistische Auswertung maßgeblichen Ergebnisverteilungen getroffen. Sogenannte Anpassungs- oder Verteilungstests können zur Überprüfung einer angenommenen Hypothese über die Art der unbekannten Wahrscheinlichkeitsverteilung angewandt werden. Die Nullhypothese, die wahre Verteilungsfunktion $P(x)$ genügt einer Wahrscheinlichkeitsverteilung der Verteilungsfunktion $P_0(x)$, lautet dann

$$H_0 : P(x) = P_0(x). \quad (2.18)$$

Dieser wird die Alternativhypothese

$$H_1 : P(x) \neq P_0(x) \quad (2.19)$$

gegenübergestellt. Allen Anpassungstests gemein ist die Überprüfung der Verträglichkeit einer aus einer Zufallsstichprobe generierten Information über die wahre Verteilungsfunktion mit der hypothetischen Verteilungsfunktion. Das Ziel von Anpassungstests besteht also darin, eine Entscheidung herbeizuführen, ob die Nullhypothese beibehalten oder zugunsten der Alternativhypothese verworfen werden muss. Die Annahme normalverteilter Ergebnisgrößen hat in Bezug auf die Anwendbarkeit der eingeführten Punkt- und Intervallschätzer eine hohe Bedeutung, weshalb hier insbesondere Anpassungstests an die Normalverteilung Erwähnung finden.

Zudem lässt sich mit diesen Tests die Richtigkeit der getroffenen Annahme normalverteilter Eingangsparameter überprüfen [Har09, Pap11].

Anpassungstests an die Normalverteilung lassen sich nach der jeweils betrachteten Eigenschaft der Verteilungsfunktion untergliedern in Tests auf Schiefe *(Skewness)* und Exzess *(Kurtosis)*, Tests bezüglich der empirischen Verteilungsdichtefunktion, Regressions- und Korrelationstests sowie grafische Auswertungen [Gan90, Sei02, Har09]. Tabelle 2-6 klassifiziert statistische Anpassungstests an die Normalverteilung, beschreibt die jeweils betrachtete Eigenschaft der Verteilungsfunktion und führt Beispiele statistischer Anpassungstests an.

Tabelle 2-6: Klassifizierung statistischer Anpassungstests an die Normalverteilung in Anlehnung an [Gan90, Sei02, Har09]

Art des Anpassungstests an die Normalverteilung	**Betrachtete Eigenschaften der Verteilungsfunktion**	**Beispiele**
Tests auf Schiefe und Exzess	Abweichung zwischen empirischer und hypothetischer Verteilungsfunktion bzgl. Schiefe und Exzess	Simultane Überprüfung auf Schiefe und Exzess
Tests bzgl. der empirischen Verteilungsdichtefunktion	Vergleich zwischen empirischer und hypothetischer Verteilungsfunktion auf Basis definierter Annahmebereiche oder Abstandsmaße	Chi-Quadrat-Test, Kolmogorov-Smirnov-Test, Anderson-Darling-Test
Regressions- und Korrelationstests	Überprüfung der linearen Beziehung zwischen normalverteilter Zufallsvariable und der Standardnormalverteilung	Shapiro-Wilk-Test, D'Agostino-Test
Grafische Tests	Optischer Vergleich zwischen empirischer und hypothetischer Verteilungsfunktion	Q-Q-Diagramm, P-P-Diagramm

Tests auf Schiefe und Exzess bieten eine vergleichsweise geringe Teststärke, sofern sich die untersuchte Verteilungsfunktion in Schiefe und Exzess nur wenig von der Normalverteilung unterscheidet [Sei02]. Aufgrund seiner Sensitivität gegenüber der erforderlichen Einteilung der empirischen Verteilungsfunktion in Klassen ist der Chi-Quadrat-Test nur bedingt zu empfehlen [Gan90]. Der Kolmogorov-Smirnov-Test wird zwar aufgrund der Anschaulichkeit des Abstandsmaßes zwischen empirischer und hypothetischer Verteilungsfunktion, das als Testkriterium verwendet wird, häufig angeführt (vgl. [Küh01, Har09]). Hinsichtlich der Anpassung an die

Normalverteilung bietet jedoch der Anderson-Darling-Test, der ebenfalls Abstandsmaße berücksichtigt, die höhere Teststärke [Gan90, Sei02]. Diese beschreibt die Wahrscheinlichkeit, mit der eine falsche Entscheidung auf Basis eines Anpassungstests vermieden wird [Cas02]. Im Vergleich aller in Tabelle 2-6 aufgeführten Anpassungstests wird dem Shapiro-Wilk-Test (S-W-Test) die höchste Teststärke bezüglich der Detektion nichtnormalverteilter Grundgesamtheiten zugeschrieben [Sha68, Roy82, Gan90, Yaz07], weshalb dieser Regressionstest für die statistischen Anpassungstests im Rahmen dieser Arbeit eingesetzt wird. Der S-W-Test beruht auf dem Vergleich zwischen der mithilfe von Rangwerten ermittelten geschätzten Varianz einer aus einer normalverteilten Grundgesamtheit entnommenen Stichprobe und dem Schätzwert der Varianz der gezogenen Stichprobe [Sha65, Roy82, Roy92]. Grafische Tests sind relativ ungenau, da die Güte der Übereinstimmung zwischen empirischer und hypothetischer Verteilungsfunktion per Augenmaß entschieden wird. Zur Aufbereitung und Veranschaulichung der Ergebnisse können sie jedoch einen Mehrwert liefern [Har09]. Für eine umfassende Übersicht statistischer Anpassungstests wird auf D'Agostino [D'A86] verwiesen.

2.4.4 Korrelation und Approximation

Zur Identifikation und Quantifizierung von Wirkzusammenhängen zwischen Eingangsparametern und Ergebnisgrößen einer stochastischen Struktursimulation kann die Analyse der Korrelationsstruktur einen sinnvollen Beitrag leisten [Wil03, Hes05, Dud07]. In diesem Zusammenhang wird zunächst die empirische Kovarianz als Maß für den monotonen Zusammenhang der beiden Komponenten x und y einer zweidimensionalen Stichprobe eingeführt [Har09]:

$$s_{xy} = \frac{1}{n-1}\sum_{i=1}^{n}(x_i - \bar{x})(y_i - \bar{y}). \qquad (2.20)$$

Der empirische, lineare Korrelationskoeffizient nach Bravais-Pearson ergibt sich damit zu

$$r_P = \frac{s_{xy}}{s_x - s_y} = \frac{\sum_{i=1}^{n}(x_i - \bar{x})(y_i - \bar{y})}{\sqrt{\sum_{i=1}^{n}(x_i - \bar{x})^2 \sum_{i=1}^{n}(y_i - \bar{y})^2}} \tag{2.21}$$

und stellt ein Maß für den Grad der linearen Abhängigkeit der beiden normalverteilten Zufallsvariablen X und Y dar [Har09].

Im Fall einer nichtnormalverteilten Grundgesamtheit lässt sich die Korrelation zweier Zufallsvariablen X und Y auf Basis der gezogenen Stichprobe mithilfe des Rangkorrelationskoeffizienten nach Spearman schätzen. Entsprechend ihrer Größe werden den Realisationen x_i und y_i Rangzahlen $\mathrm{R}(x_i)$ und $\mathrm{R}(y_i)$ zugeordnet, aus denen sich der empirische Rangkorrelationskoeffizient nach Spearman

$$r_S = \frac{\sum_{i=1}^{n}\left(\mathrm{R}(x_i) - \bar{\mathrm{R}}(x)\right)\left(\mathrm{R}(y_i) - \bar{\mathrm{R}}(y)\right)}{\sqrt{\sum_{i=1}^{n}\left(\mathrm{R}(x_i) - \bar{\mathrm{R}}(x)\right)^2 \sum_{i=1}^{n}\left(\mathrm{R}(y_i) - \bar{\mathrm{R}}(y)\right)^2}} \tag{2.22}$$

analog zum empirischen, linearen Korrelationskoeffizienten nach Bravais-Pearson ergibt [Har09]. Aufgrund der Verwendung von Rangzahlen nimmt der Rangkorrelationskoeffizient nach Spearman auch dann den Wert eins an, falls die Zufallsvariablen X und Y nicht einem streng linearen Zusammenhang folgen, sondern lediglich monoton wachsend sind [Har09]. Er gibt folglich im Unterschied zum linearen Korrelationskoeffizienten auch im Fall eines nichtlinearen Zusammenhangs zwischen zwei Zufallsvariablen eine Auskunft über deren Monotonie, was insbesondere bei Korrelationsanalysen in nichtlinearen Systemen wie dem Fahrzeugcrash hilfreich sein kann. So kann ein signifikanter Unterschied zwischen den Korrelationskoeffizienten nach Bravais-Pearson und Spearman ein Indiz für einen nichtlinearen Zusammenhang zwischen den betrachteten Zufallsvariablen X und Y sein [Dud14]. Beispiele für Korrelationskoeffizienten nach Bravais-Pearson und Spearman sind in Abbildung 2-16 dargestellt. Während mithilfe von Korrelationsstrukturen lediglich Beziehungen zwischen zwei Zufallsvariablen, wie beispielsweise eines Eingangsparameters und einer Ergebnisgröße, betrachtet werden können, lassen sich durch eine Hauptkomponentenanalyse *(Prinicipal Component*

Analysis, PCA) der linearen Korrelationsmatrix höherdimensionale Korrelationen analysieren. Mithilfe einer Eigenwertzerlegung werden auf Basis von Hauptkomponenten Korrelationen zwischen Variablengruppen untersucht [Wil03]. So lassen sich auf Basis einer PCA im Zweidimensionalen durch die zusammengefasste Analyse des Streueinflusses von Parametergruppen höherdimensionale Korrelationsstrukturen unter Berücksichtigung aller Merkmale darstellen [Wil03]. Detaillierte Beschreibungen der PCA finden sich bei Eckey [Eck02] und Hartung [Har07].

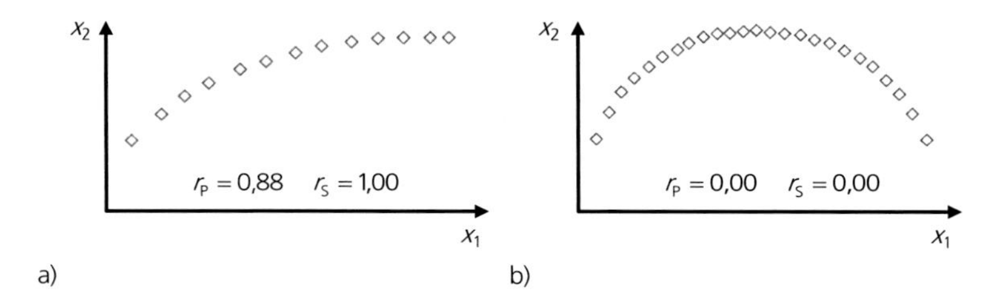

Abbildung 2-16: Beispiele für Korrelationskoeffizienten nach Bravais-Pearson r_P und Spearman r_S für a) nichtlineare, monotone Zusammenhänge und b) nichtlineare, nichtmonotone Zusammenhänge in Anlehnung an [Dud14]

Zur Bewertung der Sensitivität von Eingangsparametern im Hinblick auf die Ergebnisgrößen einer stochastischen Struktursimulation lassen sich im ersten Schritt Korrelationsanalysen einsetzen. Diese unterstützen jedoch lediglich dabei, Wirkzusammenhänge zwischen Zufallsvariablen bzw. Gruppen von Zufallsvariablen zu identifizieren. Sollen das Gesamtverhalten des untersuchten Systems beschrieben und Sensitivitäten ermittelt werden, kann dies näherungsweise über mathematische Ersatzmodelle geschehen. Hierfür stehen globale und lokale Approximationsmethoden zur Verfügung [Sch05, Har08]. Lokale Approximationsmethoden verwenden einfache Funktionen, um in der näheren Umgebung des betrachteten Punktes im Parameterraum die Systemantwort anzunähern. Aufgrund der zeitlich und räumlich begrenzten Gültigkeit der Approximation eignen sich lokale Approximationsmethoden nur eingeschränkt für Sensitivitätsanalysen [Har08]. Lokale Approximationsmethoden sind sehr empfindlich gegenüber Rauschen im Modell, weshalb nicht sichergestellt werden kann, dass sie das mittlere globale Systemverhalten adäquat wiedergeben [Har08]. Allerdings können lokale Approximationsmethoden aufgrund ihrer Sensitivität gegenüber nichtlinearem Systemverhalten für nichtlineare Strukturoptimierung im Crash zielführend sein, da Optima häufig in instabilen Regionen gefunden werden, die Bifurkationen in Folge von Versagen enthalten [Dud07]. Beispiele lokaler Approximationsmethoden sind die sequenzielle lineare sowie sequenzielle quadratische Programmierung oder die *Successive Response Surface Method* [Har08].

Globale Approximationen werden auch als Antwortflächen *(Response Surface)* oder Metamodelle bezeichnet und geben die Systemantworten im gesamten Parameterraum näherungsweise wieder. Zur Abtastung des Parameterraums kommen Methoden der statistischen Versuchsplanung zum Einsatz, die auch stochastischer Art (vgl. Unterkapitel 2.4.2) sein können. Wird eine globale Approximation hoher Prognosegüte gefunden, können Wirkzusammenhänge kostengünstig anhand des Metamodells ohne Verwendung des zugrundeliegenden FE-Modells analysiert werden. Insbesondere Sensitivitätsanalysen erlauben dann die Identifikation und Eliminierung von Parametern, die einen untergeordneten Einfluss auf die Systemantwort haben. Zur Beurteilung der Güte eines Metamodells stehen verschiedene statistische Test- und Fehlerterme zur Verfügung. Die fundamentale Voraussetzung für den zielführenden Einsatz von Metamodellen im Rahmen der Robustheitsanalyse crashbelasteter Fahrzeugstrukturen ist eine hohe Approximationsgüte. Aufgrund des hochgradig nichtlinearen Systemverhaltens im Fahrzeugcrash besteht die Gefahr das Systemverhalten mithilfe globaler Approximation, die in der Regel eine Glättung der Antwortfläche bewirken, u. U. nur unzureichend wiederzugegeben. Innerhalb der Methoden der globalen Approximation wird zwischen Regression (z. B. lineare Regression mit Polynomen, *Moving Least Squares Method*, *Sequential Response Surface Method* oder Neuronales Netz) und Interpolation (z. B. *Kriging* oder Radiale Basisfunktionen) unterschieden. Eine Übersicht zu Metamodellen für Anwendungen der Ingenieurwissenschaften kann bei Wang gefunden werden [Wan07]. Weitergehende, detailliertere Beschreibungen finden sich bei Harzheim [Har08], Jurecka [Jur07] und Schumacher [Sch05]. [Dud07, Har08]

Aus Gründen der Vollständigkeit sei an dieser Stelle außerdem auf physikalische Ersatzmodelle hingewiesen. Im Unterschied zu den vorgestellten mathematischen Ersatzmodellen wird hierbei das vollständige FE-Modell durch physikalische Ersatzstrukturen angenähert, die eine schnellere und damit kostengünstigere Berechnung des Systemverhaltens ermöglichen (vgl. z. B. [Liu06, Fen14, Dud15b]).

3 Neuer Ansatz zur Bewertung der Robustheit crashbelasteter Fahrzeugstrukturen

In Anknüpfung an die theoretischen Grundlagen wird in Teilkapitel 3.1 der Stand der Wissenschaft in der Bewertung crashbelasteter Fahrzeugstrukturen durch einen holistischen Ansatz hinsichtlich der betrachteten Eingangsstreuungen erweitert. Neben Streueinflüssen aus den Bereichen Fahrzeug, Versuch und Simulation werden hierfür zusätzlich Streuungen berücksichtigt, die aus dem realen Unfallgeschehen resultieren. In der Robustheitsbewertung ergeben sich daraus zwei methodisch voneinander getrennte Analyseansätze. Zunächst werden die Anforderungen der Fahrzeugsicherheit hinsichtlich ihrer Robustheit bezüglich des realen Unfallgeschehens bewertet. In einem nächsten Schritt erfolgt dann die Robustheitsbewertung crashbelasteter Fahrzeugstrukturen bezüglich der definierten Anforderungen der Fahrzeugsicherheit.

Teilkapitel 3.2 führt einen neuen Robustheitsindex ein. Dieser ermöglicht die quantitative Robustheitsbewertung crashbelasteter Fahrzeugstrukturen gegenüber definierten Anforderungen mithilfe einer skalaren Kenngröße. In Erweiterung zum Stand der Wissenschaft kann somit eine übergeordnete Robustheitsbewertung erfolgen, die für praktische Anwendungen auch automatisierbar ist.

3.1 Holistische Robustheitsbetrachtung durch Erweiterung der berücksichtigten Eingangsstreuungen

In Unterkapitel 2.1.1 wird die allgemeine Definition eingeführt, nach der ein Produkt als robust bezeichnet wird, sofern es seine Funktionsfähigkeit auch unter schwankenden Eingangsgrößen aufrechterhält. Die im Rahmen dieser Arbeit berücksichtigten Bereiche von Eingangsstreuungen sind in Abbildung 3-1 dargestellt. In der Literatur zu Robustheitsuntersuchungen der Fahrzeugsicherheit werden bisher insbesondere Streuungen im Fahrzeug oder der jeweils untersuchten Struktur, wie beispielsweise in Wanddicken oder Festigkeitseigenschaften, oder in den Versuchsrandbedingungen, wie z. B. der Versuchsgeschwindigkeit, berücksichtigt [Mar97, Mar99, Mar00, Lin01, Str02, Rih03, Wil03, Bul04, Ava07, Wil07, Wil08, Lön09, Sip09, Bay10, Lön11]. Diese Streueinflüsse aus Fahrzeug und

Versuch sind der Robustheit vom Typ I und II nach Chen zuzuordnen [Che96] und werden im Simulationsmodell als Entwurfsvariablen oder Störgrößen abgebildet. Weitere Streueinflüsse, die im Rahmen dieser Arbeit neben Streuungen im Fahrzeug und Versuch als dritter Bereich unterschieden werden, ergeben sich aus der numerischen Abbildung der untersuchten Struktur. Beispiele für diese Streueinflüsse aus dem FE-Modell, die der Robustheit vom Typ III nach Choi entsprechen [Cho05], sind die Netzfeinheit, die Elementformulierung und der gewählte Zeitschritt im FE-Modell. Der vierte Bereich subsumiert Streueinflüsse aus dem Feld, also aus dem realen Unfallgeschehen. Die zentrale Fragestellung, die durch Untersuchungen in diesem Bereich adressiert wird, ist die Korrelation zwischen dem realen Unfallgeschehen und standardisierten Crashtests in der Fahrzeugentwicklung. Im Rahmen dieser Arbeit werden Streueinflüsse aus dem Feld als Robustheit vom Typ I und II aufgefasst und als Eingangsgrößen in der Bewertung der Robustheit von Anforderungen gegenüber dem realen Unfallgeschehen berücksichtigt. Abbildung 3-1 gliedert die bei der Auslegung crashbelasteter Fahrzeugstrukturen auftretenden Streuungen in die vier Bereiche Feld, Simulation, Fahrzeug und Versuch. Die aufgeführten Streueinflüsse sind ohne Anspruch auf Vollständigkeit als Beispiele aufzufassen.

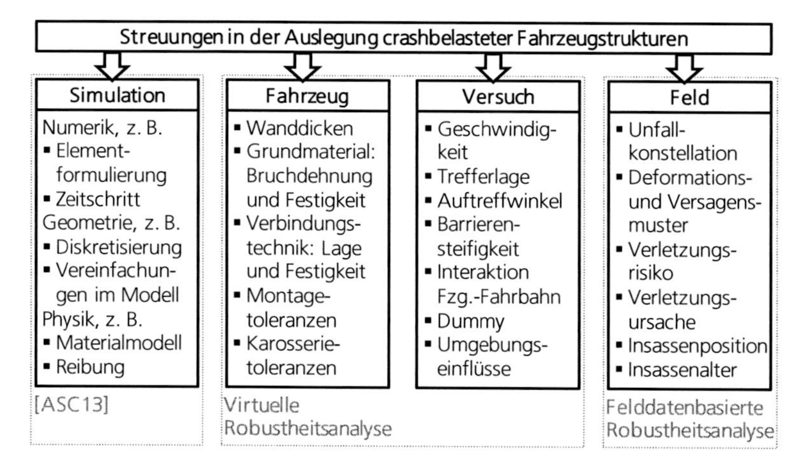

Abbildung 3-1: Untergliederung der Streuungen in der Auslegung crashbelasteter Fahrzeugstrukturen in vier Bereiche mit beispielhafter Aufführung von Streueinflüssen

Für eine holistische Robustheitsuntersuchung in der Fahrzeugsicherheit wird eine Methodik zur Berücksichtigung der vier dargestellten Bereiche von Eingangsstreuungen vorgestellt. Auf die Bereiche Feld, Fahrzeug und Versuch wird im Detail eingegangen. Streueinflüsse aus der Simulation werden in der Erstellung der verwendeten FE-Modelle zwar berücksichtigt, jedoch im Rahmen der virtuellen Robustheitsanalyse nicht als streuende Eingangsparameter abgebildet. Im Rahmen des dreijährigen Verbundforschungsprojekts »HPC-10« unter Koordination des *Automotive Simulation Center Stuttgart* (ASCS) wurden Einflüsse auf die numerische Sensitivität in der Crashsimulation untersucht, mit der Zielstellung, diese zu reduzieren [ASC13]. Aufgrund der dort bereits geleisteten Forschungsarbeiten stehen numerische Streueinflüsse nicht im Mittelpunkt dieser Arbeit. Hinsichtlich einer ganzheitlichen Betrachtung streuender Eingangsgrößen werden sie an dieser Stelle dennoch aufgeführt.

Im Rahmen der vorgestellten Methodik wird in einem ersten Schritt die Robustheit der Anforderungen unter Berücksichtigung streuender Eingangsgrößen aus dem Bereich Feld untersucht. Da hierfür kein Fahrzeugmodell erforderlich ist, lassen sich Robustheitsanalysen der Anforderungen bereits ab der Frühen Phase des PEP anstellen. In einem weiteren separaten Schritt werden Streuungen aus den Bereichen Fahrzeug und Versuch berücksichtigt. Durch die Notwendigkeit eines Fahrzeugmodells sind diese Untersuchungen einer entsprechend späteren Entwicklungsphase zuzuordnen. Eine Einordnung der vorgestellten Methoden in den automobilen PEP findet sich in Kapitel 6. Die methodischen Ansätze und Zielstellungen der felddatenbasierten Robustheitsanalyse der Anforderungen der Fahrzeugsicherheit sowie der virtuellen Robustheitsanalyse in der Fahrzeugentwicklung werden im Folgenden beschrieben.

3.1.1 Robustheit der Anforderungen der Fahrzeugsicherheit in Bezug auf das reale Unfallgeschehen

Im Stand der Wissenschaft zu Untersuchungen des realen Unfallgeschehens können, wie bereits in Unterkapitel 1.2.3 aufgeführt, zunächst Untersuchungen zur Relevanz von standardisierten Anforderungen gegenüber dem realen Unfallgeschehen unterschieden werden. Des Weiteren lassen sich Effektivitätsbetrachtungen von Anforderungen im Hinblick auf eine reale Steigerung der Fahrzeugsicherheit abgrenzen. Im Rahmen dieser Arbeit wird eine Vorgehensweise zur Überprüfung der Robustheit von Anforderungen gegenüber dem realen Unfallgeschehen vorgestellt. Die wesentlichen Eigenschaften dieser drei Analysearten sind in Abbildung 3-2 dargestellt.

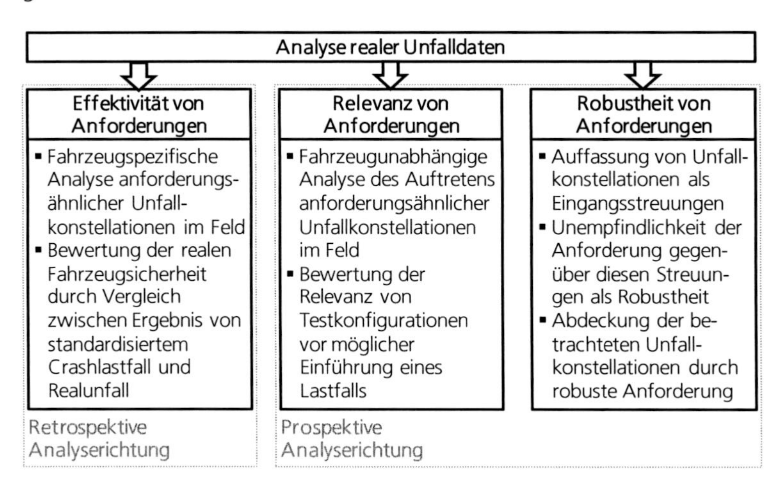

Abbildung 3-2: Darstellung der drei grundsätzlichen Analyserichtungen bei der Betrachtung realer Unfalldaten

Obwohl die Unfalldatenanalyse stets nur vergangene Geschehnisse dokumentieren kann, besteht ein Unterschied in der Analyserichtung zwischen Effektivitäts-, Relevanz- und Robustheitsuntersuchungen. Während in der Überprüfung der Effektivität von Anforderungen retrospektiv betrachtet wird, inwiefern eine bestimmte Anforderung zu einer Steigerung der realen Fahrzeugsicherheit im Feld beigetragen hat, können Relevanz und Robustheit von Anforderungen prospektiv und fahrzeugübergreifend analysiert werden. Schon vor einer ausreichenden Marktdurchdringung eines bestimmten Modells mit einer entsprechenden Anzahl untersuchbarer Unfälle kann beurteilt werden, ob eine bestimmte Unfallkonstellation von hoher Feldrelevanz ist und demnach in zukünftigen Entwicklungen berücksichtigt werden sollte [Fil13]. Außerdem kann analysiert werden, inwiefern eine vorgeschlagene Testkonfiguration zu einer robusten Abdeckung des realen Unfallgeschehens hinsichtlich der untersuchten Unfallkonstellationen führt. Diese Analyserichtung ist für Effektivitätsbetrachtungen nicht ohne Weiteres umsetzbar, da effektivitätssteigernde Maßnahmen auf Basis vergangener Unfälle für zukünftige

Fahrzeuge zwar vorgeschlagen werden, jedoch erst zu einem sehr viel späteren Zeitpunkt überprüft werden können. Die Frage nach relevanten Unfallkonstellationen sowie nach der Robustheit von Anforderungen gegenüber diesen Unfallkonstellationen kann durch den fahrzeugübergreifenden Analyseansatz zeitnaher beantwortet werden.

Im Rahmen dieser Arbeit wird eine Vorgehensweise zur Analyse der Robustheit von Anforderungen hinsichtlich des realen Unfallgeschehens durch die Analyse von Realunfalldaten vorgestellt. Im Stand der Wissenschaft ist ein weiterer Ansatz bekannt, der im Anschluss an Effektivitätsanalysen des realen Unfallgeschehens eine virtuelle Robustheitsanalyse zur Berücksichtigung von Streuungen in den Unfallkonstellationen und den daraus resultierenden Deformations- und Versagensmechanismen sowie Insassenbelastungen vorsieht [Wåg13a, Wåg13b]. Abbildung 3-3 stellt die Vorgehensweise nach Wågström sowie den hier vorgestellten Ansatz der Berücksichtigung von Streueinflüssen, die sich aus dem realen Unfallgeschehen gegenüber standardisierten Lastfällen ergeben, schematisch einander gegenüber.

Die Vorgehensweise nach Wågström identifiziert zunächst durch Effektivitätsbetrachtungen anhand des Egofahrzeugs, das dem Aufprall ausgesetzt wird, Diskrepanzen zwischen Bewertungen nach standardisierten Crashtests und Verletzungsschweren in Realunfällen. In Folge dieser Effektivitätsbetrachtung wird eine Simulationsmatrix mit verschiedenen, den defizitären Unfallkonstellationen ähnlichen Fahrzeug-Fahrzeug-Crashkonfigurationen erstellt. Resultierend aus der Berechnung der einzelnen Crashkonstellationen der Simulationsmatrix werden jene Konfigurationen identifiziert, die hinsichtlich Deformation und Beschleunigungsverlauf signifikant unterschiedliche Ergebnisse zwischen den beiden Fahrzeugen hervorrufen. Diese sogenannten inkompatiblen Konfigurationen werden als potenziell auslegungsrelevante Lastfälle für die Fahrzeugentwicklungen vorgeschlagen. Da die untersuchten FE-Modelle u. U. nicht für die inkompatiblen Lastfälle erstellt sind, werden reale Crashversuche zur gezielten Validierung vorgesehen. Die Simulationsmatrix wird anschließend unter Berücksichtigung der Erkenntnisse aus der Validierung erneut berechnet. Diese Schleife wird so lange wiederholt, bis eine ausreichende Übereinstimmung zwischen den Ergebnissen der Simulation und den realen Crashversuchen erreicht ist und somit die inkompatiblen Kollisionstypen identifiziert sind. Durch den Einsatz von FE-Simulationen und Validierungsversuchen auf Gesamtfahrzeugniveau stellt die Vorgehensweise nach Wågström eine sehr systematische, aber auch relativ aufwendige Methodik zur Identifikation auslegungsrelevanter Lastfälle dar, welche zur Steigerung der Robustheit gegenüber Streuungen des realen Unfallgeschehens beitragen kann [Wåg13a, Wåg13b].

Berücksichtigung von Streuungen aus dem Feld zur robusten Auslegung crashbelasteter Fahrzeugstrukturen

Virtuelle Robustheitsanalyse

- Effektivitätsbetrachtungen auf Basis des realen Unfallgeschehens
- Simulation ausgewählter Kollisionstypen unter Berücksichtigung der Ergebnisse der Feldanalyse

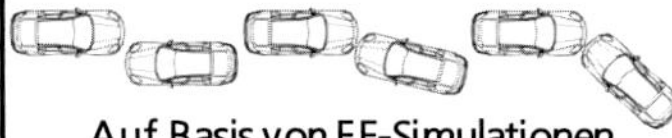

Auf Basis von FE-Simulationen

- Identifikation inkompatibler Konfigurationen hinsichtlich der Verletzungsschwere (Intrusion und Beschleunigung)
- Crashversuche zur Validierung der Simulationsergebnisse
- Wiederholung der Simulationen bis validiertes FE-Modell vorliegt
- Definition von Lastfällen für die Fahrzeugentwicklung auf Basis der Ergebnisse

Felddatenbasierte Robustheitsanalyse

- Analyse von Kollisionstypen des realen Unfallgeschehens hinsichtlich einer ausgewählten Anforderung (z. B. vor möglicher Einführung als standardisierter Lastfall)

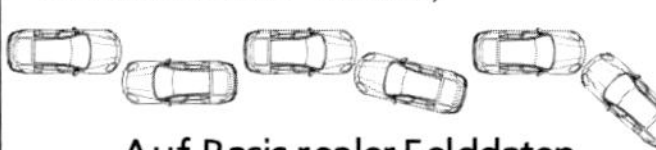

Auf Basis realer Felddaten

- Überprüfung der Robustheit der Anforderung gegenüber den Streuungen des realen Unfallgeschehens
- Bestätigung bzw. Anpassung des Lastfalls für die Auslegung auf Basis der Ergebnisse
- Bewertung der identifizierten Realunfälle hinsichtlich der Verletzungsschwere durch Ableitung von Verletzungsrisikofunktionen

[Wåg13a, Wåg13b]

Abbildung 3-3: Berücksichtigung von Streueinflüssen aus dem realen Unfallgeschehen in der Fahrzeugauslegung durch virtuelle und felddatenbasierte Robustheitsanalyse unter Verwendung von [Wåg13a, Wåg13b]

Als Ergänzung zur Methodik nach Wågström wird im Rahmen dieser Arbeit eine Vorgehensweise gewählt, mit der zunächst auf Basis von Unfalldaten die Robustheit von Anforderungen gegenüber dem realen Unfallgeschehen überprüft werden kann, ohne auf aufwendige FE-Simulationen oder Gesamtfahrzeugcrashversuche zurückgreifen zu müssen. Dabei werden die unterschiedlichen realen Unfallkonstellationen als streuende Eingangsgrößen aufgefasst und die untersuchte Anforderung bezüglich dieser Eingangsstreuungen bewertet. Eine robuste Anforderung ist hierbei unempfindlich gegenüber diesen Streueinflüssen des realen Unfallgeschehens. Die durch die Anforderung definierte Testkonfiguration sollte folglich einen möglichst großen Anteil der Realunfälle hinsichtlich ihrer technischen Unfallschwere abdecken. Durch die Auffassung des Unfallgeschehens als streuende Eingangsgröße wird der aus dem Stand der Wissenschaft bekannte Robustheitsbegriff um einen felddatenbasierten Robustheitsaspekt erweitert.

Im Anschluss an die Robustheitsbewertung der Anforderung erfolgt die Beurteilung der Unfallschwere der untersuchten Unfallkonstellation. Als zentraler Parameter aus Sicht der Fahrzeugsicherheit wird hierbei die Verletzungsschwere der Fahrzeuginsassen betrachtet. Abbildung 3-4 gibt einen Überblick der Möglichkeiten, eine Unfallkonstellation hinsichtlich der resultierenden Verletzungsschwere zu beurteilen.

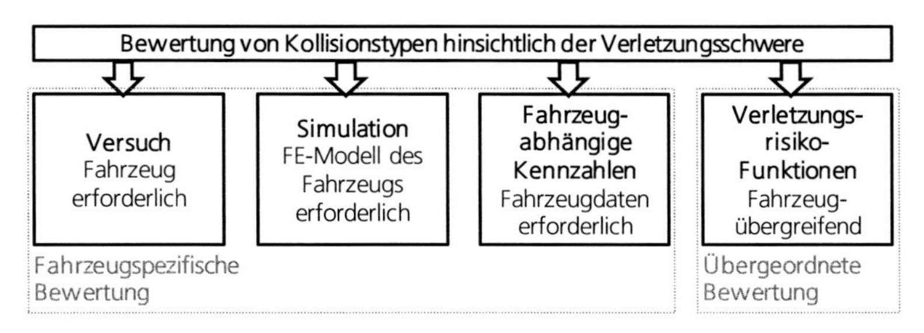

Abbildung 3-4: Möglichkeiten der Bewertung von Kollisionstypen im Hinblick auf die resultierende Verletzungsschwere

Neben der Bewertung der Verletzungsschwere in Versuch, Simulation und durch fahrzeugabhängige Kennzahlen [Woo02, New05, New11, Van14] bieten Verletzungsrisikofunktionen die Möglichkeit einer fahrzeugübergreifenden, übergeordneten Bewertung. Wie in Unterkapitel 2.2.2 beschrieben, muss sowohl methodisch als auch interpretatorisch zwischen Verletzungsrisikofunktionen aus PMTO-Versuchen und jenen auf Basis realer Felddaten unterschieden werden. Da in der Frühen Phase des PEP, in der üblicherweise die Anforderungen an das zu entwickelnde Fahrzeug definiert werden [Göp12], weder FE-Modelle noch reale Fahrzeuge für Crashversuche zur Verfügung stehen, kann die Verletzungsschwere der betreffenden Unfallkonstellation mithilfe von Verletzungsrisikofunktionen bewertet werden. Somit wird eine fahrzeugübergreifende Beurteilung einer Anforderung ermöglicht. Zusätzlich lassen sich anhand von Verletzungsrisikofunktionen Potenziale für Systeme der Fahrzeugsicherheit abschätzen, was die Definition entsprechender Entwicklungsziele unterstützen kann.

Nach Abschluss der felddatenbasierten Robustheitsanalyse werden Streueinflüsse aus dem Bereich Feld nicht mehr betrachtet. Für die weiteren Robustheitsanalysen werden die Anforderungen als feste Auslegungsziele angesehen, die lediglich im Bereich der entsprechenden Versuchstoleranzen variiert werden.

3.1.2 Robustheit crashbelasteter Fahrzeugstrukturen in Bezug auf die Anforderungen der Fahrzeugsicherheit

Zur Robustheitsanalyse crashbelasteter Fahrzeugstrukturen bezüglich einer definierten und nach Unterkapitel 3.1.1 robusten Anforderung werden Streueinflüsse aus den Bereichen Fahrzeug und Versuch berücksichtigt. Diese werden als aleatorische Unsicherheiten mittels der in Teilkapitel 2.4 beschriebenen Methode der stochastischen Struktursimulation abgebildet. Durch Eingangsstreubreiten und Eingangsverteilungen, welche die Realität möglichst genau abbilden, sollte bei Verwendung eines validierten FE-Modells der virtuell erzeugte Ergebnisraum jenen Bereich aufspannen, der auch als Ergebnis realer Crashversuche zu erwarten ist. Somit kann virtuell überprüft werden, wie robust eine crashbelastete Fahrzeugstruktur die definierte Anforderung erfüllt. Unter Modellvalidierung wird hierbei der Nachweis einer möglichst hohen Übereinstimmung zwischen dem verwendeten FE-Modell und dem abzubildenden realen Crash verstanden.

Epistemische Unsicherheiten werden in der Robustheitsbewertung im Rahmen dieser Arbeit nicht betrachtet. Der hier verwendete Robustheitsbegriff ist folglich gegenüber dem Robustheitstyp IV nach Choi, welcher subjektive Unsicherheiten erfasst, abzugrenzen [Cho05]. Um Missverständnissen vorzubeugen, ist es daher sinnvoll anzugeben, welche jeweilige Bezugsgröße eine Robustheitsuntersuchung hat. Die FE-basierten Analysen im Rahmen dieser Arbeit bewerten die Robustheit einer crashbelasteten Fahrzeugstruktur in Bezug auf eine definierte Anforderung. Meist wird diese durch einen Grenzwert beschrieben, der nicht über- oder unterschritten werden soll. Somit muss zum einen diese Restriktion von einem möglichst hohen Anteil der betrachteten Einzelrechnungen der Stichprobe erfüllt werden. Zum anderen sollte die dabei auftretende

Streuung möglichst gering sein. Insbesondere multimodale Verteilungen der Ergebnisgrößen werden hierbei als Indiz für ein nichtrobustes Systemverhalten angesehen. Grundsätzlich ist auch eine alleinige Bewertung der Ergebnisverteilung hinsichtlich Streuung und Modalität möglich. Eine solche Bewertung von Zielgrößen ohne Restriktion erfasst jedoch nicht alle Aspekte des in dieser Arbeit definierten Robustheitsbegriffs (vgl. Unterkapitel 3.2).

Zur Verdeutlichung dieser Begriffsdefinition sind in Abbildung 3-5 die Verteilungen von drei unterschiedlichen Lösungsvarianten zur Erfüllung einer beliebigen Ergebnisgröße schematisch dargestellt, die in diesem Beispiel einen Grenzwert nicht überschreiten darf. Im Vergleich zwischen Variante a) und b) stellt letztere die eindeutig robustere Verteilung dar. Deutlich wird dies durch die geringere Standardabweichung bei ähnlichem Mittelwert. In beiden Fällen wird die Anforderung von allen Einzelrechnungen der Stichprobe erfüllt. Abbildung 3-5 c) zeigt eine hinsichtlich Standardabweichung identische Verteilung wie b), jedoch mit niedrigerem Mittelwert. Beide Verteilungen zeigen keine Überschreitung der Anforderung. Für b) und c) ergibt sich somit dieselbe Robustheit in Bezug auf die definierte Anforderung. Es ist jedoch offensichtlich, dass Lösung c) durch den größeren Abstand von der Anforderung überdimensioniert ist und weiteres Leichtbaupotenzial birgt. Die Einführung einer unteren Auslegungsgrenze könnte im vorliegenden Fall zu einer eindeutigen Entscheidung für Variante b) unter der Zielsetzung einer möglichst robusten und gleichzeitig leichten Auslegung führen. Durch dieses Beispiel wird deutlich, dass eine vollständige Anforderungsdefinition unter Berücksichtigung sämtlicher Restriktionen für eine zielführende Robustheitsanalyse entscheidend ist.

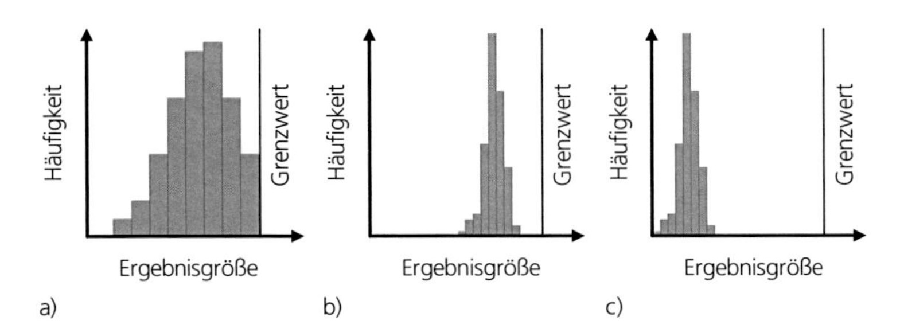

Abbildung 3-5: Schematische Darstellung von drei Verteilungen einer beliebigen Ergebnisgröße

Zur Ergebnisauswertung von stochastischen Struktursimulationen sind aus dem Stand der Wissenschaft die zwei zentralen Instrumente der makroskopischen Analyse des Deformationsverhaltens der betrachteten Einzelrechnungen sowie der statistischen Auswertung der berechneten Stichprobe bekannt (vgl. [Mar97, Mar99, Mar00, Lin01, Str02, Rih03, Tho03a, Wil03, Bul04, Tho06, Ava07, Wil07, Wil08, Lön09, Sip09, Bay10, Lön11]). In Erweiterung dazu wird in dieser Arbeit eine Robustheitskennzahl als eine übergeordnete Bewertungsmöglichkeit eingeführt. Abbildung 3-6 stellt die Vorgehensweise zur Bewertung der Robustheit crashbelasteter Fahrzeugstrukturen in Bezug auf die Anforderungen der Fahrzeugsicherheit mit den beiden bekannten Möglichkeiten der Ergebnisauswertung und der im Rahmen dieser Arbeit vorgenommenen Erweiterung um eine skalare Bewertungsgröße dar. Für die Beschreibung des Ablaufs stochastischer Struktursimulationen wird auf Abbildung 2-14 verwiesen.

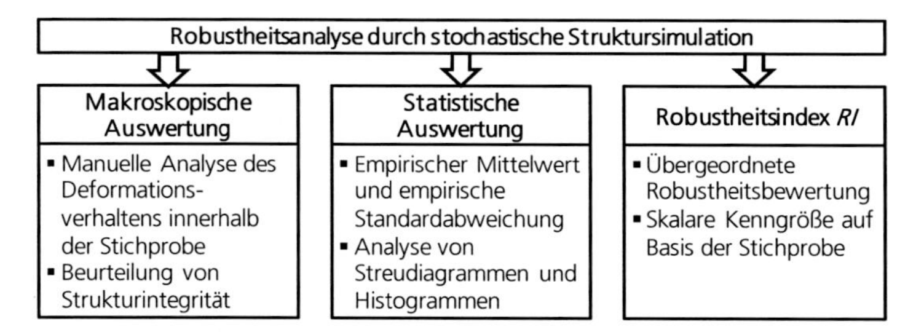

Abbildung 3-6: Auswertemöglichkeiten stochastischer Struktursimulationen zur Robustheitsanalyse

3.2 Einführung eines neuen Robustheitsindexes

Zur Bewertung der Robustheit crashbelasteter Strukturen wird hier eine skalare Kenngröße, der sogenannte Robustheitsindex *(RI)*, eingeführt. Bisher werden stochastische Struktursimulationen zum einen durch teilweise manuelle Auswertung der Ausprägungen des Deformationsverhaltens der Struktur ausgewertet, die im Rahmen dieser Arbeit als makroskopische Analyse bezeichnet wird. Zum anderen werden statistische Auswertungen, beispielsweise mittels Streudiagrammen oder Histogrammen, zur Analyse der berechneten Stichprobe durchgeführt. Aufgrund der hohen Komplexität und des zeitlichen Aufwands makroskopischer und statistischer Auswertungen, soll durch die Kenngröße *RI* eine übergeordnete Robustheitsbewertung ermöglicht werden, die zudem eine höhere Möglichkeit der Automatisierung bietet. Ausgehend von dieser Erstbewertung können weitere, detailliertere Ergebnisanalysen erfolgen. Der Robustheitsindex *RI* setzt sich aus vier Einzelfaktoren zur Bewertung der Zielerreichung *Z*, der Ergebnisstreuung um den Mittelwert *S*, der Variationsbreite *V* und der Entfernung der nichtzulässigen Einzelergebnisse vom Auslegungsgrenzwert *G* durch gewichtete Summierung mit vier Wichtungsfaktoren $w_{1,\dots,4}$ wie folgt zusammen:

$$RI = w_1 \cdot Z + w_2 \cdot S + w_3 \cdot V + w_4 \cdot G \,. \tag{3.1}$$

Während der Faktor *Z* des Robustheitsindexes *RI* nach der in Unterkapitel 2.1.1 eingeführten Definition nach Parkinson die Robustheit hinsichtlich der Zielerreichung *(Feasibility Robustness)* berücksichtigt, bewerten die weiteren Faktoren *S*, *V* und *G* die Empfindlichkeit der Systemantwort gegenüber Eingangsstreuungen *(Sensitivity Robustness)*. Anwendungsbeispiele werden an späterer Stelle vorgestellt. Der in diesem Teilkapitel 3.2 vorgestellte Robustheitsindex wurde bereits im Vorfeld dieser Dissertation in [And15b] veröffentlicht.

3.2.1 Bewertung der Zielerreichung

Der Faktor *Z* des Robustheitsindexes *RI* bewertet die Zielerreichung innerhalb einer berechneten Stichprobe der Größe $n > 0$. Unter der Annahme eines oberen Auslegungsgrenzwerts g_{max}, welcher nicht überschritten und eines unteren Auslegungsgrenzwerts g_{min}, welcher nicht unterschritten werden darf, berechnet sich der Grad der Zielerreichung zu

$$Z = \frac{n - n_o - n_u}{n} \qquad \text{für} \qquad n > 0 \tag{3.2}$$

unter Berücksichtigung der Anzahlen von Einzelrechnungen n_o, die den oberen Grenzwert überschreiten sowie n_u, die den unteren Grenzwert unterschreiten. Abbildung 3-7 stellt diesen Zusammenhang am Beispiel eines Streudiagramms einer Eingangsgröße mit zugehöriger Ergebnisgröße anschaulich dar.

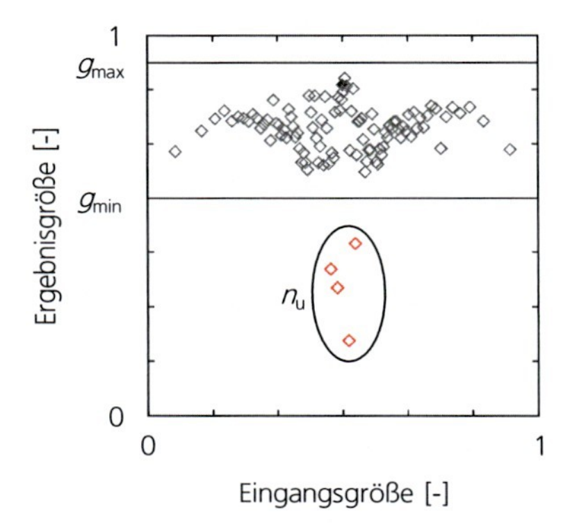

Abbildung 3-7: Bewertung der Zielerreichung durch Faktor Z des Robustheitsindexes RI

Die Anwendbarkeit des Faktors Z bleibt auch dann gegeben, wenn nur ein Auslegungsgrenzwert existiert. Eine möglichst umfassende Definition der Auslegungsziele ist hinsichtlich einer eindeutigen Robustheitsbewertung jedoch empfehlenswert (vgl. Abbildung 3-5). Enthält die berechnete Stichprobe Einzelrechnungen, die aus numerischen Gründen nicht erfolgreich waren, werden diese aus der Zielerreichung ausgenommen. Es sollte allerdings untersucht werden, warum es zu diesen Abbrüchen kam. Auch die Analyse von abgebrochenen Einzelrechnungen kann einen Mehrwert im Hinblick einer ganzheitlichen Robustheitsanalyse unter Berücksichtigung von numerischen Einflüssen liefern. Teilweise kann es auch aufgrund von physikalischen Streuungen, wie z. B. der Wanddicke, zu numerischen Problemen kommen. In jedem Fall sollte der Anteil abgebrochener Einzelrechnungen an der Stichprobengröße n ausgewiesen werden.

3.2.2 Bewertung der Ergebnisstreuung um den Mittelwert

Mithilfe des Faktors S wird die Ergebnisstreuung um den empirischen Mittelwert $\bar{x}$ unter Berücksichtigung der empirischen Standardabweichung s wie folgt berechnet:

$$S = 1 - \frac{c \cdot s}{\bar{x}} \qquad \text{für} \qquad \{\bar{x}\} \in \mathbf{R}^+ \setminus \{0\}. \tag{3.3}$$

Faktor *c* berücksichtigt gemäß der geforderten Wahrscheinlichkeit das entsprechende Vielfache der Standardabweichung (vgl. Tabelle 2-4). Im Rahmen von Robustheitsuntersuchungen wird in der Literatur hierfür eine zweifache Gewichtung vorgeschlagen [Roo05, Dud07, Sch08, Wei12], welche einer Wahrscheinlichkeit von 0,9546 entspricht. Eine einfache Gewichtung der Standardabweichung würde nur ungefähr zwei Drittel der Ergebnisverteilung berücksichtigen, was insbesondere für Anwendungen in der Fahrzeugsicherheit einen zu niedrigen Wert darstellt. Höhere Wahrscheinlichkeiten von 3 bis 6σ werden vor allem im Rahmen von Zuverlässigkeitsuntersuchungen gefordert [Dud07]. In Übereinstimmung mit den Literaturwerten wird aus diesen Gründen im Rahmen der vorliegenden Arbeit die zweifache Standardabweichung zur Bewertung der Ergebnisstreuung um den Mittelwert berücksichtigt. Eine grafische Darstellung des Faktors *S* anhand eines Streudiagramms zeigt Abbildung 3-8.

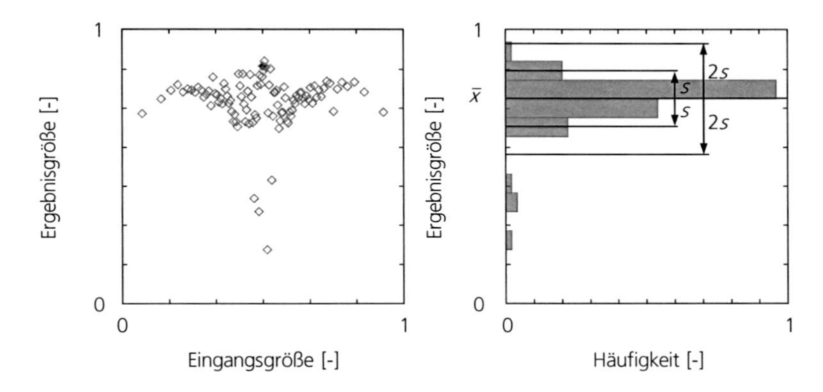

Abbildung 3-8: Bewertung der Ergebnisstreuung um den Mittelwert durch Faktor *S* des Robustheitsindexes *RI*

In der Auswertung der Ergebnisstreuung um den Mittelwert durch den Faktor *S* wird eine normalverteile Antwortgröße angenommen. Für die Darstellung in Abbildung 3-8 trifft diese Annahme unter Vernachlässigung der vier Ausreißer für den Großteil der Ergebnisverteilung zu. Es sei jedoch darauf hingewiesen, dass dies im Allgemeinen nicht der Fall sein muss und daher eine Überprüfung der Annahme einer normalverteilten Ergebnisverteilung ratsam ist.

3.2.3 Bewertung der Variationsbreite

Die Bewertung der Variationsbreite $\bar{V}$ der Ergebnisverteilung, welche die Differenz zwischen dem maximalen und minimalen Einzelergebnis einer Stichprobe beschreibt, erfolgt über Faktor

$$V = 1 - \frac{\bar{V}}{\bar{x}} \qquad \text{für} \qquad \{\bar{x}\} \in \mathbf{R}^{+} \setminus \{0\} \tag{3.4}$$

des Robustheitsindexes *RI*. Die Variationsbreite stellt bei der Ergebnisauswertung einer stochastischen Struktursimulation eine bedeutende Kenngröße dar, die im Unterschied zur empirischen Standardabweichung s allerdings sehr empfindlich gegenüber Ausreißern reagiert. In jedem Fall ist deshalb zu empfehlen, bei niedriger Bewertung V anhand des zugehörigen Streudiagramms oder Histogramms zu prüfen, ob die Variationsbreite von einzelnen Ausreißern bestimmt wird oder eine relativ gleichmäßige Verteilung vorliegt. Abbildung 3-9 veranschaulicht die Bewertung der Variationsbreite anhand eines beispielhaften Streudiagramms.

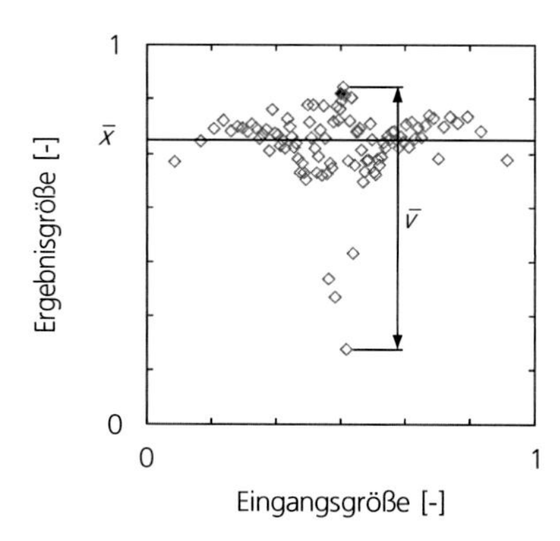

Abbildung 3-9: Bewertung der Variationsbreite durch Faktor V des Robustheitsindexes *RI*

3.2.4 Bewertung der Entfernung nichtzulässiger Einzelergebnisse vom Auslegungsgrenzwert

Mithilfe von Faktor G des Robustheitsindexes RI wird die Entfernung nichtzulässiger Einzelergebnisse vom definierten Auslegungsgrenzwert bewertet. In Abhängigkeit der Bewertung hinsichtlich eines maximalen oder minimalen Auslegungsgrenzwerts werden zwei Formen von G unterschieden, welche im Fall beidseitiger Grenzwerte über den arithmetischen Mittelwert

$$G = \frac{G_o + G_u}{2} \tag{3.5}$$

zusammengefasst werden.

Für ein Kriterium, das die Auslegung nach oben begrenzt, berechnet sich G_o mit den nichtzulässigen Einzelergebnissen x_{o_i}, deren Anzahl n_o und dem definierten Auslegungsgrenzwert g_{max} zu

$$G_o = \begin{cases} 2 - \dfrac{\sum_{i=1}^{n_o} x_{o\_i}^q}{g_{max}^q \cdot n_o} & \text{für} \quad n_o > 0, \ \left\{ g_{max}, \sum_{i=1}^{n_o} x_{o\_i} \right\} \in \mathbf{R}^+ \setminus \{0\}. \\ 1 & \text{für} \quad n_o = 0 \end{cases} \tag{3.6}$$

Der Exponent q ermöglicht eine Gewichtung der mittleren Entfernung der nichtzulässigen Einzelergebnisse x_{o_i} zum Grenzwert g_{max}. Die Wahl von $q = \ln 2 / \ln 1{,}5 \approx 1{,}71$ führt zu $G_o = 0$, falls die nichtzulässigen Einzelrechnungen x_{o_i} im Mittel 50 % über g_{max} liegen. Im Rahmen von virtuellen Robustheitsuntersuchungen dieser Arbeit hat sich diese Wahl für q als sinnvoll herausgestellt. Im weiteren Verlauf der Dissertation (Unterkapitel 5.2.2) werden jedoch auch andere Möglichkeiten diskutiert.

Der Abstand von n_u unzulässigen Einzelergebnissen x_{u_i} von einem minimalen Auslegungsgrenzwert g_{min} wird durch

$$G_u = \begin{cases} 2 - \dfrac{g_{min}^p \cdot n_u}{\sum_{i=1}^{n_u} x_{u\_i}^p} & \text{für} \quad n_u > 0, \ \left\{ g_{min}, \sum_{i=1}^{n_u} x_{u\_i} \right\} \in \mathbf{R}^+ \setminus \{0\} \\ 1 & \text{für} \quad n_u = 0 \end{cases} \tag{3.7}$$

bewertet. In diesem Fall wird der Exponent $p=1$ festgelegt, was zu $G_u=0$ führt, falls die nichtzulässigen Einzelrechnungen x_{u_i} im Mittel 50 % unterhalb von g_{min} liegen. Die Bewertung durch Faktor G ist in Abbildung 3-10 beispielhaft veranschaulicht. Somit kann ein niedriger Wert von G ein Indiz für ein weiteres Ergebniscluster außerhalb des spezifizierten Auslegungsbereichs sein. Bei großem mittlerem Abstand der nichtzulässigen Einzelrechnungen vom Grenzwert oder einer entsprechenden Wahl von q bzw. p können sich auch negative Werte für G_o bzw. G_u ergeben. Ein hoher Wert von G hingegen kann auf eine im betrachteten Bereich des Ergebnisraums unimodale Ergebnisverteilung hindeuten, die von dem Auslegungsgrenzwert geteilt wird.

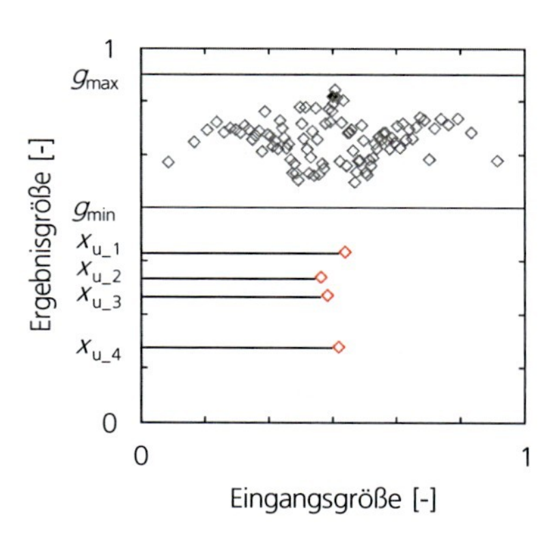

Abbildung 3-10: Bewertung der Entfernung nichtzulässiger Einzelergebnisse vom Auslegungsgrenzwert durch Faktor G des Robustheitsindexes RI

3.2.5 Eigenschaften des Robustheitsindexes

Der Robustheitsindex wird durch die gewichtete Summierung

$$RI = w_1 \cdot Z + w_2 \cdot S + w_3 \cdot V + w_4 \cdot G \tag{3.8}$$

unter Verwendung der Wichtungsfaktoren $w_{1,\dots,4}$ mit

$$w_1 + w_2 + w_3 + w_4 = 1,\ w_{1,\dots,4} \geq 0 \tag{3.9}$$

berechnet. Unter Berücksichtigung der Definitionen der vier Einzelfaktoren Z, S, V und G ergibt sich für den Robustheitsindex der Wertebereich $-\infty < RI \leq 1$.

In der Auslegung crashbelasteter Fahrzeugstrukturen sind meist mehrere Anforderungen zu erfüllen. Zur Bewertung der Gesamtrobustheit RI_{ges} eines Systems unter Berücksichtigung mehrerer Auslegungsziele erfolgt eine gewichtete Summierung der Einzelbewertungen $RI_{1,\ldots,k}$

$$RI_{ges} = W_1 \cdot RI_1 + W_2 \cdot RI_2 + \ldots + W_k \cdot RI_k \qquad (3.10)$$

unter Verwendung von

$$W_1 + W_2 + \ldots + W_k = 1,\ W_{1,\ldots,k} \geq 0. \qquad (3.11)$$

Die Wichtungsfaktoren $W_{1,\ldots,k}$ ermöglichen eine fallspezifische Priorisierung unterschiedlicher Auslegungsziele, die u. U. auch konträr zueinander sein können, wie z. B. Anforderungen zu Fahrzeugdeformationen und zu Insassenbelastungswerten.

Zur Einordnung verschiedener Robustheitsbewertungen auf Basis von RI wird nachfolgend eine Intervallskala mit zugehörigen Handlungsempfehlungen eingeführt:

- $RI < 0$ (inakzeptabel)
  Die Robustheit ist so niedrig, dass ein sinnvoller Vergleich von Konzeptvarianten mit $RI < 0$ nicht empfohlen wird.
- $0 \leq RI < 0{,}3$ (sehr niedrig)
  Umfassende Änderungen der Konstruktion sind nötig, die u. U. auch konzeptioneller Natur sein können.
- $0{,}3 \leq RI < 0{,}5$ (niedrig)
  Mittlere bis umfassende Änderungen der Konstruktion sind nötig.
- $0{,}5 \leq RI < 0{,}7$ (mittel)
  Kleine bis mittlere Änderungen der Konstruktion werden empfohlen.
- $0{,}7 \leq RI \leq 1$ (hoch)
  Kleine Änderungen der Konstruktion können u. U. zu einer weiteren Steigerung der Robustheit führen.

Bei der Anwendung des Robustheitsindexes ist zu berücksichtigen, dass lediglich Eigenschaften der Ergebnisgrößen in die Bildung von RI einfließen. Demzufolge sind Vergleiche unterschiedlicher Varianten lediglich unter

Berücksichtigung identischer Eingangsparameterkonfigurationen zulässig. Allerdings kann eine Auswertung derselben Struktur unter Berücksichtigung unterschiedlicher Streubreiten der Eingangsparameter Aufschluss über die Sensitivität des betrachteten FE-Modells geben. So kann es bei empfindlichen Modellen auch bei geringen Eingangsstreubreiten zu erheblichen Streuungen in den Ergebnisgrößen kommen. Hierbei ist zu beachten, dass die Empfindlichkeit eines FE-Modells stark von dessen Größe und Komplexität abhängt. Im Zusammenhang der in dieser Arbeit durchgeführten Untersuchungen konnte in Übereinstimmung mit Roux et al. [Rou06] festgestellt werden, dass große FE-Modelle empfindlicher gegenüber Bifurkationen sind als kleinere. Dies kann mit der höheren Anzahl möglicher Deformationspfade bei größeren Modellen begründet werden, in welchen eine geringfügige Störung zu Beginn zu signifikanten Unterschieden am Ende der Deformation führen kann. Des Weiteren können sich Unterschiede in der Robustheitsbewertung in Abhängigkeit des betrachteten Bereichs im Ergebnisraum ergeben. Durch die Möglichkeit der Berücksichtigung einer beliebigen Anzahl von Ergebnisgrößen in *RI* kann dafür gesorgt werden, dass im Hinblick einer gesamtheitlichen Robustheitsbewertung möglichst alle relevanten Regionen des Ergebnisraums untersucht werden.

Der Definitionsbereich der beiden Faktoren *S* und *V* verbietet einen empirischen Mittelwert $\bar{x} = 0$. Ebenso sind die beiden Faktoren G_o und G_u für maximale (g_{max}) bzw. minimale (g_{min}) Auslegungsgrenzwerte von null nicht definiert. Im Fall empirischer Mittelwerte oder gewünschter Auslegungsgrenzwerte nahe 0 wird daher eine Transformation empfohlen. Aufgrund der Tatsache, dass relevante Größen der Fahrzeugsicherheit wie Verschiebungen oder Beschleunigungen selten null werden, spielen diese Fälle in der Praxis allerdings eine untergeordnete Rolle. Im Fall negativer Ergebnisgrößen hinsichtlich des zugrunde liegenden Koordinatensystems ist eine Transformation in die positive Domäne erforderlich, bevor eine Auswertung mit *RI* erfolgen kann.

Der gewählte lineare Ansatz erhöht die Transparenz in der Robustheitsbewertung crashbelasteter Strukturen mit *RI*. Durch die gewichtete Summierung kann der Einfluss einzelner Faktoren auf den Robustheitsindex leicht verständlich nachvollzogen werden. Eine Alternative zum gewählten Vorgehen wäre ein nichtlinearer, möglicherweise exponentieller Ansatz zur Berechnung von *RI* aus den vier Einzelfaktoren *Z*, *S*, *V* und *G*. Ein niedriger Wert in nur einem der vier Einzelfaktoren könnte dann in einem niedrigen Gesamtwert von *RI* resultieren, indem verschiedenen Wertebereichen unterschiedliches Gewicht beigemessen würde. Aus Gründen der Transparenz in der Interpretation von *RI*, insbesondere unter Zuhilfenahme der eingeführten Skala, wird der hier vorgestellte lineare Ansatz als zielführend angesehen, jedoch wird empfohlen, in der Ergebnisauswertung neben dem Gesamtindex *RI* auch die Einzelfaktoren separat zu betrachten. So kann verhindert werden, dass bei im Rahmen der definierten Anforderungen insgesamt zufriedenstellender Robustheitsbewertung einzelne Faktoren übersehen werden, die eine u. U. deutlich schlechtere Bewertung erhalten haben.

Die vorgestellte Kennzahl *RI* ermöglicht eine ganzheitliche Robustheitsbewertung crashbelasteter Strukturen und erleichtert somit die Vergleichbarkeit unterschiedlicher Konzepte. Insbesondere bei großen Datenmengen kann sie als Filter zur Priorisierung von Detailauswertungen bestimmter Lastfälle oder Entwicklungsstände einen entscheidenden Beitrag zur Erstbewertung von stochastischen Struktursimulationen leisten. Hierbei ist jedoch zu beachten, dass eine skalare Größe nie den Informationsgehalt einer detaillierten Analyse liefern kann. Auch wenn *RI* und die zugehörige Skala zur Erstbewertung zielführend eingesetzt werden können, ist insbesondere zur Identifikation von Wirkzusammenhängen eine Detailauswertung unter Zuhilfenahme makroskopischer und statistischer Auswertemethoden unerlässlich. Zusätzlich ist zu bedenken, dass die Aussagekraft von *RI* stets auf der betrachteten Stichprobe basiert. Es ist somit sicherzustellen, dass eine ausreichende Stichprobengröße realisiert wird.

4 Felddatenbasierte Robustheitsanalyse der Anforderungen der Fahrzeugsicherheit

Das Ablaufschema der felddatenbasierten Robustheitsanalyse ist in Abbildung 4-1 dargestellt.

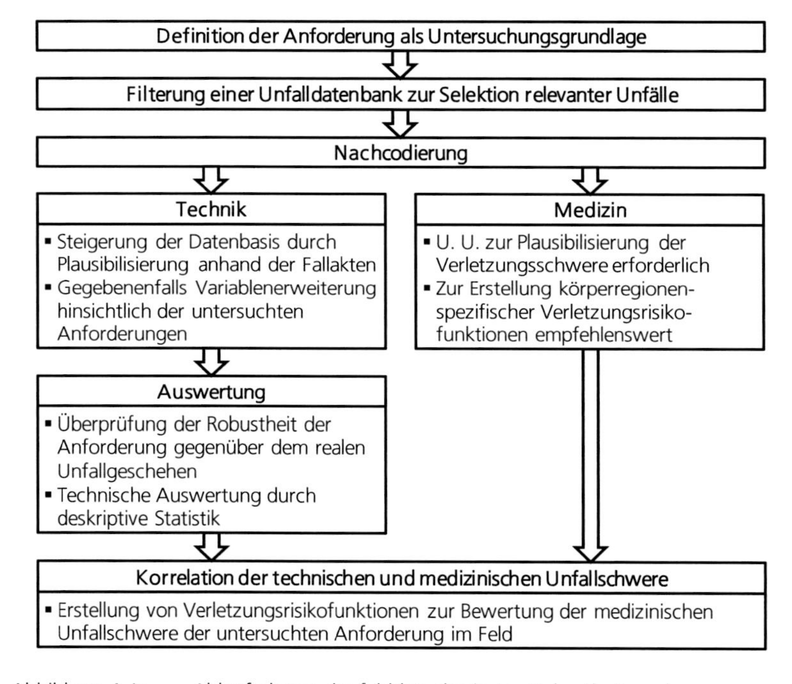

Abbildung 4-1: Ablaufschema der felddatenbasierten Robustheitsanalyse

Zu Beginn wird eine bestimmte Anforderung der Fahrzeugsicherheit als Betrachtungsgrundlage definiert. Dies kann beispielsweise ein Lastfall sein, der seitens der Gesetzgebung oder des Verbraucherschutzes als mögliche neue Anforderung vorgeschlagen wird. Die felddatenbasierte Robustheitsanalyse soll zunächst prüfen, wie robust diese Anforderung gegenüber dem Feldgeschehen ist. In einem weiteren Schritt erfolgt die Bewertung des Verletzungsrisikos durch Korrelation der technischen und medizinischen Unfallschwere. Hierzu wird auf Basis der Unfalldaten ein Modell gewählt, das die Erstellung von Verletzungsrisikofunktionen zur Bewertung der medizinischen Unfallschwere ermöglicht.

Wie in Unterkapitel 3.1.1 eingeführt werden die untersuchten Einzelunfälle in der felddatenbasierten Robustheitsanalyse als streuende Eingangsgrößen aufgefasst. Eine Anforderung wird als robust gegenüber dem realen Unfallgeschehen bezeichnet, sofern ein möglichst großer Anteil der untersuchten Einzelunfälle in ihrer Unfallschwere unterhalb der definierten Anforderung liegt. Für die Analysen im Rahmen dieser Arbeit wird in Anlehnung an den 2σ-Ansatz für Robustheitsuntersuchungen [Roo05, Dud07, Sch08, Wei12] dieser Anteil auf 95 % festgelegt. Zielführenderweise werden hierbei diejenigen Unfälle berücksichtigt, deren Kollisionstyp der untersuchten Anforderung innerhalb definierter Grenzen entspricht.

In Teilkapitel 4.1 werden in einem ersten Schritt durch automatisierte Filterung die relevanten Fälle aus einer Unfalldatenbank selektiert. Im Rahmen dieser Arbeit werden Daten der GIDAS verwendet, da diese, wie bereits in Unterkapitel 2.2.1 aufgezeigt, eine hohe Informationstiefe bei großem Stichprobenumfang bieten. Zur Steigerung der Datengüte wird danach eine manuelle Nachcodierung und Plausibilisierung auf Basis der Fallakten vorgenommen. Gegebenenfalls werden zusätzliche Variablen definiert, um die Einzelunfälle hinsichtlich der untersuchten Anforderung bestmöglich bewerten zu können. Die technische Bewertung der Unfälle des Analysedatensatzes erfolgt mittels einer deskriptiven statistischen Auswertung.

Eine entscheidende Bewertungsgröße der betrachteten Anforderung aus Sicht der Fahrzeugsicherheit ist die Insassenbelastung im realen Unfallgeschehen. Hierzu werden für den jeweiligen Kollisionstyp in Teilkapitel 4.2 die technische und medizinische Unfallschwere durch Verletzungsrisikofunktionen korreliert. Zum einen ermöglicht dies die Einordnung der betrachteten Anforderung gegenüber bereits bestehenden Lastfällen hinsichtlich der medizinischen Unfallschwere. Zum anderen lassen sich, wie bereits in Teilkapitel 2.2.2 eingeführt, Potenzialanalysen für Systeme der Aktiven und Passiven Fahrzeugsicherheit auf Basis von Verletzungsrisikofunktionen erstellen.

Im Folgenden wird die in Abbildung 4-1 aufgeführte Vorgehensweise am Beispiel schräger Frontalkollisionen dargestellt. Das Ablaufschema kann jedoch als generisch aufgefasst werden und lässt sich demzufolge auch auf andere Kollisionstypen übertragen. Die dargestellten Ergebnisse wurden in Antes [Ant14] und Schulz [Sch15] erarbeitet.

4.1 Unfalldatenanalyse schräger Frontalkollisionen

In einer Studie von Bean et al. [Bea09] werden Frontalkollisionen untersucht, bei denen angeschnallte Frontinsassen in Fahrzeugmodellen der Baujahre 2000-2007 in den USA tödlich verunglückten. Der Großteil der insgesamt 122 Todesfälle im Rahmen der Untersuchung ist auf mangelnde strukturelle Interaktion zwischen dem Unfallfahrzeug und dem Unfallgegner in schrägen Frontalkollisionen, Aufprallen mit geringer Überdeckung sowie Unterfahrunfällen zurückzuführen. Basierend auf den Ergebnissen von Bean et al. wird die Einführung eines gesetzlichen Lastfalls diskutiert, der eine schräge Frontalkollision abbilden soll [Sau12, Sau13a, Sau13b]. Die vorgeschlagene Testkonfiguration, bei der eine Barriere der Gesamtmasse 2486 kg mit einer Geschwindigkeit von 90 km/h ($E_{Kin} = 776{,}9$ kJ) unter einem Winkel von 15° und einer Überdeckung von 35 % mit dem stehenden Fahrzeug kollidiert, ist in Abbildung 4-2 dargestellt.

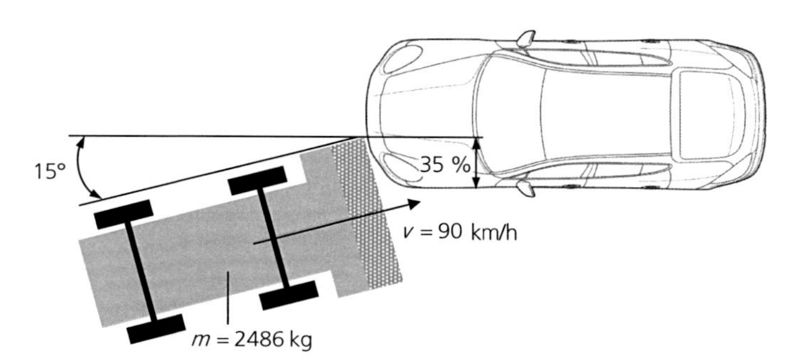

Abbildung 4-2: Testkonfiguration des schrägen Frontalaufpralls *(Oblique Research Moving Deformable Barrier Impact)* unter Verwendung von [Sau13a, Sau13b]

Im Hinblick einer möglichen Einführung als gesetzliche Anforderung seitens der NHTSA wird der schräge Frontalaufprall einer felddatenbasierten Robustheitsanalyse unter Betrachtung des deutschen Unfallgeschehens unterzogen.

4.1.1 Aufbereitung des Analysedatensatzes

Ausgangsbasis der Filterung nach schrägen Frontalkollisionen sind 25362 Einzelunfälle in GIDAS, die sich seit dem Jahr 2000 ereignet haben. Zur Selektion relevanter Unfälle im Hinblick auf die Zielsetzung der Analyse wird der vorliegende Datenbankabzug [GID15] automatisch gefiltert. Abbildung 4-3 stellt die sich ergebenden Teilmengen in Abhängigkeit der Filterkriterien in einem Venn-Diagramm dar. Die zugehörige Codierung in GIDAS ist in Tabelle 4-1 aufgeführt.

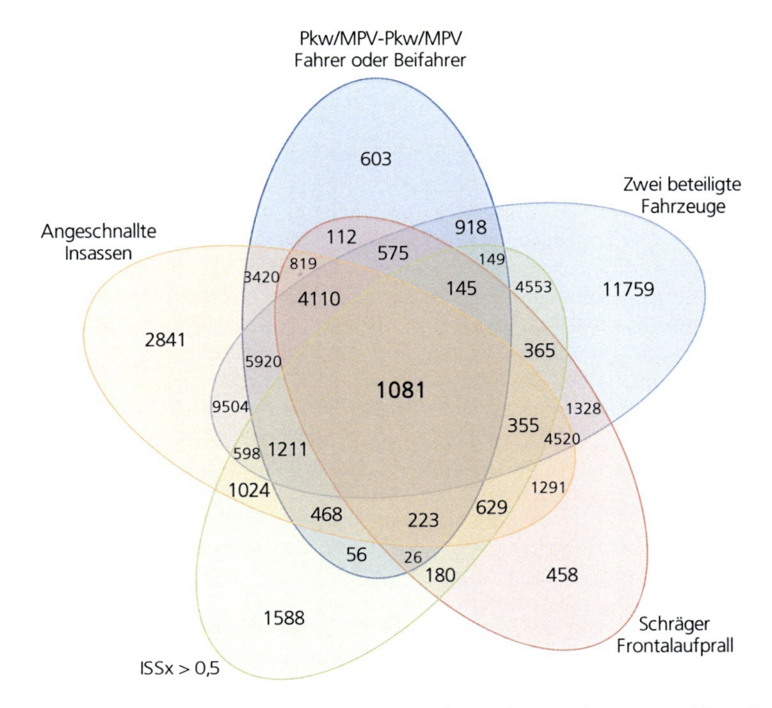

Abbildung 4-3: Venn-Diagramm zur Darstellung der Einzelpersonenzahlen der analysierten Datenbasis von 25362 Unfällen in GIDAS [GID15] unter Verwendung von [Sch15]

Tabelle 4-1: Filterkriterien in GIDAS zur Selektion schräger Frontalkollisionen [Ant14, Sch15]

Codierung in GIDAS	Filterkriterium
EFZ = 2;3;4	Egofahrzeug Pkw, MPV oder Kleintransporter
GFZ = 2;3;4	Kollisionsgegner Pkw, MPV oder Kleintransporter
EPSKZ= 1;2;51;52	Fahrer und Beifahrer
ERHSBEN= 1	Angeschnallte Insassen
ANZBET = 2	Zwei beteiligte Fahrzeuge
EVDI1 = 1;2;10;11	Richtung des *Vehicle Deformation Index* (VDI)
EIMP = 105...170;190...255	Impulswinkel
ISSx_9_p> 0,5	Verletzungsschwere gemäß ISSx größer 0,5

Die erste Einschränkung des Datensatzes erfolgt hinsichtlich der am Unfall beteiligten Verkehrsteilnehmer. Betrachtet werden angeschnallte Fahrer und Beifahrer in Pkw und Mehrzweckfahrzeugen *(Multi Purpose Vehicle,* MPV) wie Kleintransportern oder Minivans. Alleinunfälle und Multikollisionen werden durch die Beschränkung auf Unfälle mit zwei beteiligten Fahrzeugen ausgeschlossen. Die Selektion schräger Frontalkollisionen erfolgt mittels zweier Kriterien. Zum Ersten wird die Variable VDI1, die die Richtung des sogenannten *Vehicle Deformation Index* (VDI) beschreibt, ausgewertet. Eine Darstellung des VDI1 ist Abbildung 10-1 im Anhang zu entnehmen. Berücksichtigt werden Kollisionen, deren Stoßimpuls aus 10 oder 11 bzw. 1 oder 2 Uhr auf das Egofahrzeug wirkt. Dieser hinsichtlich der vorgeschlagenen Testkonfiguration der NHTSA großzügige automatische Filter wird gewählt, um etwaige Unschärfen in GIDAS auszugleichen und somit eine möglichst große Datenbasis schräger Frontalkollisionen unterschiedlicher Auftreffwinkel zu generieren. Als zweites Filterkriterium hinsichtlich der Aufprallrichtung wird der Impulswinkel hinzugezogen, der in Abbildung 10-2 im Anhang näher beschrieben ist. Der berücksichtigte Winkelbereich beträgt hierbei 190° bis 255° für 10 und 11 Uhr bzw. 105° bis 170° für 1 und 2 Uhr. Durch die Erweiterung des berücksichtigten Impulswinkels in Richtung 12 Uhr ergeben sich für VDI1-Codierungen von 1 und 11 Winkelbereiche, die gegenüber der Definition in GIDAS um 5° vergrößert sind. Diese Vergrößerung wird im Hinblick einer Maximierung der Datenbasis vorgenommen. Als Ergebnis der automatischen Filterung nach Art und Anzahl der beteiligten Fahrzeuge, angeschnallten Insassen und der Richtung des Stoßimpulses gemäß einem schrägen Frontalaufprall ergibt sich ein Datensatz von 5191 Personen.

Die weitere Selektion zur Generierung des finalen Analysedatensatzes erfolgt hinsichtlich der Unfallschwere. Zur Beurteilung von Schädigungen der verunfallten Fahrzeuge sollten insbesondere schwere Unfälle im Datensatz verbleiben, da diese im Allgemeinen mit höheren Deformationsgraden verbunden sind als leichte Unfälle. Eine Filterung nach der technischen Unfallschwere würde allerdings dazu führen, dass der Wertebereich der Eingangsgröße, die in der Erstellung von Verletzungsrisikofunktionen verwendet wird, stark eingeschränkt würde, was zu einer Verschlechterung der Güte der Verletzungsrisikofunktion führt [Pra11]. Daher wird die medizinische Verletzungsschwere zur weiteren Einschränkung des Datensatzes herangezogen. Weiterhin inkludiert werden jene Insassen, die in mindestens zwei ISS-Körperregionen Verletzungen der Schwere MAIS1+ haben, was dem Filterkriterium ISSx > 0,5 entspricht. Somit ergibt sich nach der automatischen Filterung des Datenbankabzugs aus GIDAS ein Datensatz von 1081 Personen.

Um Fehlzuordnungen durch die automatische Filterung der GIDAS-Datenbank auszuschließen, wird der Datensatz von 1081 Personen zusätzlich manuell gefiltert. Mithilfe der zugehörigen Bilddokumentation wird für jeden Einzelfall überprüft, ob tatsächlich eine schräge Frontalkollision vorliegt. Hierzu wird jeweils die Deformationszone bzw. Kratzspuren und Lackanhaftungen am verunfallten Fahrzeug ermittelt und beurteilt, ob die Kollision dem untersuchten Lastfall entspricht. Die manuelle Nachcodierung führt zu einer weiteren Einschränkung der zu berücksichtigenden Einzelfälle auf 482 Personen in 442 Fahrzeugen. Dieser Datensatz bildet die Grundlage für die weiteren Untersuchungen. Die Anzahl der Unfälle im Analysedatensatz in Abhängigkeit der Richtung des Stoßimpulses ist in Abbildung 4-4 dargestellt. Innerhalb der untersuchten Stichprobe ereignet sich in 62 % der Fälle ein Aufprall auf die linke Seite der Fahrzeugfront, während 38 % der Kollisionen die rechte Seite treffen. Auf der linken Seite ist der Anteil an Kollisionen aus Richtung 11 Uhr über drei Mal so groß wie aus 10 Uhr. Auch auf der rechten Seite kommen innerhalb der untersuchten Stichprobe Kollisionen aus 1 Uhr fast drei Mal so häufig vor wie jene aus 2 Uhr.

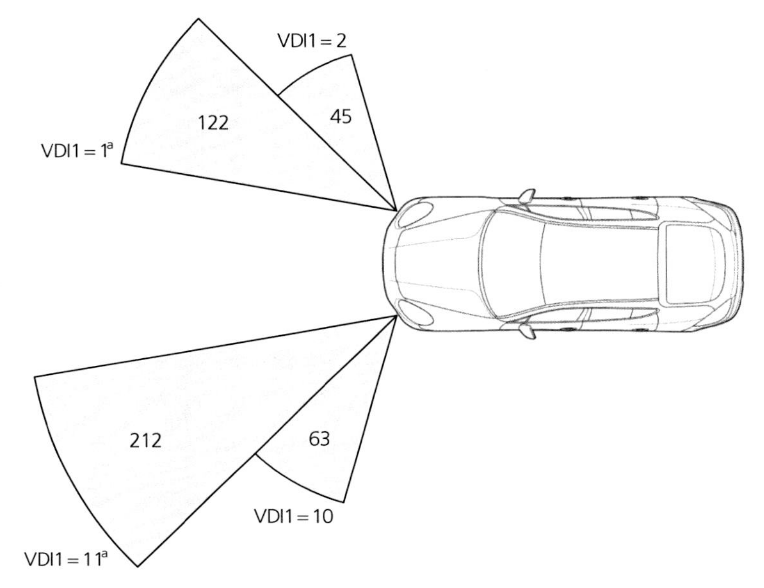

Abbildung 4-4: Anzahl der Unfälle im finalen Analysedatensatz in Abhängigkeit der Richtung des Stoßimpulses unter Verwendung von [Sch15]
[a] Jeweils um 5° in Richtung 12 Uhr erweitert

4.1.2 Variablenerweiterung zur generischen Beschreibung der Deformation

Zur Ableitung von Wirkzusammenhängen hinsichtlich des Deformationsverhaltens verunfallter Fahrzeuge ist eine Erweiterung der GIDAS-Datenbasis erforderlich. Ziel dieser Variablenerweiterung ist es, für die Forschung und Entwicklung nutzbare Erkenntnisse über das Strukturverhalten von Fahrzeugen im realen Unfallgeschehen abzuleiten. Zu diesem Zweck erfolgt im Rahmen dieser Arbeit eine Einteilung der Karosserie in generische Strukturknoten. Ein Knoten wird definiert als die Verbindung von mindestens zwei trägerähnlichen Strukturelementen. Knoten haben im Crash die Aufgabe Kräfte zu leiten, während die Energieaufnahme über die dazwischenliegenden Trägerstrukturen erfolgt. Durch die generische Nomenklatur ist die Abstraktion von Fahrzeugstrukturen verschiedener

Antriebskonzepte, wie z. B. Frontantrieb, Standardantrieb oder Heckantrieb, möglich. Abbildung 4-6 zeigt die Nomenklatur zur Aufteilung der Karosserie in Strukturknoten.

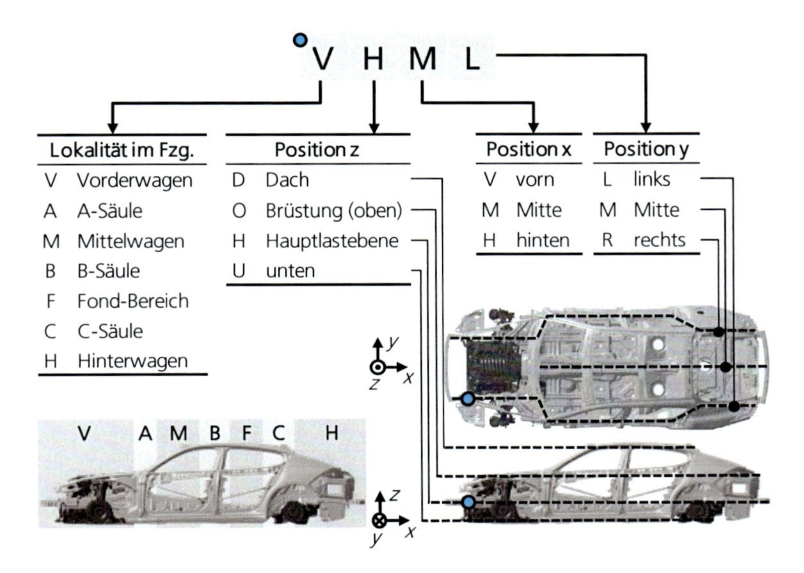

Abbildung 4-5: Generische Nomenklatur zur Abstraktion der Karosserie in Strukturknoten am Beispiel der Verbindung zwischen Crashbox und Längsträger auf der Hauptlastebene im Vorderwagen

Hinsichtlich der Beurteilung des Deformationsverhaltens in schrägen Frontalkollisionen sind in Abbildung 4-6 lediglich die Kürzel der hier relevanten Vorderwagenstruktur gezeigt. Aus Gründen der Übersichtlichkeit wird jeweils auf die Angabe des Fahrzeugabschnitts verzichtet, da sich alle betrachteten Knoten im Vorderwagen befinden. Zusätzlich entfällt die Spezifizierung der *y*-Position, da im Rahmen der Auswertung nach stoßzugewandten und stoßabgewandten Knoten unterschieden wird, die sich sowohl auf der rechten als auch auf der linken Fahrzeugseite befinden können. Vollständige Übersichten der Strukturkürzel für die gesamte Karosserie am Beispiel des Standardantriebs finden sich im Anhang in den Abbildungen 10-3 und 10-4.

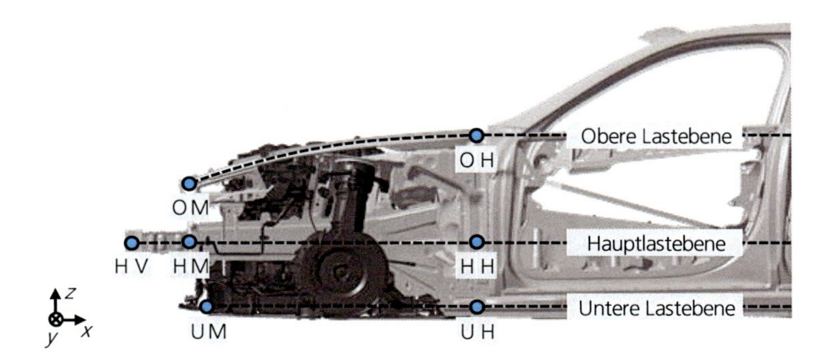

Abbildung 4-6: Bezeichnungen der Strukturknoten des Vorderwagens in dieser Arbeit

Mithilfe der dargestellten Strukturknoten ist es möglich, das Deformationsverhalten der verunfallten Fahrzeuge des Analysedatensatzes deutlich detaillierter zu beschreiben als auf Basis der in GIDAS codierten Variablen allein. Die Verschiebungen der Knoten im Vorderwagen werden durch insgesamt 44 Variablen erfasst. Weitere 39 Variablen dienen der Beschreibung der Schädigungen im Bereich A-Säule und Mittelwagen auf Bauteilniveau sowie der Räder und des Innenraums. Eine detaillierte Auflistung aller nacherhobenen Variablen findet sich in [Ant14] und [Sch15].

4.1.3 Technische Auswertung durch deskriptive Statistik

Zur Robustheitsbewertung der Anforderung des schrägen Frontalaufpralls nach NHTSA in Bezug auf das reale Unfallgeschehen wird die technische Unfallschwere des Analysedatensatzes untersucht. Hierzu wird der Betrag der vektoriellen Geschwindigkeitsdifferenz in Folge der Kollision Δv, im Folgenden kurz Geschwindigkeitsdifferenz, verwendet, da dieser im Rahmen der Unfallforschung die geeignetste Größe zur Quantifizierung der technischen Unfallschwere darstellt [Mac85]. Abbildung 4-7 zeigt die Verteilung der Geschwindigkeitsdifferenz Δv im Analysedatensatz in Abhängigkeit der Aufprallrichtung nach VDI1. Dargestellt ist jeweils der Median mit dem unteren und oberen Quartil sowie dem 5 %- und 95 %-Quantil der Verteilung. Diese Darstellung gilt, soweit nicht anders angegeben, auch für alle weiteren Boxplots des Kapitels 4. Die Gesamtanzahl der enthaltenen Unfälle entspricht mit $n = 435$ nicht exakt der Anzahl von analysierten Fahrzeugen von 442, da nicht für alle Unfälle ein Wert für Δv vorliegt.

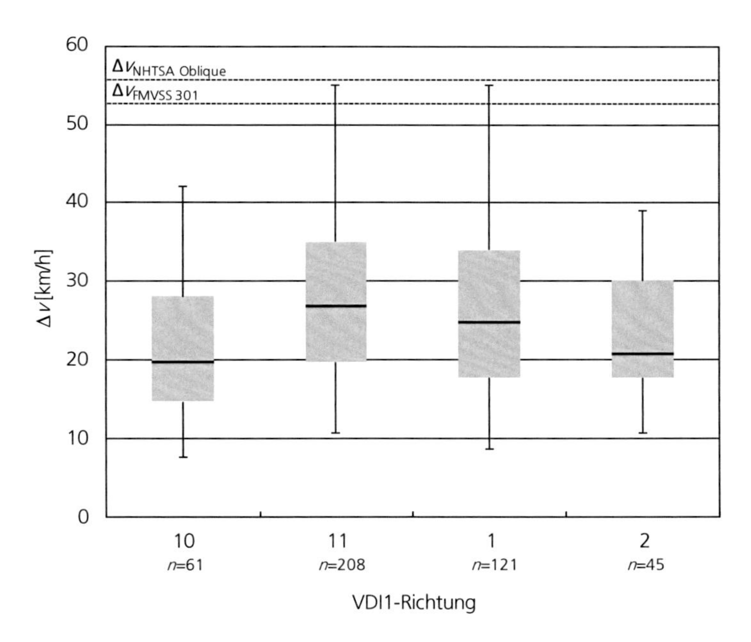

Abbildung 4-7: Verteilung des Betrags der vektoriellen Geschwindigkeitsänderung in Folge der Kollision Δv in Abhängigkeit der Aufprallrichtung nach VDI1 unter Verwendung von [Sch15]

Zur Einordnung des Analysedatensatzes gegenüber standardisierten Crashtests ist zum einen der schräge Frontalaufprall nach NHTSA eingezeichnet. Dessen Testgeschwindigkeit von 90 km/h resultiert unter Berücksichtigung des Barrierengewichts durchschnittlich in einer Geschwindigkeitsdifferenz Δv von ca. 56 km/h im Testfahrzeug, für welches das durchschnittliche Fahrzeuggewicht von Neufahrzeugen aus dem Jahr 2011 in den USA angenommen wird [Sau12]. Hierbei ist zu berücksichtigen, dass der Wert von Δv von der Masse des Testfahrzeugs abhängt, da das Barrierengewicht sowie die Testgeschwindigkeit konstant bleiben. Leichte Fahrzeuge werden folglich einer höheren Geschwindigkeitsdifferenz ausgesetzt als schwere [Sau12]. Diese Vorgehensweise konstanter kinetischer Energie hat zur Folge, dass insbesondere die Vorderwägen von kleinen, leichten Fahrzeugen relativ steif ausgelegt werden müssen, um die Fahrgastzelle vor Intrusionen zu schützen. Das wirkt sich auch auf die Auslegung größerer Fahrzeuge aus, die zum Selbstschutz ebenfalls steifere Karosseriestrukturen einsetzen. Somit kommt dem Partnerschutz insgesamt in Kollisionen gegenüber dem Selbstschutz eine untergeordnete Bedeutung zu. Testkonfigurationen, in denen die Geschwindigkeit und die Eigenschaften der Barriere, wie z. B. die Masse oder Steifigkeit, von der Masse des Testfahrzeugs abhängig sind, könnten diese Entwicklung umkehren. Zum anderen ist auch die bereits existierende gesetzliche Vorschrift des schrägen Wandaufpralls nach FMVSS 301 eingezeichnet [FMV07]. Unter der Annahme einer Restitutionsgeschwindkeit von 10 % der Kollisionsgeschwindigkeit ergibt sich für den mit bis zu 48 km/h spezifizierten schrägen Wandaufprall nach FMVSS 301 im Testfahrzeug ein Δv von bis zu 53 km/h [Hol98].

Für die Robustheitsanalyse des NHTSA *Oblique* werden insbesondere die beiden VDI1-Richtungen 1 und 11 Uhr betrachtet. Das 95 %-Quantil liegt sowohl für 1 ($n = 121$) als auch für 11 Uhr ($n = 208$) bei 55 km/h und somit nahezu auf dem Niveau der Geschwindigkeitsdifferenz des Lastfalls von 56 km/h. Das Feldgeschehen wird hinsichtlich der technischen Unfallschwere folglich durch die Anforderung zu über 95 % abgedeckt. Bezüglich der untersuchten Stichprobe aus der für das bundesdeutsche Unfallgeschehen repräsentativen GIDAS-Datenbank kann die Anforderung des schrägen Frontalaufpralls nach NHTSA somit als robust bezeichnet werden. Es ist außerdem zu erkennen, dass der Großteil der Unfälle der untersuchten Stichprobe deutlich unterhalb der Testgeschwindigkeitsdifferenz des NHTSA *Oblique* liegt. Der Median von Δv liegt für 11 Uhr mit 27 km/h etwas höher als für 1 Uhr mit 25 km/h. Bei dieser Auswertung ist zu beachten, dass im Analysedatensatz sämtliche schrägen Frontalkollisionen enthalten sind, die sich an den GIDAS-Erhebungsstandorten seit dem Jahr 2000 ereignet haben und den in Unterkapitel 4.1.1 beschriebenen Filterkriterien entsprechen. Es ist zu empfehlen, die Auswertung fortlaufend um die jährlich hinzukommenden Unfälle zu aktualisieren, um eventuelle Veränderungen im Unfallgeschehen detektieren zu können. Insbesondere neue Fahrzeuge, die u. U. bereits Maßnahmen zur Erfüllung neuer Anforderungen enthalten, können Einfluss auf die Auswertung haben.

Die gesetzliche Anforderung nach FMVSS 301 sieht einen schrägen Frontalaufprall mit einem Aufprallwinkel von 30° zur Längsachse des Fahrzeugs jeweils von der linken und rechten Seite auf eine starre Barriere vor [FMV07]. Bei fehlerfreier Codierung der VDI1-Richtung in GIDAS würde dieser Lastfall ebenfalls den Aufprallrichtungen aus 1 und 11 Uhr entsprechen. Um eine mögliche Unschärfe in der Codierung des Stoßimpulswinkels in GIDAS zu kompensieren, werden zusätzlich Kollisionen aus 2 und 10 Uhr betrachtet. Hierbei ist festzustellen, dass die Geschwindigkeitsdifferenzen deutlich unter jenen für 1 und 11 Uhr liegen. Für Kollisionen aus 10 Uhr ($n = 61$) liegt das 95 %-Quantil des Analysedatensatzes bei 42 km/h und der Median bei 20 km/h. Ähnlich verhält es sich für Kollisionen aus 2 Uhr ($n = 45$), für die sich ein 95 %- Quantil von 39 km/h und ein Median von 21 km/h ergeben. Schräge Frontalkollisionen mit einem zur Fahrzeuglängsachse größeren Auftreffwinkel kommen somit im Analysedatensatz zum einen seltener vor und sind zum anderen mit niedrigeren Geschwindigkeitsdifferenzen verbunden als Kollisionen kleineren Winkels. Die Anforderung nach FMVSS 301 liegt damit bezüglich der technischen Unfallschwere für Frontalkollisionen aus 1 und 11 Uhr leicht unterhalb des 95 %-Quantils von Δv im Analysedatensatz, schließt hingegen die 95 %-Quantile für 2 und 10 Uhr ein.

Um aus der Unfalldatenanalyse nutzbare Erkenntnisse zur Verbesserung des Strukturverhaltens in schrägen Frontalkollisionen ableiten zu können, werden die auftretenden Deformationen im nächsten Schritt mithilfe der in Unterkapitel 4.1.2 eingeführten Karosserieknoten untersucht. Aufgrund ihrer Bedeutung für das Crashverhalten in Frontalkollisionen werden die Knotenverschiebungen der Hauptlastebene des Vorderwagens analysiert. Da sich das Strukturverhalten auf der linken wie rechten Fahrzeugseite bei den schrägen Frontalkollisionen des Analysedatensatzes ähnlich darstellt (vgl. Abbildung 10-5 im Anhang), wird in der Auswertung hierzu keine Unterscheidung vorgenommen. Differenziert wird hingegen zwischen stoßzugewandten und stoßabgewandten Knoten.

Abbildung 4-8 zeigt die Geschwindigkeitsdifferenzen Δv bei keiner Verschiebung (»nein«) sowie bei vorhandener Verschiebung (»ja«) der stoßzugewandten Knoten der Hauptlastebene des Vorderwagens in x- bzw. y-Richtung. Zusätzlich sind jeweils jene Fälle aufgeführt, für die eine Beurteilung auf Basis der Bilddokumentation nicht möglich war (nicht beurteilbar, »n. b.«). Es sind nur die vorderen (HV) und mittleren Knoten (HM) dargestellt, da im Analysedatensatz nur vier Fälle enthalten sind, in denen eine Verschiebung der hinteren Knoten (HH) vorkommt. Auf Basis derart geringer Fallzahlen wird auf eine statistische Auswertung verzichtet.

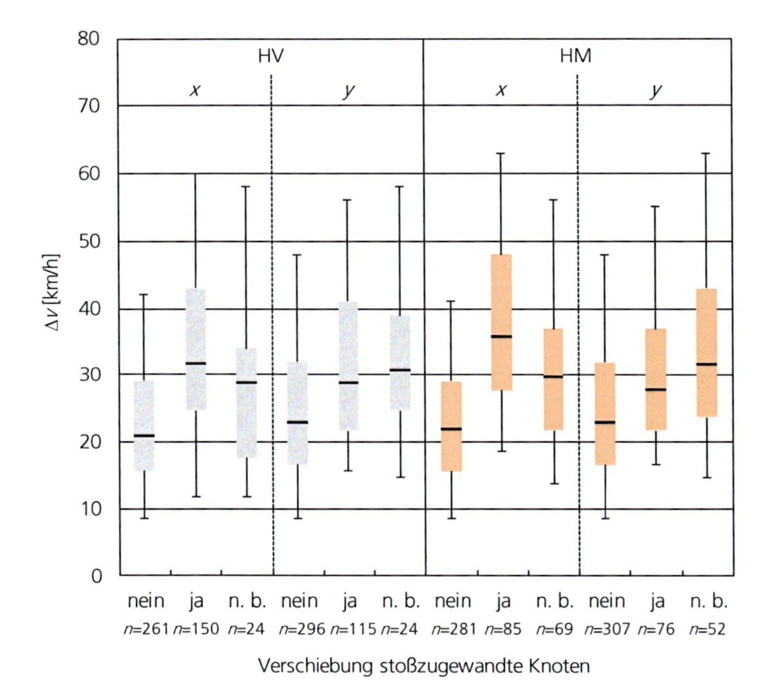

Abbildung 4-8: Geschwindigkeitsdifferenz Δv in Abhängigkeit der Verschiebung der **stoßzugewandten** Knoten der Hauptlastebene des Vorderwagens in x- und y-Richtung in schrägen Frontalkollisionen des Analysedatensatzes unter Verwendung von [Sch15]

Es zeigt sich zunächst, dass alle Mediane für keine Knotenverschiebung in x- oder y-Richtung für die vorderen und mittleren Knoten mit Werten zwischen 21 und 23 km/h sehr ähnlich liegen. Die Verteilungen für keine Verschiebung sind bei den vorderen und mittleren Knoten in der jeweiligen Raumrichtung weitestgehend identisch. Die nicht beurteilbaren Verschiebungen verteilen sich in x- und y-Richtung und für beide Strukturknoten über einen weiten Geschwindigkeitsbereich. Ein systematischer Codierungsfehler, der einen Einfluss auf die übrigen Ergebnisse haben könnte, kann folglich nicht festgestellt werden.

Eine Verschiebung der Knoten HV in x-Richtung findet im Median bei 32 km/h statt und damit deutlich über dem Median sowie dem oberen Quartil für keine Verschiebung. Auch die anderen Quantile liegen über jenen für keine Verschiebung der Knoten HV. Diese Zusammenhänge gelten auch für die Knoten HM. Hier liegen jedoch sowohl der Median mit 36 km/h als auch alle anderen Quantile über jenen für Verschiebungen der Knoten HV. In den analysierten Unfällen verschieben sich folglich zunächst die vorderen, stoßzugewandten Strukturknoten des Vorderwagens in x-Richtung, bevor bei höheren Geschwindigkeitsdifferenzen auch die mittleren Knoten verschoben werden.

Die Analyse der stoßzugewandten Verschiebungen in y-Richtung zeigt ein anderes Strukturverhalten. Zwar liegen auch hier alle Quantile für eine Verschiebung der Knoten HV und HM über jenen für keine Verschiebung. Jedoch bestehen zwischen Werten von Δv bei vorhandener y-Verschiebung mit 29 km/h für die vorderen und 28 km/h für die mittleren Strukturknoten im Median fast keine Unterschiede. Mit Ausnahme des oberen Quartils gilt dies auch für die übrigen Quantile. Es zeigt sich somit, dass die Vorderwägen der verunfallten Fahrzeuge im Gegensatz zur x-Richtung keine Steigerung des Lastniveaus in y-Richtung vorweisen. Zudem liegen bis auf das 5%-Quantil der y-Verschiebung der vorderen Strukturknoten alle Quantile für eine Verschiebung in Querrichtung jeweils unterhalb der zugehörigen Werte für Verschiebungen in Längsrichtung. Die Strukturverformbarkeit der untersuchten Fahrzeuge ist folglich in Längsrichtung höher als in Querrichtung, was insbesondere in der Verbindung zwischen Crashboxen und Längsträgern (HM) deutlich wird.

Analog zur Darstellung für stoßzugewandte Knoten zeigt Abbildung 4-9 die Auswertung für die jeweils stoßabgewandte Fahrzeugseite. Hierbei lässt sich erneut feststellen, dass der Median sowie alle anderen Quantile für keine Verschiebung für beide Raumrichtungen und beide untersuchten Strukturknoten weitestgehend konstant sind. Auch die nicht bewertbaren Verschiebungen verteilen sich wie bei den stoßzugewandten Knoten über einen breiten Geschwindigkeitsbereich.

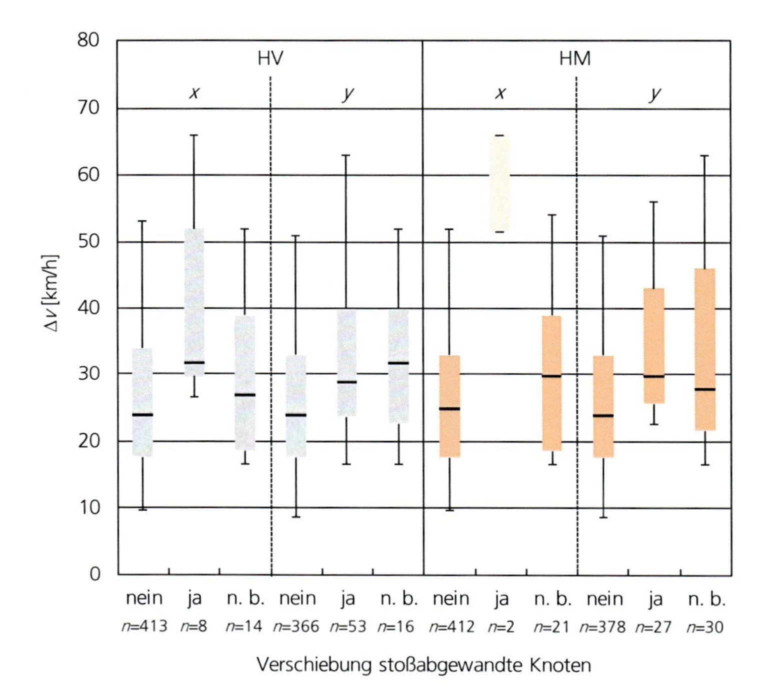

Abbildung 4-9: Geschwindigkeitsdifferenz Δv in Abhängigkeit der Verschiebung der **stoßabgewandten** Knoten der Hauptlastebene des Vorderwagens in *x*- und *y*-Richtung in schrägen Frontalkollisionen des Analysedatensatzes unter Verwendung von [Sch15]

Der Median für Verschiebungen der stoßabgewandten Knoten HV in *x*-Richtung liegt ebenso wie die übrigen Quantile mit 32 km/h deutlich über dem Wert für keine Verschiebung. Damit ist der Median identisch zu jenem für eine *x*-Verschiebung der stoßzugewandten Knoten HV. Die übrigen Quantile liegen jedoch deutlich über jenen der stoßzugewandten vorderen Knoten. In nur zwei Fällen des Analysedatensatzes kommt es zu einer *x*-Verschiebung der mittleren Strukturknoten auf der stoßabgewandten Seite, weshalb auf eine statistische Auswertung verzichtet wird. Die insgesamt geringeren Fallzahlen für in *x*-Richtung verschobene Strukturknoten verdeutlichen jedoch, dass diese auf der stoßabgewandten Seite seltener auftreten als auf der stoßzugewandten. In Folge schräger Anstöße kommt es folglich in den Vorderwägen des Analysedatensatzes nicht zu einer Verteilung der Kräfte zwischen der stoßzugewandten und stoßabgewandten Fahrzeugseite. Offensichtlich sind die Querstrukturen nicht in der Lage, diese Kräfte auf die stoßabgewandte Fahrzeugseite zu übertragen.

Hinsichtlich der y-Verschiebung ergeben sich auch für die stoßabgewandten Knoten zwischen den vorderen und mittleren Strukturknoten keine deutlichen Unterschiede. Der Median sowie die beiden Quartile der Knoten HM liegen jeweils zwischen 1 und 3 km/h über jenen der vorderen Knoten. Analog zur stoßzugewandten Seite treten bereits bei wesentlich niedrigere Geschwindigkeitsdifferenzen Verschiebungen in Querrichtung auf als in Längsrichtung. Dies unterstreicht die gegenüber der x-Richtung deutlich geringere Strukturverformbarkeit der Vorderwagen in y-Richtung. Zudem ergeben sich für eine y-Verschiebung der Knoten HV bei identischem Median und ähnlichen Quartilswerten von Δv für die stoßzugewandte und stoßabgewandte Seite beinahe identische Δv-Verteilungen. Kräfte, die in y-Richtung in den Stoßfängerquerträger eingeleitet werden, führen folglich auf der stoßzugewandten und stoßabgewandten Fahrzeugseite zu ähnlichen Verschiebungen der Strukturknoten der Hauptlastebene im Vorderwagen.

Die Auswertung der Knotenverschiebungen des Vorderwagens zeigt, dass die vorderen Karosseriestrukturen der untersuchten Fahrzeuge für eine Krafteinleitung in Längsrichtung deutlich besser ausgelegt sind als für die aus schrägen Frontalkollisionen zusätzlich resultierenden Querkräfte. Die Ursache hierfür wird in der bisher unzureichenden Abbildung von schrägen Frontalkollisionen durch standardisierte Crashlastfälle vermutet. Im nächsten Schritt wird untersucht, inwieweit sich diese Tatsache auch in einem im Vergleich zu geraden Aufprallen erhöhten Verletzungsrisiko für Fahrzeuginsassen in schrägen Frontalkollisionen niederschlägt.

4.2 Verletzungsrisikofunktionen schräger Frontalkollisionen

Zur Beurteilung der medizinischen Unfallschwere schräger Frontalkollisionen werden Verletzungsrisikofunktionen auf Basis der realen Felddaten des Analysedatensatzes hergeleitet.

4.2.1 Allgemeine Herleitung des Verletzungsrisikos

Der Analysedatensatz zur Herleitung von Verletzungsrisikofunktionen für den schrägen Frontalaufprall enthält 469 verletzte Personen. Die Reduktion gegenüber der in Unterkapitel 4.1.1 beschriebenen Gesamtstichprobengröße von 482 Personen ergibt sich durch fehlende Angaben zur technischen oder medizinischen Verletzungsschwere.

Als Parameter zur Quantifizierung der technischen Unfallschwere wird analog zu den bisher gezeigten Auswertungen der Betrag der vektoriellen Geschwindigkeitsdifferenz in Folge der Kollision Δv verwendet. Eine mögliche Alternative zu Δv wäre beispielsweise die *Energy Equivalent Speed* (EES), als ein Maß für die am verunfallten Fahrzeug verrichtete plastische Deformationsarbeit [Cam72, Cam74, Bur80]. Die EES wird in der Unfallrekonstruktion üblicherweise auf Basis weniger Bilddokumentationen gecrashter Fahrzeuge abgeschätzt, von denen die EES bekannt ist. Streng genommen wäre zu jedem Realunfall ein zugehöriger Crashtest nötig, um die EES präzise bestimmen zu können. In [Sch15] wird gezeigt, dass sich teilweise hohe Abweichungen zwischen den in GIDAS codierten Werten von Δv und EES ergeben können. Aufgrund der rechnergestützten Bestimmung von Δv im Rahmen der Unfallrekonstruktion wird diesem Parameter in Übereinstimmung mit Mackay [Mac85] gegenüber der lediglich abgeschätzten EES eine bessere Eignung als Maß für die technische Unfallschwere beigemessen. Jedoch kann die EES als energiebasierte Größe bei präziser Ermittlung u. U. besseren Aufschluss über die Deformationen in Karosseriestrukturen sowie die aus Intrusionen resultierenden Verletzungen der Insassen geben [Zei82, Joh13]. Erbsmehl [Erb14] hat zur Korrektur von abgeschätzten EES-Werten eine Vorgehensweise entwickelt, die zunächst die vorliegende Deformation bestimmt und sortiert. Durch eine modellbasierte Plausibilisierung können die codierten, lediglich abgeschätzten EES-Werte korrigiert und somit die Datengüte gesteigert werden. Da für die verwendeten GIDAS-Daten diese Korrektur noch nicht erfolgt ist, wird im Rahmen dieser Arbeit Δv als Maß für die technische Unfallschwere verwendet.

Die Verletzungen der Insassen werden mithilfe der in Unterkapitel 2.2.2 vorgestellten ISSx-Skala bewertet. Gegenüber der Einzelbewertung der schwersten Verletzung nach MAIS stellt die ISS-Bewertung durch die Aggregation der drei am schwersten verletzten ISS-Körperregionen einen medizinisch zuverlässigeren Indikator der Gesamtverletzungsschwere einer Person dar [Bak74, Bak76, AAA98, AAA08, Kon11]. Es werden

Verletzungsrisikofunktionen für verletzte (ISSx > 1,0), schwerverletzte (ISSx > 2,5) sowie polytraumatisch verletzte (ISSx > 5,0) Personen erzeugt. Zur Erstellung der Verletzungsrisikofunktionen ergibt sich ein dichotomer Datensatz, der zwischen verletzten und nicht mit der jeweils gewählten Verletzungsschwere verletzten Insassen unterscheidet.

Aufgrund des Erhebungskriteriums von mindestens einer verletzten Person sind Unfälle, die sich im niedrigen Geschwindigkeitsbereich ereignen, in GIDAS unterrepräsentiert. Die Erstellung von Verletzungsrisikofunktionen auf Basis der selektierten Stichprobe würde folglich zu einer Überschätzung des Verletzungsrisikos bei niedrigen Geschwindigkeitsdifferenzen führen. Abbildung 4-10 stellt die Verteilung des bundesdeutschen Unfallgeschehens in Abhängigkeit des Geschwindigkeitsunterschieds Δv der Erhebung in GIDAS gegenüber. Der schraffierte Bereich kennzeichnet diejenigen Unfälle, die sich bei niedrigen Geschwindigkeiten zwar sehr häufig ereignen, in GIDAS aber nicht erfasst werden, da hieraus meist keine oder lediglich sehr leichte Insassenverletzungen resultieren.

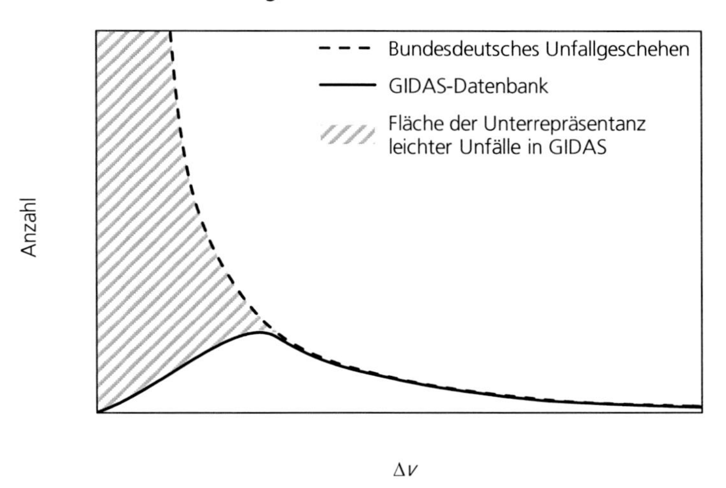

Abbildung 4-10: Qualitative Darstellung der Verteilung des bundesdeutschen Unfallgeschehens im Vergleich zu den Unfällen in GIDAS über den Betrag der vektoriellen Geschwindigkeitsdifferenz in Folge der Kollision Δv unter Verwendung von [Kor89]

Um diesem Zustand Rechnung zu tragen, wird die Stichprobe systematisch um unverletzte Personen ergänzt. Hierzu wird ein Exponentialansatz

$$f(\Delta v) = a_0 \exp\left(a_1 \Delta v^{a_2}\right) \tag{4.1}$$

gewählt, um das bundesdeutsche Unfallgeschehen zu repräsentieren. Zur Identifikation der Parameter $a_{0,\dots,2}$ der Exponentialfunktion werden zwei Randbedingungen definiert:

1. Die Exponentialfunktion muss im oberen Geschwindigkeitsbereich der Stichprobenverteilung rechts des Hochpunkts mit minimalem Fehler entsprechen.
2. Die Fläche der Exponentialfunktion muss die Verhältnisse des bundesdeutschen Unfallgeschehens zwischen Unfällen mit und ohne Personenschaden in Abhängigkeit der Fallzahl aus GIDAS korrekt wiedergeben.

Mithilfe der Methode minimaler Fehlerquadrate sowie auf Basis der Fallzahlen des bundesdeutschen Unfallgeschehens [Sta15] ergibt sich die Exponentialfunktion

$$f(\Delta v) = 13200 \exp\left(-2{,}36 \Delta v^{0{,}313}\right), \tag{4.2}$$

die in Abbildung 4-11 im Vergleich zu dem Analysedatensatz aus GIDAS dargestellt ist.

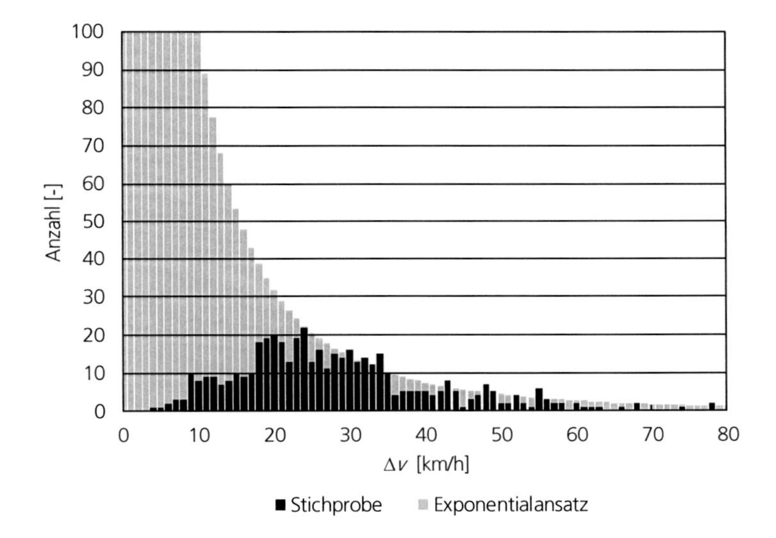

Abbildung 4-11: Exponentialfunktion zur Abbildung des bundesdeutschen Unfallgeschehens im Vergleich zu den Unfällen des Analysedatensatzes über den Betrag der vektoriellen Geschwindigkeitsdifferenz in Folge der Kollision Δv

Mithilfe der gefundenen Exponentialfunktion (4.2) kann der Unterrepräsentanz von Unfällen geringer Schwere in GIDAS begegnet werden. Der Analysedatensatz wird anhand der sich aus dem Exponentialansatz ergebenden Fallzahlen um unverletzte Personen im Geschwindigkeitsbereich bis 30 km/h ergänzt. Für darüber liegende Geschwindigkeitsdifferenzen stellt der Exponentialansatz zum einen aufgrund der ersten definierten Randbedingung bereits eine Anpassung geringen Fehlers dar, weshalb hier keine Ergänzung nötig ist. Zum anderen bestehen für höhere technische Unfallschweren nur noch sehr geringe Unterschiede zwischen dem bundesdeutschen Unfallgeschehen und der erhobenen Fälle in GIDAS, was auch anhand von Abbildung 4-10 ersichtlich ist. Dieser imputierte, also aufgefüllte, Analysedatensatz stellt die Basis für die weiteren Schritte dar.

Zur Herleitung der Verletzungsrisikofunktionen wird ein logistischer Ansatz gewählt, welcher, wie in Unterkapitel 2.2.2 ausgeführt, eines der möglichen Modelle für die betrachtete Aufgabenstellung ist. Zur Schätzung der Parameter der logistischen Funktion wird die *Maximum-Likelihood*-Methode verwendet, die einen geeigneten Ansatz im Zusammenhang dichotomer Ausprägungen darstellt, die in binären Antwortgrößen resultieren [Kut05]. Sämtliche Formeln dieses Unterkapitels, sofern nicht anderweitig gekennzeichnet, entstammen Kutner et al. [Kut05]. Einzelheiten zu den Herleitungen finden sich dort sowie bei Agresti [Agr02].

Die Wahrscheinlichkeit in Abhängigkeit des technischen Unfallparameters Δv verletzt zu sein folgt unter der Annahme einer logistischen Funktion der folgenden Form:

$$P(\Delta v) = \frac{1}{1+\exp(-b_0 - b_1 \Delta v)}. \tag{4.3}$$

Zur Bestimmung der beiden Parameter b_0 und b_1 wird der Ansatz des Erwartungswerts der binären Antwortgröße Y_i

$$E(Y_i) = \frac{\exp(\beta_0 + \beta_1 X_i)}{1+\exp(\beta_0 + \beta_1 X_i)} = \frac{1}{1+\exp(-\beta_0 - \beta_1 X_i)} \tag{4.4}$$

gewählt, wobei X_i die jeweiligen Beobachtungswerte aus der Stichprobe und β_0 sowie β_1 die Schätzwerte der gesuchten Parameter bezeichnen. Die Wahrscheinlichkeitsfunktion (*Likelihood*-Funktion) zur Bestimmung der Parameter β_0 und β_1 auf Basis der Stichprobenwerte ergibt sich in logarithmierter Form zu

$$\ln L(\beta_0, \beta_1) = \sum_{i=1}^{n} Y_i (\beta_0 + \beta_1 X_i) - \sum_{i=1}^{n} \ln[1+\exp(\beta_0 + \beta_1 X_i)]. \tag{4.5}$$

Gemäß dem *Maximum-Likelihood*-Ansatz ergeben sich die gesuchten Parameter b_0 und b_1 in Gleichung (4.3) als diejenigen Parameter β_0 und β_1, welche die *Log-Likelihood*-Funktion (4.5) maximieren. Da keine analytische Lösung zur Maximierung der *Log-Likelihood*-Funktion besteht, werden die gesuchten Werte für β_0 und β_1 mithilfe der *Generalized-Reduced-Gradient*-Methode [Las78] numerisch bestimmt [Ken80].

Für große Stichproben ergeben sich die Konfidenzbänder mit einer Irrtumswahrscheinlichkeit von 5 %, im Folgenden 95 %-Konfidenzbänder genannt, in Abhängigkeit der gefundenen Parameter b_0 und b_1 zu

$$U_{KI}(\Delta v) = \frac{1}{1 + \exp(-b_0 - b_1\Delta v + 1{,}96\sqrt{\mathbf{X}^T\mathbf{s}^2\{\mathbf{b}\}\mathbf{X}})} \tag{4.6}$$

für das untere Konfidenzband und

$$O_{KI}(\Delta v) = \frac{1}{1 + \exp(-b_0 - b_1\Delta v - 1{,}96\sqrt{\mathbf{X}^T\mathbf{s}^2\{\mathbf{b}\}\mathbf{X}})} \tag{4.7}$$

für das obere Konfidenzband unter Verwendung des Vektors

$$\mathbf{X} = \begin{bmatrix} 1 \\ \Delta v \end{bmatrix} \tag{4.8}$$

sowie der approximierten Varianz-Kovarianz-Matrix

$$\mathbf{s}^2\{\mathbf{b}\} = \left(\begin{bmatrix} -g_{00} & -g_{01} \\ -g_{10} & -g_{11} \end{bmatrix}_{\beta=\mathbf{b}} \right)^{-1}. \tag{4.9}$$

Zur Berechnung von (4.9) werden die gefundenen *Maximum-Likelihood*-Parameter b_0 und b_1 in die zweiten partiellen Ableitungen der *Log-Likelihood*-Funktion (4.5)

$$g_{ij} = \frac{\partial^2 \ln L(\beta)}{\partial\beta_i \partial\beta_j} \qquad \text{mit} \qquad i = 0{,}1;\ j = 0{,}1 \tag{4.10}$$

eingesetzt.

Das Risiko in einer schrägen Frontalkollision eine Verletzung der Schwere ISSx > 1,0 zu erleiden ergibt sich auf Basis des imputierten Analysedatensatzes zu

$$P_{ISSx>1,0}(\Delta v) = \frac{1}{1 + \exp(4{,}749 - 0{,}128\Delta v)}. \tag{4.11}$$

Dieser Verletzungsgrad entspricht einer AIS-Klassifikation von MAIS2+ und einer beispielhaften Verletzung einer geschlossenen Unterarmfraktur [AAA08]. Der Verlauf dieser Verletzungsrisikofunktion mit den zugehörigen 95 %-Konfidenzbändern ist Abbildung 4-12 zu entnehmen.

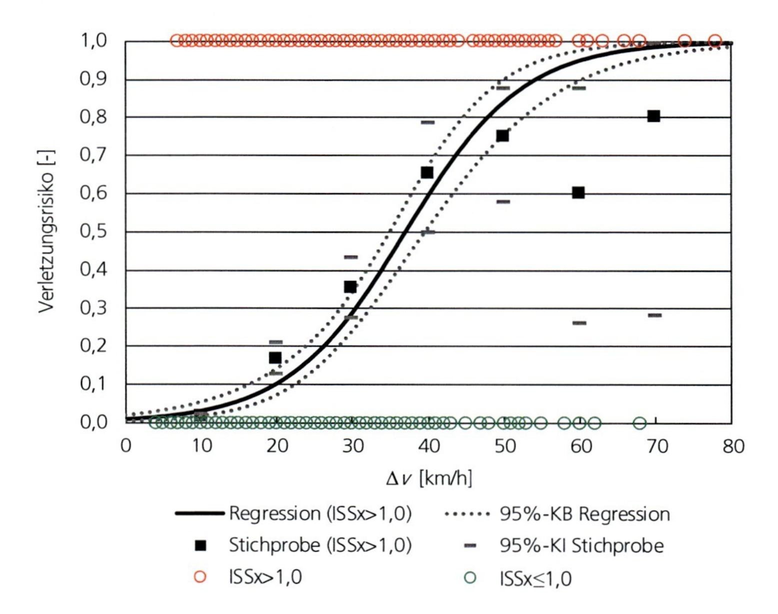

Abbildung 4-12: Verletzungsrisikofunktion für schräge Frontalkollisionen und **Verletzungen der Schwere ISSx>1,0** auf Basis des imputierten Analysedatensatzes

Die Darstellung enthält zudem grüne bzw. rote Kreise, die angeben, ob in der Stichprobe zum jeweiligen Wert von Δv mindestens eine nicht mit der definierten Verletzungsschwere verletzte Person bzw. mindestens eine entsprechend verletzte Person vorhanden ist. Es ist zu beachten, dass diese Kreise sich auf den ursprünglichen, nicht imputierten Datensatz beziehen. Außerdem sind die empirischen Mittelwerte der Verletzungswahrscheinlichkeiten auf Basis der Stichprobe in Schrittweiten von je 10 km/h eingezeichnet. Jeder dieser Mittelwerte ist mit einem 95%-Konfidenzintervall nach Clopper und Pearson versehen [Clo34]. Dieses Intervall $[p_u;p_o]$ zur Irrtumswahrscheinlichkeit α berechnet sich unter Verwendung der tabellierten Quantile der F-Verteilung, der Stichprobengröße n sowie der Anzahl der mit der jeweils definierten Schwere verletzten Personen m_v nach Hartung [Har09] zu

$$p_u = \frac{m_v F_{2m_v,2(n-m_v+1);\alpha/2}}{n - m_v + 1 + m_v F_{2m_v,2(n-m_v+1);\alpha/2}} \tag{4.12}$$

und

$$p_o = \frac{(m_v + 1) F_{2(m_v+1),2(n-m_v);1-\alpha/2}}{n - m_v + (m_v + 1) F_{2(m_v+1),2(n-m_v);1-\alpha/2}}. \tag{4.13}$$

Für eine optimale Qualität der Verletzungsrisikofunktion sollte die gefundene Regressionskurve durch alle eingezeichneten Clopper-Pearson-Konfidenzintervalle verlaufen, da diese die 95 %-Konfidenzintervalle tendenziell überschätzen [Clo34]. Aus Abbildung 4-12 ist ersichtlich, dass dies für alle empirischen Mittelwerte außer jene bei 20 und 60 km/h zutrifft. Vermutlich wird trotz der Erweiterung der Stichprobe die Unterrepräsentanz unverletzter Personen in unteren Geschwindigkeitsregionen in GIDAS nicht vollständig ausgeglichen, was den erhöhten empirischen Mittelwert bei 20 km/h erklären kann. Das Intervall für 60 km/h enthält nur insgesamt zehn Personen, von denen sechs verletzt sind. Der niedrige Mittelwert ließe sich somit zum einen mit der geringen Fallzahl erklären, durch die eine verletzte Person mehr oder weniger einen größeren Einfluss auf das empirische Verletzungsrisiko hat als bei höheren Fallzahlen. Für die Mittelwerte um 70 km/h ergibt sich auf Basis von lediglich fünf Fällen ein relativ breites Clopper-Pearson-Konfidenzintervall, das die Verletzungsrisikofunktion jedoch einschließt.

Die Wahrscheinlichkeit in einer schrägen Frontalkollision einen Verletzungsgrad der Schwere ISSx > 2,5 zu erleiden ergibt sich zu

$$P_{ISSx>2,5}(\Delta v) = \frac{1}{1 + \exp(6{,}885 - 0{,}108 \Delta v)}. \tag{4.14}$$

Dies entspricht in etwa Verletzungen nach MAIS3+, wie beispielsweise einer Oberschenkelfraktur oder einer schweren Gehirnerschütterung mit einer Bewusstlosigkeit von bis zu sechs Stunden [AAA08]. In analoger Form zu Abbildung 4-12 stellt Abbildung 4-13 die zugehörige Verletzungsrisikofunktion mit den empirischen Werten des Analysedatensatzes dar.

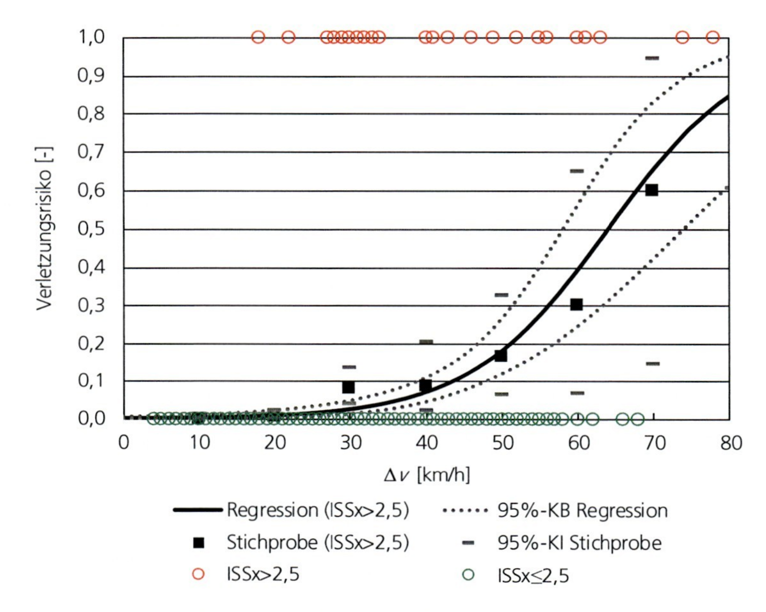

Abbildung 4-13: Verletzungsrisikofunktion für schräge Frontalkollisionen und **Verletzungen der Schwere ISSx>2,5** auf Basis des imputierten Analysedatensatzes unter Verwendung von [Sch15]

Es ist zu erkennen, dass die Funktion durch alle empirischen Konfidenzbänder verläuft außer jenem bei 30 km/h. Dieses Δv-Intervall enthält die Auslöseschwelle der Frontairbags. Es könnte folglich zum einen Unfälle beinhalten, in denen es zu keiner Airbagauslösung und damit zu erhöhten Verletzungen kam. Zum anderen könnte auch die Airbagauslösung selbst zu Verletzungen geführt haben, die das erhöhte empirische Verletzungsrisiko bei 30 km/h bedingen. Die breiten empirischen Konfidenzintervalle bei 60 bzw. 70 km/h sind auch hier auf die geringen Fallzahlen $n = 10$ bzw. $n = 5$ zurückzuführen.

Für polytraumatische Verletzungen der Schwere ISSx > 5,0, die einem ISS von ungefähr größer 16 entsprechen, wird das Verletzungsrisiko in schrägen Frontalkollisionen durch

$$P_{ISSx>5,0}(\Delta v) = \frac{1}{1 + \exp(8{,}208 - 0{,}111\Delta v)} \tag{4.15}$$

beschrieben. Verletzungen dieser Schwere, die eine Behandlung auf einer universitären Intensivstation erfordern, entsprechen auf der AIS-Skala dem Bereich MAIS4+ und beinhalten beispielsweise Rippenserienfrakturen mit mehr als fünf betroffenen Rippen [AAA08]. Der Verlauf dieser Verletzungsrisikofunktion ist in analoger Form zu den bisher gezeigten Kurven aus Abbildung 4-14 ersichtlich.

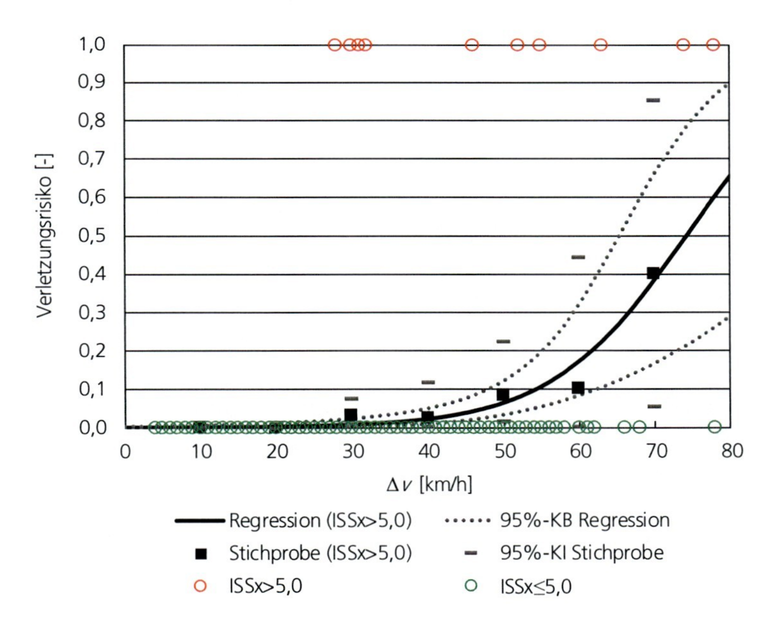

Abbildung 4-14: Verletzungsrisikofunktion für schräge Frontalkollisionen und **Verletzungen der Schwere ISSx> 5,0** auf Basis des imputierten Analysedatensatzes unter Verwendung von [Sch15]

Die breiten Clopper-Pearson-Intervalle bei 60 und 70 km/h resultieren auch hier aus den niedrigen Fallzahlen der Stichprobe in hohen Geschwindigkeitsregionen.

Abbildung 4-15 stellt die drei Risikofunktionen für die Verletzungsschweren ISSx > 1,0, ISSx > 2,5 und ISSx > 5,0 in schrägen Frontalkollisionen mit den jeweiligen 95%-Konfidenzbändern zusammenfassend dar.

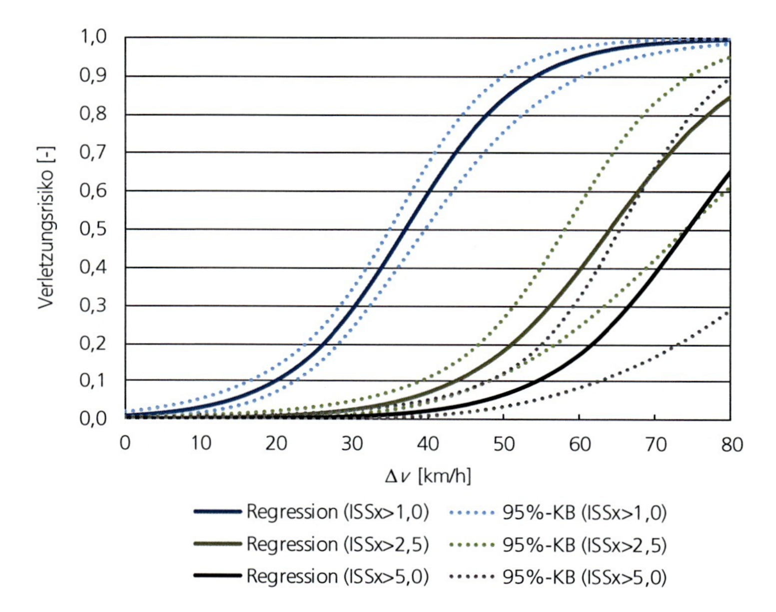

Abbildung 4-15: Verletzungsrisikofunktionen für schräge Frontalkollisionen und Verletzungen der Schwere ISSx > 1,0, ISSx > 2,5 und ISSx > 5,0 auf Basis des imputierten Analysedatensatzes unter Verwendung von [Sch15]

Der Vergleich zeigt zunächst, dass sich die Verletzungsrisikofunktion für ISSx > 1,0 signifikant von den beiden für höhere Verletzungsschweren unterscheidet. Die niedrigen Fallzahlen im Analysedatensatz führen dazu, dass sich die Kurven für schwere und polytraumatische Verletzungen insbesondere in hohen Geschwindigkeitsbereichen nicht mehr signifikant voneinander unterscheiden lassen.

Die technischen Unfallschweren, die mit einer Wahrscheinlichkeit zu Verletzungen der jeweiligen medizinischen Unfallschwere führen, sind in Tabelle 4-2 für drei Risikoniveaus aufgeführt. Durch die Verwendung der metrischen Verletzungsskala ISSx lassen sich die Verletzungsgrade in Abhängigkeit der Geschwindigkeitsdifferenzen ins Verhältnis setzen. So resultiert eine Verdopplung der technischen Unfallschwere von 37 auf

74 km/h für ein Verletzungsrisiko von 0,5 in einer fünffach schwerwiegenderen medizinischen Unfallschwere. Zusätzlich wird ersichtlich, dass für die dargestellten Risikoniveaus nur relativ moderat höhere technische Unfallschweren von 10 km/h zu einer Verdopplung des Verletzungsgrads von ISSx > 2,5 auf ISSx > 5,0 führen. Insbesondere in den Geschwindigkeitsbereichen oberhalb von 50 km/h können folglich durch Sicherheitssysteme, die zu einer relativ geringen Reduktion der technischen Unfallschwere führen, erhebliche Potenziale der Unfallfolgenreduktion in schrägen Frontalkollisionen ausgewiesen werden.

Tabelle 4-2: Vergleich der technischen Unfallschwere bei drei Niveaus des Verletzungsrisikos in Abhängigkeit der medizinischen Unfallschwere bei schrägen Frontalkollisionen unter Verwendung von [Sch15]

	Verletzungs-risiko [-]	Medizinische Unfallschwere		
		ISSx> 1	ISSx> 2,5	ISSx> 5
Technische Unfallschwere Δv [km/h]	0,25	28	54	64
	0,5	37	64	74
	0,75	46	74	84[a]

[a] extrapolierter Wert außerhalb des Wertebereichs der Stichprobe

Die dargestellten Verletzungsrisikofunktionen repräsentieren Zusammenhänge, die unter Berücksichtigung der gesamten Stichprobe abgeleitet werden. Hinsichtlich ausgewählter Kontrollvariablen, wie dem Alter der verunfallten Insassen, lassen sich auf Basis des imputierten Analysedatensatzes zusätzliche Untersuchungen anstellen, auf die im folgenden Unterkapitel 4.2.2 näher eingegangen wird.

4.2.2 Verletzungsrisiko unter Berücksichtigung ausgewählter Kontrollvariablen

Zur Untersuchung des Verletzungsrisikos unter Berücksichtigung ausgewählter Kontrollvariablen, wie beispielsweise des Insassenalters, wird der imputierte Analysedatensatz in entsprechende Untergruppen aufgeteilt, für die einzelne Verletzungsrisikofunktionen in Analogie zu der in Unterkapitel 4.2.1 beschriebenen Vorgehensweise erstellt werden. Die Erweiterung um unverletzte Personen im unteren Geschwindigkeitsbereich erfolgt in den Untergruppen anhand des jeweiligen Anteils der betrachteten Untergruppe am gesamten Analysedatensatz. Dies bedeutet, dass die

Anzahl zu ergänzender unverletzter Personen gemäß dem Exponentialansatz nach Gleichung (4.2) mit dem jeweiligen Anteil der Untergruppe am gesamten Analysedatensatz multipliziert wird. Somit ließe sich auch aus den Untergruppen durch eine Zusammensetzung der Einzelstichproben wieder auf den imputierten Analysedatensatz mit korrekter Anzahl unverletzter Personen schließen.

Betrachtet wird zunächst das Verletzungsrisiko in Abhängigkeit des Insassenalters für drei auf Basis biomechanischer Belastungsgrenzen gewählte Untergruppen. In Anlehnung an Arbogast wird für Kinder die Altersspanne von drei bis 15 Jahren definiert [Arb05]. Für die Untergruppe der Alten wird der Bereich 60 Jahre und älter in Übereinstimmung mit Levine [Lev13] gewählt. Dazwischen bilden Personen zwischen 16 und 59 Jahren die größte Untergruppe des Analysedatensatzes. Aufgrund von lediglich acht Personen unter 16 Jahren im Analysedatensatz kann für die Untergruppe der Kinder keine Verletzungsrisikofunktion erstellt werden. Für die beiden Gruppen 16 bis 59 und 60+ ist das Risiko für Verletzungen der Schwere ISSx > 1,0 Abbildung 4-16 zu entnehmen. Die Einzelkurven für die beiden Untergruppen sind im Anhang in den Abbildungen 10-6 (16 bis 59) und 10-7 (60+) dargestellt.

Aus der Darstellung wird ersichtlich, dass die Untergruppe der Alten bei identischer technischer Unfallschwere im Mittel einem höheren Verletzungsrisiko unterliegt als die der 16- bis 59-Jährigen. Beispielsweise liegt das Risiko in schrägen Frontalkollisionen eine Verletzung der Schwere ISSx > 1,0 davonzutragen für die Gruppe der 16- bis 59-Jährigen bei einer Geschwindigkeitsdifferenz von 30 km/h im Mittel bei 0,23. Demgegenüber ist für die Gruppe der Alten bei identischer technischer Unfallschwere das Risiko im Mittel 0,41 und damit beinahe doppelt so hoch. Die Kurven unterscheiden sich nur im Geschwindigkeitsbereich zwischen 19 und 37 km/h signifikant voneinander. Sowohl in den Regionen darunter als auch darüber überschneiden sich die dargestellten 95%-Konfidenzbänder. Aufgrund der relativ geringen Größe der Stichprobe 60+ ($n = 85$) werden lediglich 18 % der Gesamtanzahl an Unverletzten gemäß dem Exponentialansatz ergänzt. Durch diese vergleichsweise schwache Gewichtung der Kurve mit Unverletzten in niedrigen Geschwindigkeitsregionen nähert sich die Kurve für 0 km/h nicht in gleichem Maße wie die größere Untergruppe der 16- bis 59-Jährigen dem physikalisch plausiblen Risiko von null an.

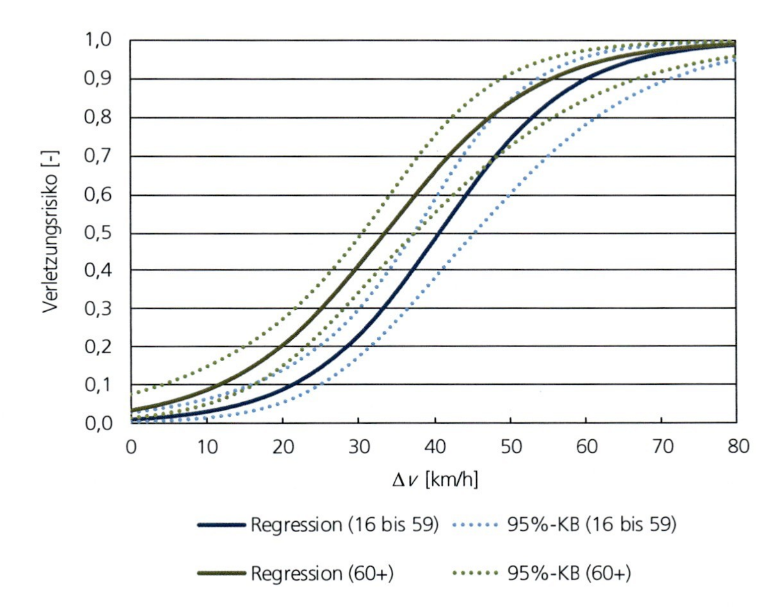

Abbildung 4-16: Verletzungsrisikofunktionen für Insassen der Altersklassen von 16 bis 59 Jahren und 60 Jahre und älter für schräge Frontalkollisionen und **Verletzungen der Schwere ISSx>1,0** auf Basis des imputierten Analysedatensatzes

Die Risikofunktionen der beiden betrachteten Altersgruppen für Verletzungen der Schwere ISSx>2,5 sind in Abbildung 4-17 dargestellt. Die Einzelkurven dazu finden sich in den Abbildungen 10-8 (16 bis 59) und 10-9 (60+) im Anhang.

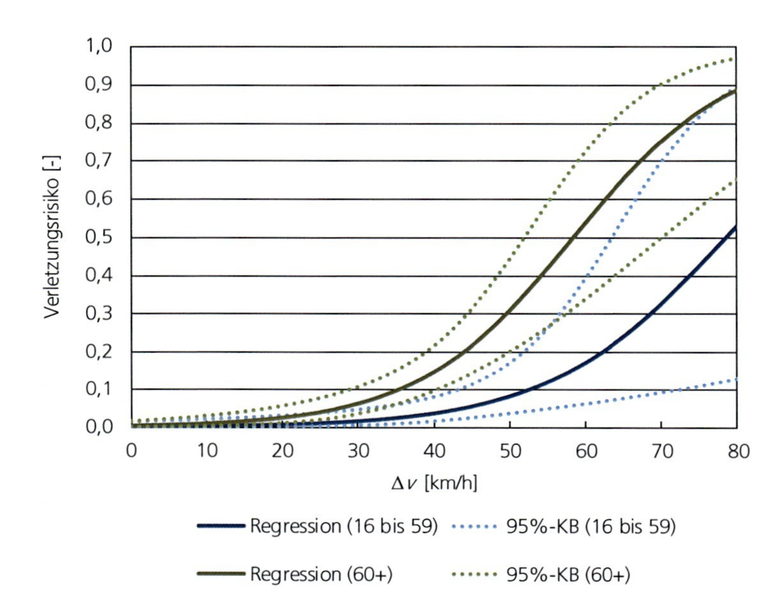

Abbildung 4-17: Verletzungsrisikofunktionen für Insassen der Altersklassen von 16 bis 59 Jahren und 60 Jahre und älter für schräge Frontalkollisionen und **Verletzungen der Schwere ISSx>2,5** auf Basis des imputierten Analysedatensatzes

Wie bereits für Verletzungen der Schwere ISSx > 1,0 zeigt sich ein im Mittel erhöhtes Risiko für die Altersklasse 60 Jahre und älter gegenüber Insassen zwischen 16 und 59 Jahren. Der Bereich, in dem sich die Kurven signifikant voneinander unterscheiden, liegt hier zwischen 36 und 56 km/h. Das Risiko einer Verletzung der Schwere ISSx > 2,5 liegt in schrägen Frontalkollisionen für die 16- bis 59-Jährigen bei $\Delta v = 50$ km/h im Mittel bei 0,08, während sich für Alte hier im Mittel ein Risiko von 0,31 ergibt.

Die dargestellten Verletzungsrisikofunktionen unter Berücksichtigung des Insassenalters weisen insbesondere in Geschwindigkeitsregionen oberhalb von ca. 40 km/h ein hohes Potenzial zur Reduktion schwerer Verletzungen (ISSx > 2,5) bei älteren Fahrzeuginsassen durch Sicherheitssysteme aus, die die technische Unfallschwere herabsetzen. So ließe sich beispielsweise durch eine vergleichsweise geringe Reduktion der Geschwindigkeitsdifferenz von 60 auf 55 km/h unter Betrachtung der grünen Verletzungsrisikofunktion in Abbildung 4-17 das Risiko schwerer Verletzungen bei Personen der Altersklasse 60 Jahre und älter um 12 % von 0,54 auf 0,42 reduzieren. Auch passive Maßnahmen, wie z. B. ein adaptives Gurtsystem, könnten dazu beitragen, dass eine Angleichung des Unfallrisikos für jüngere und ältere Insassen erreicht wird.

Es ist zu beachten, dass bei der Aufteilung des Analysedatensatzes nach dem Insassenalter das gewählte logistische Modell mit seinem charakteristischen s-förmigen Verlauf die realen Zusammenhänge nicht mehr adäquat wiedergeben könnte (vgl. [Nie16]). Insbesondere für alte Insassen könnte ein exponentielles Modell dem Umstand Rechnung tragen, dass ab einer kritischen technischen Unfallschwere das Letalitätsrisiko den konstanten Wert eins annimmt. Auch die Art der Verletzungen kann sich zwischen jüngeren und älteren Insassen unterscheiden. Hinzu kommt, dass die Untergruppen bei einer Aufteilung des Analysedatensatzes immer kleiner werden und die statistische Aussagekraft damit sinkt.

Ein weiterer Aspekt, der im Rahmen der Auswertung betrachtet wird, ist das Verletzungsrisiko von Insassen auf der stoßzugewandten bzw. stoßabgewandten Fahrzeugseite. Im Anhang sind die einzelnen Verletzungsrisikofunktionen für die stoßzugewandte bzw. stoßabgewandte Seite für Verletzungen der Schwere ISSx > 1,0 (Abbildungen 10-10 und 10-11) und ISSx > 2,5 (Abbildungen 10-13 und 10-14) enthalten. Der Vergleich des Risikos zeigt für beide betrachteten Verletzungsschweren, dass kein signifikanter Unterschied zwischen stoßabgewandter und stoßzugewandter Seite festgestellt werden kann (vgl. Abbildungen 10-12 und 10-15). Auf Basis der betrachteten empirischen Daten ergibt sich sowohl für ISSx > 1,0 als auch ISSx > 2,5 ab ca. 10 bzw. 40 km/h die Tendenz eines erhöhten Risikos auf der stoßabgewandten Seite, die jedoch nicht statistisch signifikant ist. Hier könnte eine Einzelfallanalyse weitere Rückschlüsse über die zugrunde liegenden Verletzungsmechanismen und die möglichen Unterschiede der verletzten Körperregionen in Abhängigkeit der Aufprallseite liefern.

In Unterkapitel 4.1.3 wird gezeigt, dass im Analysedatensatz Kollisionen aus den VDI1-Richtungen 1 und 11 Uhr im Median mit höheren Geschwindigkeitsdifferenzen verbunden sind als Kollisionen aus 2 und 10 Uhr. Die Aufteilung des Analysedatensatzes nach Stoßrichtungen ermöglicht die Überprüfung, ob aus den im Median höheren Geschwindigkeitsdifferenzen bei Kollisionen aus 1 und 11 Uhr auch ein erhöhtes Verletzungsrisiko resultiert. Die Verletzungsrisikofunktionen für die VDI1-Richtungen 1 und 11 Uhr sind für die Verletzungsschweren ISSx>1,0 (Abbildung 10-16), ISSx>2,5 (Abbildung 10-17) und ISSx>5,0 (Abbildung 10-18) dem Anhang zu entnehmen. Aufgrund der geringeren Fallzahlen liegt für die VDI1-Richtungen 2 und 10 Uhr lediglich eine Risikofunktion für die Verletzungsschwere ISSx>1,0 vor, die in Abbildung 10-19 im Anhang dargestellt ist. Aus dem Vergleich des Risikos für Verletzungen der Schwere ISSx>1,0 geht hervor, dass zwischen den Stoßrichtungen aus 1 und 11 Uhr bzw. 2 und 10 Uhr kein signifikanter Unterschied festzustellen ist. Entgegen der Erwartung kann jedoch bis ca. 50 km/h eine Tendenz für eine erhöhtes Verletzungsrisiko für Kollisionen aus 2 und 10 Uhr erkannt werden (vgl. Abbildung 10-20). Dies könnte daran liegen, dass diese Unfälle eine größere laterale Komponente aufweisen als Anstöße aus 1 und 11 Uhr und somit stärkere Ähnlichkeiten zu Seitenkollisionen aufweisen.

Zusätzlich zu der Betrachtung unter Berücksichtigung ausgewählter Kontrollvariablen wird im folgenden Unterkapitel 4.2.3 das Verletzungsrisikos des schrägen Frontalaufpralls gegenüber Frontalkollisionen im Allgemeinen eingeordnet.

4.2.3 Einordnung gegenüber dem Verletzungsrisiko in Frontalkollisionen im Allgemeinen

Wie bereits in Abschnitt 1.2.1.2 aufgeführt, untersuchen Stigson, Kullgren und Rosén das Verletzungsrisiko in Frontalkollisionen auf Basis von Felddaten aus dem schwedischen Unfallgeschehen. Die technische Unfallschwere wird hierbei mit Beschleunigungsaufnehmern ermittelt, mit denen in Schweden seit dem Jahr 1992 rund 275.000 Fahrzeuge ausgestattet wurden. Diese erlauben eine Berechnung der vektoriellen Geschwindigkeitsdifferenz in Folge der Kollision auf Basis des aufgenommenen Beschleunigungsverlaufs. Berücksichtigt werden Kollisionen in einem Winkelbereich von $\pm 30°$ zum geraden Frontalaufprall, die Reparaturkosten von über 5000 € für die Jahre 1995 bis 2007 und über 7000 € ab 2007 nach sich zogen. Die im Folgenden als Frontalkollisionen im Allgemeinen bezeichneten Unfallkonstellationen schließen folglich schräge Frontalkollisionen nach den in Unterkapitel 4.1.1 aufgeführten Filterkriterien ein. Analog zu der im Rahmen dieser Arbeit durchgeführten Selektion, berücksichtigen Stigson et al. angeschnallte Insassen in der ersten Sitzreihe. Im Unterschied zu den in dieser Arbeit angewandten Filtern werden jedoch nur Fahrzeuge betrachtet, die mit Airbags ausgestattet sind. Zusätzlich werden neben Kollisionen mit zwei beteiligten Fahrzeugen auch Einzelunfälle eingeschlossen. Auf Basis dieser Kriterien ergibt sich ein Analysedatensatz von 489 Insassen aus Unfällen der Jahre 1993 bis 2011. [Sti12]

Abbildung 4-18 vergleicht das Verletzungsrisiko in schrägen Frontalkollisionen mit jenem in Frontalkollisionen im Allgemeinen für eine Verletzungsschwere von ISSx>1,0, die weitestgehend der in [Sti12] betrachteten Verletzungsschwere von MAIS2+ entspricht.

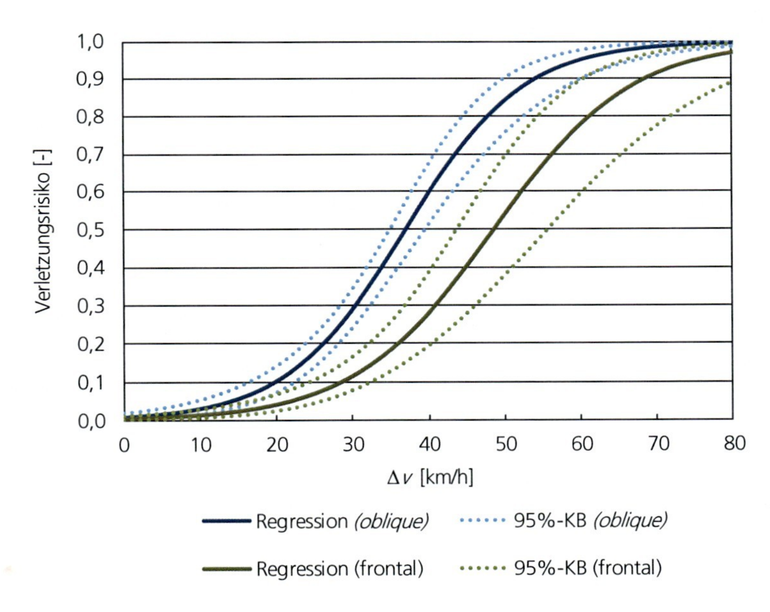

Abbildung 4-18: Verletzungsrisikofunktionen für Insassen in schrägen Frontalkollisionen *(oblique)* im Vergleich zu Frontalkollisionen im Allgemeinen (frontal) für Verletzungen der Schwere ISSx > 1,0 unter Verwendung von [Sti12, Sch15]

Die Kurven unterscheiden sich unter Betrachtung der 95%-Konfidenzbänder über einen weiten Geschwindigkeitsbereich von 20 bis 60 km/h signifikant voneinander. Das Verletzungsrisiko ist für die dargestellte Unfallschwere in schrägen Frontalkollisionen bei identischer technischer Unfallschwere höher als in Frontalkollisionen im Allgemeinen. Die breiteren Konfidenzbänder für Frontalkollisionen im Allgemeinen sind auf die vergleichsweise geringe Anzahl von 52 Verletzten in [Sti12] gegenüber 199 verletzten Personen im Analysedatensatz für schräge Frontalkollisionen zurückzuführen. Tabelle 4-3 stellt die technischen Unfallschweren in Abhängigkeit des Risikos von Verletzungen der Schwere ISSx > 1,0 bei drei Risikoniveaus vergleichend dar.

Tabelle 4-3: Vergleich der technischen Unfallschwere bei drei Niveaus des Risikos für Verletzungen der Schwere ISSx > 1,0 in schrägen Frontalkollisionen *(oblique)* und Frontalkollisionen im Allgemeinen (frontal) unter Verwendung von [Sti12, Sch15]

	Verletzungsrisiko [-]	**Kollisionstyp**	
		Oblique	**Frontal**
Technische Unfallschwere Δv [km/h]	0,25	28	39
	0,5	37	49
	0,75	46	59

Fahrzeuginsassen der ersten Sitzreihe erleiden demnach in schrägen Frontalkollisionen bereits bei einer Geschwindigkeitsdifferenz von 37 km/h mit einer Wahrscheinlichkeit von 50 % Verletzungen der Schwere ISSx > 1,0, während diese in Frontalkollisionen im Allgemeinen bei identischer Verletzungswahrscheinlichkeit erst ab 49 km/h auftreten. Die untersuchten Unfallkonstellationen können folglich als besonders schwerwiegende Untergruppe innerhalb frontaler Kollisionen aufgefasst werden. Ein besonders hohes Potenzial der Unfallfolgenreduktion in schrägen Frontalkollisionen kann für die betrachtete Verletzungsschwere im Geschwindigkeitsbereich zwischen ca. 30 und 50 km/h ausgewiesen werden.

5 Virtuelle Robustheitsanalyse crashbelasteter Fahrzeugstrukturen

Zur Berücksichtigung von Streueinflüssen aus den Bereichen Fahrzeug und Versuch (vgl. Teilkapitel 3.1) werden stochastische Struktursimulationen gemäß der in Unterkapitel 2.4.2 beschriebenen Methodik durchgeführt. Hierbei können sowohl Störgrößen (Robustheit Typ I), wie z. B. Versuchsstreuungen, als auch Entwurfsvariablen (Robustheit Typ II), wie z. B. Wanddicken, probabilistisch abgebildet werden. Die Entscheidung, welche Parameter als Entwurfsvariablen definiert werden, muss im Kontext der jeweiligen Problemstellung individuell getroffen werden [Dud07]. Aufgrund der identischen Abbildung in stochastischen Struktursimulationen werden im Folgenden Störgrößen und Entwurfsvariablen unter dem Begriff »Eingangsgröße« oder »Eingangsparameter« zusammengefasst.

Im Vorfeld der Beschreibung der durchgeführten Robustheitsanalysen wird in Teilkapitel 5.1 die Abbildung von Eingangsstreuungen thematisiert. Teilkapitel 5.2 stellt die Anwendung des Robustheitsindexes *RI* an zwei crashbelasteten Strukturen dar. Zum einen wird ein Längsträger, als eines der zentralen Bauteile im Lastpfad des Frontalaufpralls, in einem Stauchversuch unter Axialbelastung simuliert. Das zweite Beispiel verdeutlicht anhand eines impaktbelasteten T-Stoßes den Einfluss von Streuungen in der Verbindungstechnik auf die sich im Deformationsverhalten ergebenden Bifurkationen. Der Einfluss unterschiedlicher Streuparameterarten und Streubreiten auf das Ergebnis der stochastischen Struktursimulation wird anhand eines Fahrzeugabschnittsmodells, das einem teilüberdeckten Frontalaufprall in Anlehnung an Euro NCAP [Eur13] ausgesetzt wird, in Teilkapitel 5.3 dargestellt.

5.1 Abbildung von Eingangsstreuungen

Bei der Berücksichtigung von streuenden Eingangsgrößen in der Struktursimulation können zwei grundlegende Ziele unterschieden werden. Die Anpassung eines mathematischen Ersatzmodells an ein FE-Modell, die zu signifikanten Rechenzeiteinsparungen führen kann, stellt hierbei die erste Zielstellung dar und wird z. B. im Rahmen der numerischen Optimierung angewandt [Har08]. Da zur Anpassung eines Metamodells an ein FE-Modell eine möglichst gleichmäßige Abbildung des Eingangsparameterraums erforderlich ist [Dud07], können die Eingangsgrößen gleichverteilt gestreut werden. Im Gegensatz dazu wird für Robustheitsuntersuchungen, wie sie auch im Rahmen dieser Arbeit durchgeführt werden, die Empfindlichkeit des FE-Modells gegenüber streuenden Eingangsparametern untersucht. In den Untersuchungen von Golz [Gol14] und Roß [Roß15] zeigt sich, dass die Ergebnisverteilung und Ergebnisstreubreite hierbei von der gewählten Eingangsverteilung abhängen. Die Annahme gleichverteilter Eingangsparameter führt dabei zu einer tendenziell größeren Ergebnisstreuung als normalverteilte Eingangsparameter und ist daher für eine konservative Abschätzung der Ergebnisvariation anzuwenden [Gol14, Roß15]. Zur Erfüllung der in Unterkapitel 3.1.2 formulierten Zielsetzung einer hohen Prognosegüte virtueller Robustheitsuntersuchungen hinsichtlich realer Sicherheitsversuche wird hingegen eine möglichst realitätsgetreue Abbildung der Verteilungen der berücksichtigten Eingangsgrößen angestrebt. Im Folgenden werden daher zunächst die berücksichtigten Eingangsparameter beschrieben (Unterkapitel 5.1.1) und im Weiteren deren Verteilung anhand realer Messdaten überprüft (Unterkapitel 5.1.2).

5.1.1 Eingangsparameter aus den Bereichen Fahrzeug und Versuch

Eingangsstreuungen aus dem Bereich Fahrzeug werden in die Streuparameterarten Wanddicke, Material, Verbindungstechnik und Montagetoleranz unterteilt. Die aufgeführten Streubreiten reflektieren die in der Realität möglichen Abweichungen von der jeweiligen Nominallage. Die tatsächlich auftretenden Streuungen in einem eingefahrenen Fertigungsprozess können zwar u. U. kleiner sein. Im Hinblick der Zielstellung einer möglichst vollständigen Abbildung des Ergebnisparameterraums werden allerdings im Rahmen dieser Arbeit die Streubreiten durch die möglichen Abweichungen zur Nominallage gemäß der jeweiligen Vorgabe, wie z. B. einer Normschrift, berücksichtigt.

Tabelle 5-1 beinhaltet die Streubreiten der Parameterart Wanddicke. Aufgeführt sind nur diejenigen Werkstoffe, Bauweisen und Wanddicken, die in Robustheitsuntersuchungen im Rahmen dieser Arbeit verwendet werden. Es ist zu beachten, dass in der Normung Toleranzen in Abhängigkeit der Bauteilgröße angegeben werden [DIN08a, DIN08b]. Dementsprechend finden sich teilweise mehrere Angaben zu Streubreiten für eine Wanddicke.

Tabelle 5-1: Streubreiten der Parameterart Wanddicke

Werkstoff	Bauweise	Wanddicke [mm]	Streubreite [mm]	Quelle
Al-Legierung	Druckguss	≤10	±0,75 mm[a]	[DIN08b]
			±1 mm[a]	
	Strangpress-profil	≤2	±0,2 mm[a]	[DIN08a]
			±0,3 mm[a]	
		>2...3	±0,25 mm[a]	
			±0,4 mm[a]	
St-Legierung	Blech	≤2	±0,13 mm	[DIN11]

[a] abhängig von der Bauteilgröße

Die Streubreiten der Parameterart Material sind in Tabelle 5-2 dargestellt.

Tabelle 5-2: Streubreiten der Parameterart Material

Werkstoff	Bauweise	Streubreite [%]		Quelle
		0,2%-Dehngrenze	Bruchdehnung	
Al-Legierung	Druckguss	±10	±30	[PAG13]
	Strangpress-profil	±10	-	[PAG15a]

Zur Variation der Festigkeitseigenschaften werden lediglich Streubereiche der 0,2 %-Dehngrenze definiert. Die sich jeweils aus diesem Streubereich ergebende Abweichung vom Nominalwert wird im Rahmen der Robustheitsuntersuchung ebenfalls zur Streuung der Zugfestigkeit verwendet [PAG13, PAG15a]. Es ergibt sich folglich eine Verschiebung der Spannungs-Dehnungs-Kurve um einen über den gesamten Dehnungsbereich konstanten Spannungswert nach oben oder unten. Diese Annahme kann durch die Auswertung realer Messwerte der Festigkeitseigenschaften von Aluminiumstrangpressprofilen, die in den im Rahmen dieser Arbeit untersuchten Strukturen vorrangig verwendet werden, bestätigt werden [Lüh15]. Es ist zu berücksichtigen, dass eine solche Verschiebung der Spannungs-Dehnungskurve für große Quotienten aus Zugfestigkeit und 0,2%-Dehngrenze, wie z. B. für hochfeste Stähle, u. U. die realen Verhältnisse weniger akkurat widerspiegelt als für die untersuchten Aluminiumlegierungen und daher angepasst werden müsste. Für Bauteile aus Aluminiumdruckguss wird zusätzlich die Bruchdehnung variiert [PAG13]. Da die in den FE-Simulationen im Rahmen dieser Arbeit vorrangig axial belasteten Strangpressprofile numerisch ohne Versagenskriterium abgebildet werden, erfolgt für diese Bauteile keine Streuung der Bruchdehnung.

Tabelle 5-3 enthält die Streubreiten der Parameterart Verbindungstechnik. Es wird davon ausgegangen, dass die in den FE-Modellen, die im Rahmen dieser Arbeit verwendet werden, angenommene nominelle Kopf- bzw. Scherzugfestigkeit eine Fügebedingung darstellt, die dem Optimum sehr nahe kommt [PAG15a, PAG15b]. Der reale Mittelwert hingegen befindet sich unterhalb dieser idealen Verbindungsfestigkeit [PAG15b]. Dementsprechend sind die Streubreiten der Verbindungsfestigkeit nur in die negative Richtung angegeben. Die Position der punktförmigen Verbindungstechnik wird durch ein lokales Koordinatensystem in der Flanschebene des jeweiligen Fügepunkts gestreut [Boh16], weshalb auf die Angabe globaler Raumrichtungen verzichtet wird.

Tabelle 5-3: Streubreiten der Parameterart Verbindungstechnik

Art der Verbindungstechnik	**Streubreite**		**Quelle**
	Kopf- und Scherzugfestigkeit [%]	Position [mm]	
Halbhohlstanzniet	-30	±3	[PAG15a, PAG15b]
Fließlochformende Schraube	-30	±3	
Strukturklebstoff	-40	-	[PAG15a]

Die zur Abbildung von Montagetoleranzen zu berücksichtigenden Streubreiten sind in Tabelle 5-4 aufgeführt. Für die im Rahmen dieser Arbeit durchgeführten Crashberechnungen betrifft dies die Montage des Crash-Management-Systems sowie des *Lower Stiffener* an die Vorderwagenstruktur der Karosserie.

Tabelle 5-4: Streubreiten der Parameterart Montagetoleranz

Montageumfang	**Streubreite [mm]** *y*- und *z*-Position	**Quelle**
Crash-Management-System, Karosserie	±3	[PAG09]
Lower Stiffener, Karosserie	±3	

Die streuenden Eingangsgrößen aus dem Bereich Versuch sind für den Lastfall des teilüberdeckten Frontalaufpralls nach Euro NCAP [Eur13] bzw. der gesetzlichen Anforderung ECE R94 [UN 13] in Tabelle 5-5 aufgelistet.

Analog zu den Streuparametern aus dem Bereich Fahrzeug werden in dieser Arbeit die möglichen Abweichungen laut Vorgabe berücksichtigt und nicht die tatsächlichen Streuungen im Crashversuch, die u. U. kleiner ausfallen könnten.

Tabelle 5-5: Streubreiten der Parameterart Versuch

Parameter	Streubreite	Quelle
Geschwindigkeit [km/h]	±1	[Eur13, UN 13]
Horizontale Überdeckung [mm]	±20	
Vertikale Fahrzeugposition [mm]	±25	
Vertikale Barrierenposition [mm]	±5	
Barrierenwinkel *y*-Achse	±1°	
Barrierenwinkel *z*-Achse	±1°	

Die aufgeführten Parameter der Arten Wanddicke, Material, Verbindungstechnik, Montagetoleranz und Versuch bilden wesentliche Streueinflüsse im Zusammenhang mit Crashversuchen ab. Die Liste ist jedoch keineswegs vollständig. Beispielsweise werden Streueinflüsse, die sich aus der Interaktion zwischen Fahrzeug und Fahrbahn bzw. Fahrzeug und Barriere ergeben, nicht berücksichtigt. Weiterhin werden Streuungen der Umgebungseinflüsse, wie Temperatur, Luftdruck und Luftfeuchtigkeit, nicht abgebildet. Es wird angenommen, dass die Eigenschaften der ausschließlich metallischen Werkstoffe in den verwendeten Modellen von den anzunehmenden Streuungen der Umgebungsbedingungen bei der Durchführung von Crashversuchen, wie z. B. Temperaturschwankungen zwischen -20 °C und +50 °C, weitestgehend unbeeinflusst bleiben. Für Strukturen aus Kunststoff oder Faserkunststoffverbunden müsste der Temperatur- und Feuchtigkeitseinfluss u. U. jedoch berücksichtigt werden. Streuungen in den Umgebungseinflüssen während der Fertigung, insbesondere beim Fügen mit Klebstoff, können durch die in Tabelle 5-3 angegebenen Streuungen der Verbindungsfestigkeit hingegen abgebildet werden.

Zur Berücksichtigung der aufgeführten Eingangsparameter gemäß den definierten Streubreiten müssen adäquate Verteilungsfunktionen definiert werden. Für die Versuchsstreuungen wird die Gleichverteilung gewählt, da für eine Absicherung aller real zulässigen Versuchstoleranzen jedem Punkt innerhalb der definierten Toleranzbänder dieselbe Wahrscheinlichkeit zugewiesen werden sollte. Auch wenn sich in der Realität für die Versuchsstreuungen eine Normalverteilung einstellen sollte, muss virtuell gewährleistet werden, dass auch relativ unwahrscheinliche Randbereiche der Toleranz nicht zu unzulässigen Versuchsergebnissen führen. Für die übrigen Streuparameterarten hingegen sollten die zugewiesenen Verteilungen möglichst die realen Verhältnisse wiedergeben.

5.1.2 Überprüfung der Annahme normalverteilter Eingangsparameter

Im Folgenden werden die Verteilungen ausgewählter Streuparameter anhand realer Messdaten überprüft. Gemäß dem zentralen Grenzwertsatz und basierend auf einer grafischen Vorauswertung wird für die untersuchten Streuparameter eine normalverteilte Grundgesamtheit angenommen. Unter Verwendung von Messdaten der Qualitätsüberwachung der Constellium Extrusions Deutschland GmbH wird die angenommene Normalverteilung für die Eingangsparameter Wanddicke, 0,2%-Dehngrenze und Zugfestigkeit durch statistische Anpassungstests überprüft. Es stehen Auswertungen der Kalenderjahre 2014 und 2015 zu drei Aluminiumstrangpressprofilen (EN AW-6106 T7) zur Verfügung, die in der Karosserie eines Serienfahrzeugs eingesetzt werden. Untersucht werden Strangpressprofile mit ein, zwei und drei Kammern, deren Wanddicken zwischen 2 und 4 mm liegen. Die Querschnitte und Einbauorte der drei Profile sind aus Abbildung 5-1 ersichtlich. Insgesamt liegen 3404 Einzelwerte zu Wanddicken und 372 Einzelwerte zu Festigkeitseigenschaften vor. Die deutlich höhere Anzahl an Wanddickenwerten ist durch die kontinuierliche, zerstörungsfreie Möglichkeit der Wanddickenmessung im Gegensatz zur deutlich aufwendigeren, stichprobenartigen Ermittlung von Festigkeitskennwerten zu erklären. Die dargestellten Ergebnisse wurden im Rahmen von [Lüh15] erarbeitet.

Die Überprüfung auf Normalverteilung erfolgt mithilfe des in Abschnitt 2.4.3.3 beschriebenen S-W-Tests zum Signifikanzniveau $\alpha = 0{,}05$ bzw. dem korrespondierenden Konfidenzniveau $\gamma = 0{,}95$. Demnach sollte für die Annahme der Nullhypothese einer normalverteilten Grundgesamtheit für die sich aus dem S-W-Test ergebende Überschreitungswahrscheinlichkeit $p_{\mathrm{W}} > 0{,}05$ gelten. Zusätzlich werden zur grafischen Beurteilung jeweils die zugehörigen Histogramme und Quantil-Quantil-Diagramme (Q-Q-Diagramme) mit empirischer und hypothetischer Verteilung herangezogen.

Exemplarisch wird hier lediglich die Analyse von Strangpressprofil H dargestellt. Die Auswertungen der beiden anderen Strangpressprofile V und M sind den Abbildungen 10-23 bis 10-41 im Anhang zu entnehmen.

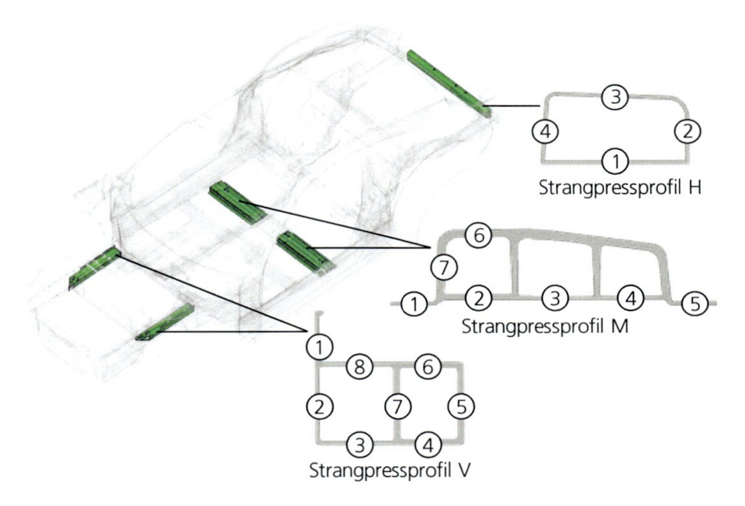

Abbildung 5-1: Hinsichtlich normalverteilter Wanddicken und Materialeigenschaften überprüfte Strangpressprofile aus dem Vorder- (V), Mittel- (M) und Hinterwagen (H) eines Serienfahrzeugs

Die Wanddicken von Strangpressprofil H werden einzeln auf Normalverteilung überprüft. Hinsichtlich der in Abbildung 5-2 dargestellten Wanddicke 1 ergibt sich aus dem S-W-Test eine Überschreitungswahrscheinlichkeit $p_W = 0{,}229$. Die Nullhypothese einer Normalverteilung wird zum gewählten 95%-Konfidenzniveau folglich nicht verworfen. Die Abbildung zeigt zusätzlich das zugehörige Histogramm sowie das Q-Q-Diagramm. Die Klassen und Quantile ergeben sich in Folge der Studentisierung der Einzelwerte der Stichprobe. Diese ermöglicht durch die Transformation der Realisationen auf einen empirischen Mittelwert $\mu = 0$ und eine empirische Standardabweichung $\sigma = 1$ die Vergleichbarkeit unterschiedlich verteilter Zufallsvariablen. Die höchste Klasse fasst jeweils alle oberhalb der letzten oberen Klassengrenze liegenden Werte zusammen (und größer, »u. g.«).

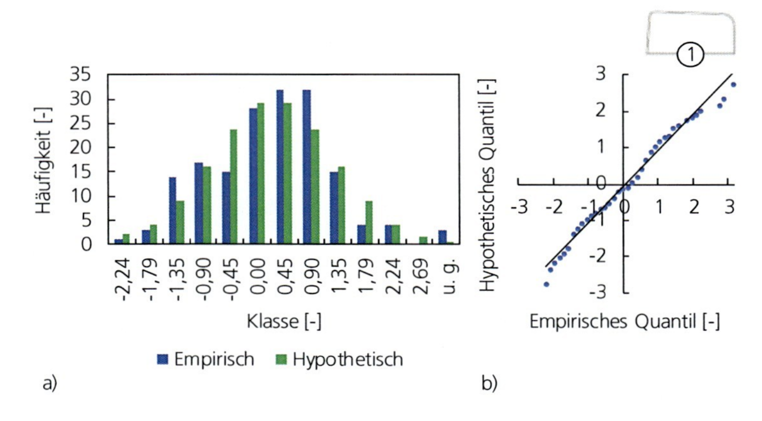

Abbildung 5-2: a) Histogramm und b) Q-Q-Diagramm der hypothetischen und empirischen Verteilung der **Wanddicke 1** in Strangpressprofil H (S-W-Test: $p_W = 0{,}229$) unter Verwendung von [Lüh15]

Das Histogramm verdeutlicht die Ähnlichkeit zwischen empirischer und hypothetischer Verteilung. Diese wird ebenfalls aus dem Q-Q-Diagramm ersichtlich. Bei vorliegender Normalverteilung sollten hier die hypothetischen, aufgetragen über den empirischen Quantilen, auf der Winkelhalbierenden des ersten bzw. dritten Quadranten liegen. Auch die Auswertung des oberen Stegs (Wanddicke 3) führt zu keiner Verwerfung der angenommenen Nullhypothese einer Normalverteilung ($p_W = 0{,}752$). Die grafische Auswertung dazu ist in Abbildung 10-21 im Anhang dargestellt.

Der Anpassungstest für die seitlichen Stege, Wanddicken 2 und 4, führt in beiden Fällen zu einer Ablehnung der Nullhypothese ($p_W = 0{,}005$ und $p_W = 0{,}000$). Abbildung 5-3 unterstreicht diesen Zusammenhang grafisch durch das Histogramm und das Q-Q-Diagramm für Wanddicke 2.

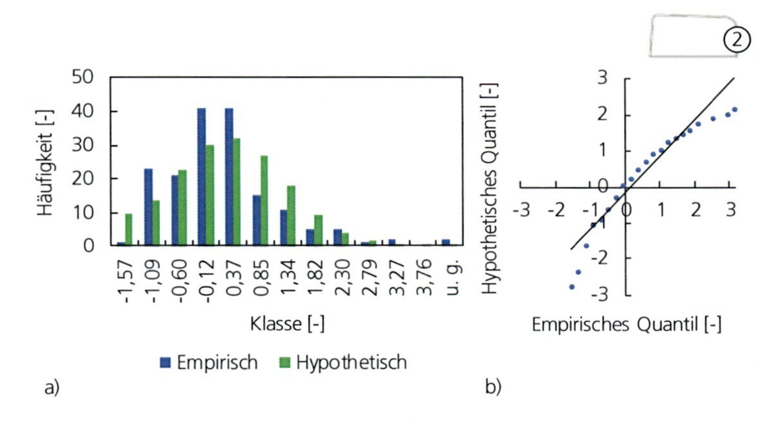

Abbildung 5-3: a) Histogramm und b) Q-Q-Diagramm der hypothetischen und empirischen Verteilung der **Wanddicke 2** in Strangpressprofil H (S-W-Test: $p_W = 0{,}000$) unter Verwendung von [Lüh15]

Die linkslastige Ausrichtung des Histogramms könnte darauf hindeuten, dass sich in Wahrheit weitere Einzelwerte links der dargestellten Verteilung befinden. Im Rahmen der Qualitätskontrolle könnten diese aufgrund zu geringer Wanddicke aussortiert worden sein. Diese Vermutung lässt sich bei Betrachtung der grafischen Auswertung des gegenüberliegenden seitlichen Stegs (Wanddicke 4) jedoch nicht bestätigen (vgl. Abbildung 10-22 im Anhang).

Tabelle 5-6 stellt das Ergebnis des S-W-Tests für die Wanddickenauswertung aller drei Strangpressprofile, die in Abbildung 5-1 abgebildet sind, zusammenfassend dar. In 11 der 19 überprüften Einzelwanddicken wird die Nullhypothese einer normalverteilten Grundgesamtheit zum Konfidenzniveau $\gamma = 0{,}95$ nicht verworfen. Für eine Reduktion des Signifikanzniveaus auf $\alpha = 0{,}01$ würde die Nullhypothese für zwei weitere Wanddicken bekräftigt werden. Die übrigen sechs Fälle, die zu einer Verwerfung der Nullhypothese führen, weisen sehr geringe p_W-Werte zwischen 0 und 0,005 auf.

Tabelle 5-6: Zusammenfassung des S-W-Tests zum Signifikanzniveau $\alpha = 0{,}05$ für die **Wanddicken** der Strangpressprofile V, M und H unter Verwendung von [Lüh15]

Wanddicke	V		M		H	
	p_W [-]	S-W-Test	p_W [-]	S-W-Test	p_W [-]	S-W-Test
1	0,567	✓	0,916	✓	0,229	✓
2	0,797	✓	0,483	✓	0,000	✗
3	0,059	✓	0,011	✗	0,752	✓
4	0,141	✓	0,939	✓	0,005	✗
5	0,034	✗	0,738	✓		
6	0,000	✗	0,003	✗		
7	0,004	✗	0,000	✗		
8	0,210	✓				

✓ Nullhypothese wird nicht verworfen, ✗ Nullhypothese wird verworfen

Wenngleich nicht für alle der untersuchten Einzelmerkmale die Annahme einer normalverteilten Grundgesamtheit bekräftigt werden kann, lässt sich unter Betrachtung der jeweiligen Histogramme keine der anderen üblichen Verteilungsarten, wie z. B. die Gleichverteilung oder die Lognormalverteilung, als mögliche Alternative identifizieren. Unter Hinzunahme der optischen Auswertung, die auch bei Ablehnung der Nullhypothese nach dem S-W-Test eine Ähnlichkeit der empirischen Verteilungen zur Normalverteilung erkennen lässt, werden die Streuungen der Wanddicken für die virtuellen Robustheitsanalysen in dieser Arbeit normalverteilt abgebildet.

Zur Überprüfung der realen Verteilungen der Materialeigenschaften in Strangpressprofil H werden die 0,2%-Dehngrenze sowie die Zugfestigkeit auf Normalverteilung geprüft. Auf Basis des S-W-Tests wird die Nullhypothese sowohl für die 0,2%-Dehngrenze ($p_W = 0{,}402$) als auch für die Zugfestigkeit ($p_W = 0{,}835$) zum Signifikanzniveau $\alpha = 0{,}05$ nicht abgelehnt. Die grafischen Auswertungen hierzu sind den Abbildungen 5-4 und 5-5 zu entnehmen. In beiden Fällen zeigen sowohl die Histogramme als auch die Q-Q-Diagramme eine starke Ähnlichkeit zwischen empirischer und hypothetischer Verteilung.

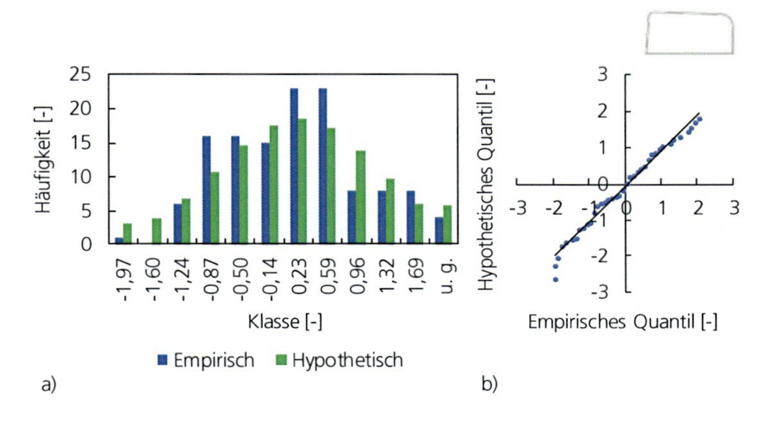

Abbildung 5-4: a) Histogramm und b) Q-Q-Diagramm der hypothetischen und empirischen Verteilung der **0,2%-Dehngrenze** in Strangpressprofil H (S-W-Test: $p_W = 0{,}402$) unter Verwendung von [Lüh15]

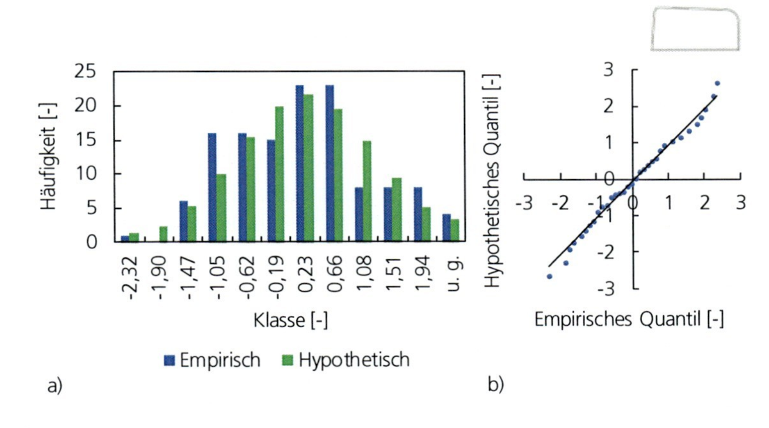

Abbildung 5-5: a) Histogramm und b) Q-Q-Diagramm der hypothetischen und empirischen Verteilung der **Zugfestigkeit** in Strangpressprofil H (S-W-Test: $p_W = 0{,}835$) unter Verwendung von [Lüh15]

Eine zusammenfassende Darstellung der Auswertung der Festigkeitseigenschaften aller drei betrachteten Strangpressprofile ist Tabelle 5-7 zu entnehmen.

Tabelle 5-7: Zusammenfassung des S-W-Tests zum Signifikanzniveau $\alpha = 0{,}05$ für die **Festigkeitseigenschaften** der Strangpressprofile V, M und H unter Verwendung von [Lüh15]

Merkmal	V		M		H	
	p_W [-]	S-W-Test	p_W [-]	S-W-Test	p_W [-]	S-W-Test
0,2 %-Dehngrenze	0,651	✓	0,206	✓	0,402	✓
Zugfestigkeit	0,860	✓	0,063	✓	0,835	✓

✓ Nullhypothese wird nicht verworfen

Die Nullhypothese gleichverteilter Grundgesamtheiten wird sowohl für die 0,2 %-Dehngrenze als auch für die Zugfestigkeit für alle drei Profile bekräftigt. Demnach werden auch die Festigkeitseigenschaften für die stochastischen Struktursimulationen in dieser Arbeit normalverteilt abgebildet.

Bei der Überprüfung der Annahme normalverteilter Eingangsparameter werden Strangpressprofile betrachtet, da diese in den im Rahmen dieser Arbeit untersuchten Strukturen verstärkt zum Einsatz kommen. Für die übrigen vorkommenden Bauweisen wird für die Wanddickenverteilungen sowie für die Verteilung der Festigkeitseigenschaften ebenfalls die Normalverteilung gewählt [PAG15a]. In Ergänzung zu den dargestellten Merkmalen zeigt Lühe, dass auch die Bruchdehnung in den drei untersuchten Strangpressprofilen zu keiner Ablehnung der angenommenen Nullhypothese einer Normalverteilung führt [Lüh15]. Diese Annahme wird für die Streuung der Bruchdehnung in Aluminiumdruckgussbauteilen übernommen [PAG15a].

Die Streuungen der beiden übrigen Parameterarten der Verbindungstechnik und der Montagetoleranz werden in Ermangelung an Daten aus der industriellen Produktion unter Berücksichtigung von Laborversuchen [PAG15b] ebenfalls normalverteilt angenommen [PAG15a].

5.2 Anwendung der Robustheitskennzahl auf crashbelastete Strukturen

In Ergänzung zu den aus dem Stand der Wissenschaft bekannten Methoden zur Auswertung von stochastischen Struktursimulationen wird in dieser Arbeit der Robustheitsindex *RI* als skalare, übergeordnete Bewertungsgröße der Systemeigenschaft Robustheit eingeführt (vgl. Teilkapitel 3.2). Im Folgenden werden anhand eines axial belasteten Längsträgers sowie eines lateral belasteten T-Stoßes zwei Anwendungsbeispiele von *RI* vorgestellt.

5.2.1 Axial belasteter Längsträger

Als zentrale, energieabsorbierende Elemente im Vorderwagen eines Pkw werden die Längsträger im Frontalaufprall vor allem axial belastet. Im folgenden Beispiel wird ein Stauchversuch an einem Hauptlängsträger simuliert, der die Beanspruchung in einem Frontalaufprall abbilden soll. Der Inhalt der Abschnitte 5.2.1.1 und 5.2.1.2 wurde in [And15b] vorveröffentlicht.

5.2.1.1 Modellbeschreibung

Das Simulationsmodell des axial belasteten Längsträgers ist in Abbildung 5-6 dargestellt.

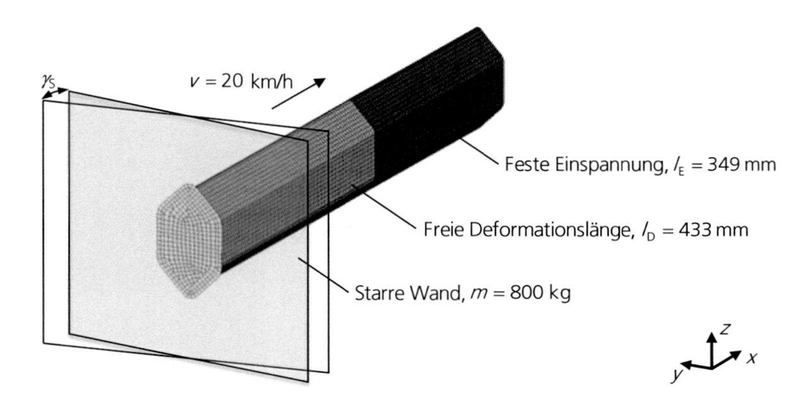

Abbildung 5-6: Simulationsmodell des axial belasteten Längsträgers unter Verwendung von [And15b]

Der als Aluminiumstrangpressprofil (EN AW-6060 T5) ausgeführte Längsträger ist vorn mit einer Prallplatte aus Aluminiumblech versehen und am hinteren Ende fest eingespannt. Die freie Deformationslänge beträgt 433 mm. Der Träger wird von einer starren Wand der Masse $m = 800$ kg mit der Anfangsgeschwindigkeit $v = 20$ km/h getroffen. Um mögliche Einflüsse quer zur Belastungsrichtung durch angrenzende Bauteile im Vorderwagenverbund abzubilden, wird die starre Wand um den Winkel γ_S um die z-Achse variiert. Die Winkelvariation wird durch eine Normalverteilung mit Mittelwert $\mu = 0°$ und Standardabweichung $\sigma = 2°$ vorgenommen. Im Rahmen dieses ersten Anwendungsbeispiels werden keine Streuungen der Bauteileigenschaften berücksichtigt. Es werden zwei Querschnittsvarianten identischer Außenkontur des Längsträgers simuliert, die in Abbildung 5-7 dargestellt sind.

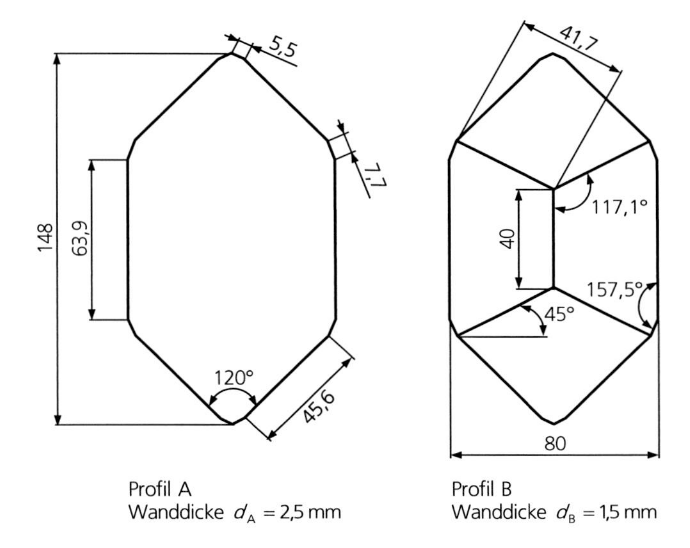

Abbildung 5-7: Symmetrische Strangpressprofilvarianten A und B mit identischer Außenkontur (alle Maße in mm) unter Verwendung von [And15b]

Die Wanddickenreduktion für Profil B ergibt sich aus der Forderung der Massengleichheit der beiden Varianten. Aufgrund der Stabilisierung durch das Stegbild im Innern von Profil B wird erwartet, dass sich unter der Winkelvariation ein spurstabileres Falten mit geringeren Schwankungen im Verlauf der Deformationskraft einstellt als für Profil A, das kein Stegbild im Innern des Profils aufweist [Naj11].

Die Strangpressprofile und die Prallplatte werden im FE-Modell durch Schalenelemente mit einer Kantenlänge von ca. 5 mm abgebildet. Im Bereich der festen Einspannung werden die Elemente als Starrkörper modelliert und deren Translations- und Rotationsfreiheitsgrade entfernt. Das Werkstoffverhalten wird mit einem isotropen, elastisch-plastischen Materialmodell ohne Versagenskriterium approximiert. Die Werkstoffkennwerte wurden an Komponenten- und Gesamtfahrzeugversuchen im Vorfeld dieser Arbeit validiert und für die vorliegenden Untersuchungen übernommen.

Für die stochastische Struktursimulation wird je Profilvariante eine Stichprobe gemäß der geforderten Normalverteilung des Auftreffwinkels γ_S mit 100 Einzelrechnungen erzeugt. Die Stichprobengenerierung erfolgt mit ALHS [Hun98], das in der Software optiSLang (Version 4.2.1) der Dynardo GmbH [Dyn13] implementiert ist. Sämtliche FE-Simulationen im Rahmen dieser Arbeit werden explizit mit dem Programm LS-DYNA (Version 971 R6.1.1) der *Livermore Software Technology Corporation* [LST12a, LST12b] berechnet. Weitere Angaben zu den FE-Modellen der Profilvarianten A und B können Tabelle 10-2 im Anhang entnommen werden.

5.2.1.2 Robustheitsbewertung

Als erste Ergebnisgröße wird die x-Verschiebung der Prallplatte der beiden Längsträgervarianten A und B am Ende der Simulation zum Zeitpunkt $t = 0{,}1\,\mathrm{s}$ betrachtet. Ein robustes Faltverhalten liegt vor, wenn die x-Verschiebung der Abschlussplatte möglichst unempfindlich gegenüber der aufgebrachten Winkelvariation ist und der Träger auch unter relativ großen Winkeln in Spur faltet. Für die betrachtete Längsverschiebung wird der Auslegungsgrenzwert $g_{\mathrm{max,V}} = 210\,\mathrm{mm}$ festgelegt. Im Strukturverbund eines Vorderwagens sollten Längsträger einen möglichst großen Anteil der zur Verfügung stehenden freien Deformationslänge zum Energieabbau nutzen, einen definierten Wert jedoch möglichst nicht überschreiten, um angrenzende Fahrzeugbereiche zu schützen.

Abbildung 5-8 zeigt das Streudiagramm für die x-Verschiebung in Profil A, aufgetragen über dem Auftreffwinkel γ_S mit den zugehörigen Histogrammen. Es wird ersichtlich, dass die Nominalrechnung (schwarz) und der Großteil der Einzelrechnungen unter Winkelvariation (grau) zu einem Falten in Spur führen. Die drei unzulässigen Einzelrechnungen (rot) resultieren bei relativ kleinen Auftreffwinkeln aus einem anfänglichen Beulen nahe der Einspannung, das unter weiterer Belastung zu einem seitlichen Ausknicken des Trägers und damit zu hohen x-Verschiebungen führt. Diesem für Fahrzeuglängsträger unerwünschtem Verhalten ließe sich konstruktiv z. B. durch Anfaltsicken im Profil in der Nähe der Prallplatte begegnen. Exemplarisch ist je eine Deformationsform für ein Falten in Spur (1) und ein seitliches Knicken (2) abgebildet.

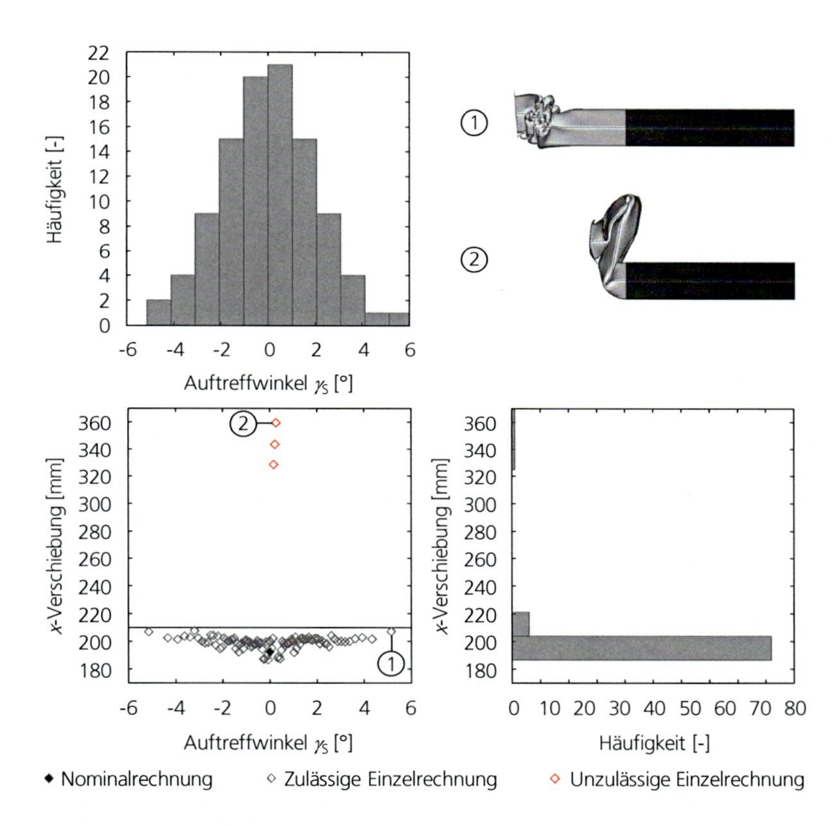

Abbildung 5-8: Statistische und makroskopische Analyse der *x*-Verschiebung in **Profil A** bei variierendem Auftreffwinkel γ_S unter Verwendung von [And15b]

Die entsprechende Darstellung für Profil B ist Abbildung 5-9 zu entnehmen. Im Vergleich zu Variante A zeigt sich ein schmaleres Streuband der *x*-Verschiebung bei den in Spur faltenden Einzelrechnungen (grau) und somit ein robusteres Faltverhalten. Zwar ergeben sich vier nichtzulässige Einzelrechnungen; diese liegen jedoch näher am Auslegungsgrenzwert $g_{max,V}$ als bei Profil A. Der Grund für das seitliche Ausknicken des Profils unter relativ kleinen Auftreffwinkeln ist auch hier ein anfängliches Beulen nahe der Einspannung zu Beginn der Deformation.

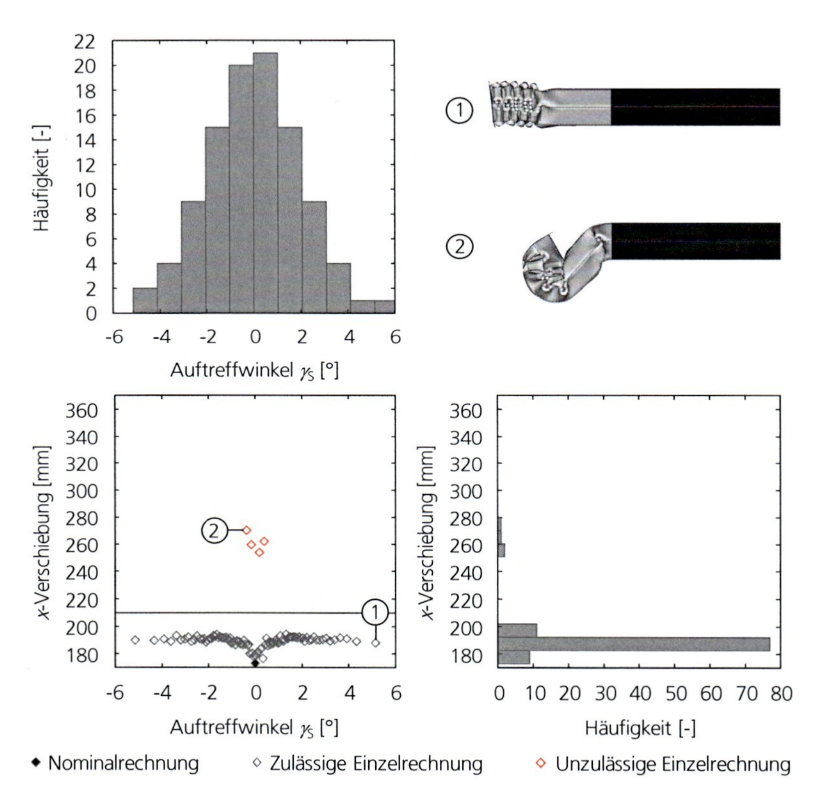

Abbildung 5-9: Statistische und makroskopische Analyse der x-Verschiebung in **Profil B** bei variierendem Auftreffwinkel γ_S unter Verwendung von [And15b]

Die Bewertung der x-Verschiebung der beiden Profilvarianten mit dem Robustheitsindex *RI* ist in Tabelle 5-8 zusammengefasst.

Tabelle 5-8: Robustheitsbewertung der **x-Verschiebung** in den axial belasteten Strangpressprofilen A und B unter Verwendung von [And15b]

Beschreibung	**Merkmal**	**Profil A**	**Profil B**
Empirischer Mittelwert	$\bar{x}$ [mm]	203,2	191,8
Untere Grenze des 95%-KI für μ	$u_{95\%\text{-KI}}$ für μ [mm]	198,3	188,8
Obere Grenze des 95%-KI für μ	$o_{95\%\text{-KI}}$ für μ [mm]	208,2	194,7
Empirische Standardabweichung	s [mm]	25,2	14,8
Untere Grenze des 95%-KI für σ	$u_{95\%\text{-KI}}$ für σ [mm]	22,1	13,0
Obere Grenze des 95%-KI für σ	$o_{95\%\text{-KI}}$ für σ [mm]	29,2	17,2
Variationsbreite	$\bar{v}$ [mm]	172,8	97,6
Anzahl der Einzelrechnungen oberhalb des Auslegungsgrenzwerts	n_o [-]	3	4
Bewertung der Zielerreichung	Z [-]	0,970	0,960
Bewertung der Ergebnisstreuung um den Mittelwert	S [-]	0,752	0,845
Bewertung der Variationsbreite	V [-]	0,150	0,491
Bewertung der Entfernung nichtzulässiger Einzelergebnisse	G [-]	-0,324	0,544
Robustheitsindex	RI_V [-]	**0,387**	**0,710**

Insgesamt ergibt sich für Profil A ein deutlich geringerer Robustheitsindex als für Profil B, was der Einschätzung nach der optischen Auswertung der Streudiagramme entspricht. Aufgrund der vier unzulässigen Einzelrechnungen ergibt sich für Profil B gegenüber A ein geringfügig niedrigerer Wert der Zielerreichung Z. Die übrigen Faktoren S, V und G liegen jedoch über jenen für Profil A. Trotz der höheren Anzahl unzulässiger Einzelrechnungen ergibt sich für Profil B ein höherer Wert für Faktor G, da dieser lediglich den mittleren Abstand der unzulässigen Einzelrechnungen vom Auslegungsgrenzwert berücksichtigt. Zur Berechnung von RI wird eine Gleichgewichtung der vier Faktoren mit $w_{1,\ldots,4} = 0{,}25$ in Gleichung (3.8) unter Berücksichtigung von Gleichung (3.9) gewählt.

Die zweite betrachtete Ergebnisgröße ist die Deformationskraft in den beiden Längsträgervarianten. Idealerweise bildet sich nach dem anfänglichen Kraftmaximum, das von der Bewertung ausgenommen wird, ein möglichst gleichmäßiger Kraftverlauf für eine homogene Energieaufnahme aus [Jon12]. Um die Beschleunigungen und eingebrachten Kräfte auf mögliche umliegende Fahrzeugbereiche, wie z. B. die Fahrgastzelle, gering zu halten, wird ein oberer Auslegungsgrenzwert $g_{\max,F} = 65$ kN definiert.

Im Hinblick auf eine Begrenzung der Deformation sollte die Kraft zusätzlich ein Mindestniveau erreichen, das hier auf $g_{\min,F} = 55$ kN festgelegt wird.

Aus einem Vergleich der dargestellten Kraftverläufe der berechneten Stichproben für Profil A (Abbildung 5-10) und Profil B (Abbildung 5-11) wird ersichtlich, dass Profil B eine geringere Streuung um das mittlere Kraftniveau aufweist.

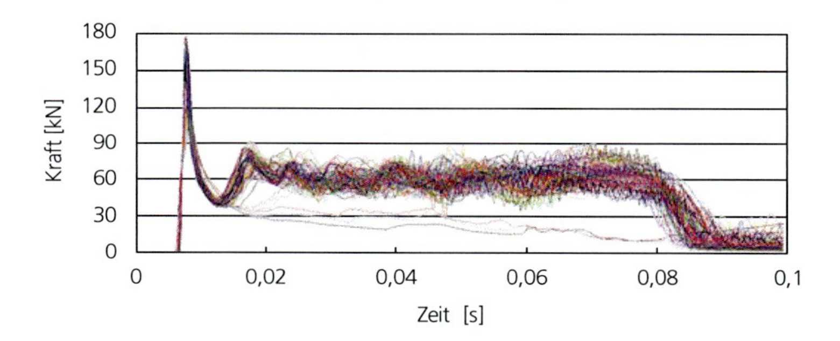

Abbildung 5-10: Kraftverläufe in **Profil A** bei variierendem Auftreffwinkel γ_S unter Verwendung von [And15b]

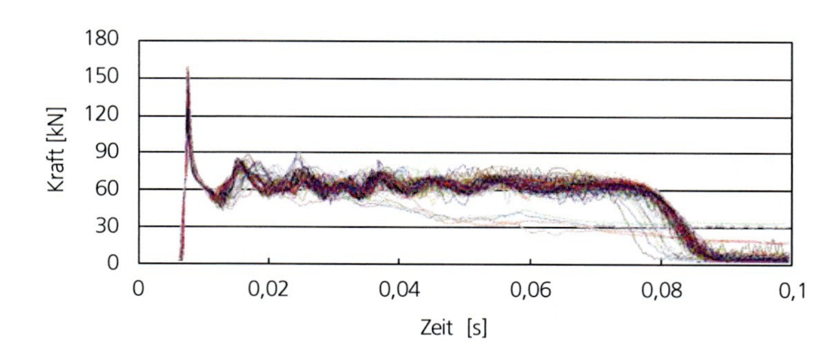

Abbildung 5-11: Kraftverläufe in **Profil B** bei variierendem Auftreffwinkel γ_S unter Verwendung von [And15b]

Auch die Streudiagramme in Abbildung 5-12, in denen die Kraft in den Längsträgern zu den Zeitpunkten $t_1 = 20$ ms, $t_2 = 40$ ms und $t_3 = 60$ ms über dem Auftreffwinkel γ_S aufgetragen ist, unterstreichen diese Einschätzung. Profil B zeigt sich in Bezug auf die Kraft unempfindlicher gegenüber der Eingangsstreuung, was durch die im Vergleich zu Profil A höhere Dichte der Punktewolke ersichtlich wird. Die Einzelstreudiagramme der analysierten Zeitpunkte mit den zugehörigen Histogrammen sind den Abbildungen 10-42 bis 10-47 im Anhang zu entnehmen.

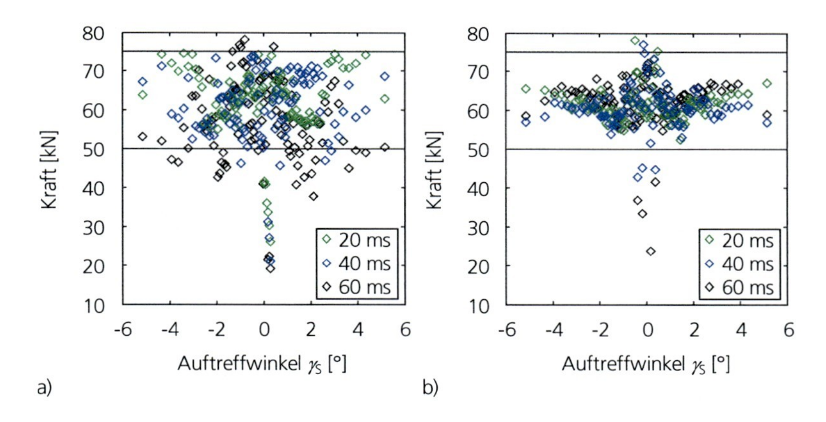

Abbildung 5-12: Streudiagramme der Kraft über dem Auftreffwinkel γ_S für Profilvariante a) A und b) B zu den Zeitpunkten $t_1 = 20\,\text{ms}$, $t_2 = 40\,\text{ms}$ und $t_3 = 60\,\text{ms}$ unter Verwendung von [And15b]

Die in Tabelle 5-9 dargestellte Auswertung der Kraftverläufe mit dem Robustheitsindex *RI* an den drei gewählten Zeitpunkten führt zu einer adäquaten Repräsentation der aus den grafischen Darstellungen gewonnenen Einschätzung. Mit einer Gleichgewichtung der vier Faktoren *Z*, *S*, *V* und *G* analog zur Auswertung der *x*-Verschiebung sowie einer Gleichgewichtung der drei Auswertezeitpunkte nach den Gleichungen (3.10) und (3.11) ergibt sich insgesamt hinsichtlich der Kraft für Profil A eine deutlich niedrigere Robustheitsbewertung als für Profil B. Bis auf Faktor *G* zum Auswertezeitpunkt $t_3 = 60\,\text{ms}$ liegen auch alle Einzelbewertungen für Profil B höher als für A. Aufgrund einer relativ großen Anzahl von 41 unzulässigen Einzelrechnungen, die bei Profil A nur geringfügig unterhalb der Mindestanforderung liegen, wird der mittlere Abstand besser bewertet als für Profil B. Dort sind es zwar nur fünf unzulässige Einzelrechnungen unterhalb der Mindestanforderung, davon liegen allerdings vier relativ weit vom Auslegungsgrenzwert entfernt (vgl. Abbildung 5-12 bzw. Abbildungen 10-44 und 10-47 im Anhang). Die Bewertung der Kraftverläufe wird hier an den drei aufgeführten Zeitpunkten vorgenommen. Es sei jedoch darauf hingewiesen, dass der Robustheitsindex *RI* die Auswertung einer beliebigen Anzahl an Einzelgrößen ermöglicht.

Tabelle 5-9: Robustheitsbewertung der **Kraftverläufe** in den axial belasteten Strangpressprofilen A und B unter Verwendung von [And15b]

Merkmal		**Profil A**			**Profil B**	
	20 ms	**40 ms**	**60 ms**	**20 ms**	**40 ms**	**60 ms**
$\bar{x}$ [kN]	62,2	60,7	56,6	61,5	60,7	61,8
$u_{95\%\text{-KI}}$ für μ [kN]	60,4	58,9	54,4	60,7	59,7	60,4
$o_{95\%\text{-KI}}$ für μ [kN]	63,9	62,5	58,8	62,3	61,7	63,2
s [kN]	8,9	9,3	11,2	4,1	5,2	7,0
$u_{95\%\text{-KI}}$ für σ [kN]	7,8	8,2	9,9	3,6	4,5	6,1
$o_{95\%\text{-KI}}$ für σ [kN]	10,3	10,8	13,0	4,8	6,0	8,1
$\bar{r}$ [kN]	48,4	52,8	59,1	25,8	34,3	48,3
n_o [-]; n_u [-]	38; 6	36; 21	26; 44	13; 2	14; 6	27; 5
Z [-]	0,564	0,436	0,307	0,851	0,802	0,683
S [-]	0,714	0,694	0,603	0,867	0,830	0,774
V [-]	0,222	0,130	-0,043	0,581	0,436	0,218
G [-]	0,646	0,865	0,845	0,927	0,876	0,746
$RI_{F20,40,60}$ [-]	**0,537**	**0,531**	**0,428**	**0,807**	**0,736**	**0,605**
RI_F [-]		0,499			0,716	

Die Gesamtrobustheitsbewertung der axial belasteten Strangpressprofile A und B ergibt sich unter Verwendung von Gleichung (3.10) aus den Robustheitsindizes für die *x*-Verschiebung RI_V und für die Kraft RI_F. Da keine der beiden Ergebnisgrößen als bedeutender gegenüber der anderen eingeordnet werden kann, wird eine gleichgewichtete Summierung vorgenommen. Für Profil A ergibt sich eine Gesamtbewertung $RI_{ges,A}$ von 0,443, während sich für Profil B $RI_{ges,B}$ zu 0,713 berechnet. Insgesamt wird somit Profil B als die robustere der beiden Querschnittsvarianten hinsichtlich der betrachteten Ergebnisgrößen ausgewiesen, was die Erwartungshaltung auf Basis von [Naj11] sowie den Eindruck der grafischen Robustheitsanalyse bestätigt.

Im Rahmen der stochastischen Struktursimulation werden basierend auf einer begrenzten Stichprobengröße Rückschlüsse auf die Grundgesamtheit gezogen, die in diesem Fall alle theoretisch möglichen Ausprägungen des Deformationsverhaltens der Struktur bezeichnet. Um Aussagen über die statistische Sicherheit von Punktschätzern treffen zu können, werden Konfidenzintervalle berechnet [Har09]. Im Fall der vorliegenden Auswertungen betrifft dies den empirischen Mittelwert sowie die empirische Standardabweichung, zu denen jeweils ein Vertrauensbereich angegeben ist. Hierbei ist zu erwähnen, dass diese Konfidenzintervalle für zufällig erzeugte Stichproben nach RMCS definiert sind. Da für LHS bzw. ALHS keine analytische Beschreibung von Konfidenzintervallen bekannt ist, die Vertrauensbereiche für LHS bzw. ALHS allerdings tendenziell schmaler werden [Hel02, Buc09], stellen die angegeben Bereiche eine konservative Abschätzung dar. Unter Verwendung der Extremwerte dieser Intervalle ließe sich für den Faktor S des Robustheitsindexes RI ebenfalls ein Vertrauensbereich berechnen. Da diese Möglichkeit für die übrigen Faktoren Z, V und G nicht besteht, existiert für den Robustheitsindex RI keine analytische Beschreibung eines Konfidenzintervalls.

Um empirisch zu überprüfen, wie valide die Berechnung des Robustheitsindexes hinsichtlich der Grundgesamtheit auf Basis einer begrenzten Stichprobengröße ist, wird die gleiche Versuchskonstellation wiederholt berechnet. Die Unterschiede zwischen den einzelnen Wiederholungen ergeben sich lediglich aus den jeweils gezogenen Stichproben. Bei Verwendung des in optiSLang implementierten ALHS [Hun98] wird das einzelne Stichprobenelement jeweils in die Mitte des Intervalls gesetzt, was bei nur einer variierten Eingangsgröße zum Auftreten derselben Konstellationen in unterschiedlicher Reihenfolge führen würde. Aus diesem Grund wird für die wiederholte Berechnung des Stauchversuchs das in optiSLang ebenfalls verfügbare LHS [Ima82] verwendet, bei dem die Lage des einzelnen Stichprobenelements innerhalb des jeweiligen Intervalls zufällig ist.

Innerhalb von zehn durchgeführten Wiederholungen mit jeweils 100 Einzelrechnungen unter Streuung des Auftreffwinkels γ_S variiert der Robustheitsindex für Profil A $RI_{ges,A}$ zwischen 0,402 und 0,485, was einer Variationsbreite von ca. 19 % entspricht. Demgegenüber unterscheiden sich die Ergebnisse für Profil B nur in einem Bereich von ca. 10 %. Der Robustheitsindex $RI_{ges,B}$ variiert hier zwischen 0,671 und 0,744. Die Einzelindizes, die jeweiligen Durchschnittswerte, Minima und Maxima sind für Profil A Tabelle 10-3 und für Profil B Tabelle 10-4 im Anhang zu entnehmen. Auf Basis dieser Ergebnisse scheint die Variation von RI bei wiederholten Analysen für robustere Strukturen geringer zu sein als für weniger robuste. Für Profil A, das unter Verwendung der in Unterkapitel 3.2.5 eingeführten Skala eine niedrige Robustheit aufweist, ist die Variation fast doppelt so groß wie für Profil B, dessen Robustheit gegenüber der aufgebrachten Eingangsstreuung als hoch einzustufen ist.

Bei der Berechnung des Faktors S wird eine normalverteilte Grundgesamtheit angenommen. Zur Überprüfung dieser Annahme wird der S-W-Test auf die beiden Ergebnisgrößen Längsverschiebung und Kraft angewandt. Aufgrund der drei Ausreißer für Profil A bzw. der vier Ausreißer für Profil B wird die Nullhypothese einer normalverteilten Grundgesamtheit sowohl für die x-Verschiebung als auch für die Kraft an den drei ausgewerteten Zeitpunkten verworfen. Unter Ausschluss der Ausreißer wird die Nullhypothese in drei von acht Fällen zum Signifikanzniveau $\alpha = 0{,}05$ nicht verworfen. Die Ergebnisse sind in Tabelle 5-10 zusammengefasst.

Tabelle 5-10: Ergebnisse des S-W-Tests zur Annahme normalverteilter Ergebnisgrößen unter Verwendung von [And15b]

Ergebnisgröße	**Profil A**		**Profil B**	
	p_W [-]	S-W-Test	p_W [-]	S-W-Test
x-Verschiebung	0,002	✗	0,000	✗
Kraft nach 20 ms	0,004	✗	0,000	✗
Kraft nach 40 ms	0,278	✓	0,003	✗
Kraft nach 60 ms	0,757	✓	0,738	✓

✓ Nullhypothese wird nicht verworfen, ✗ Nullhypothese wird verworfen

5.2.1.3 Erweiterung der Eingangsstreubreite

Der in Abschnitt 5.2.1.1 beschriebene Eingangsstreubereich des Auftreffwinkels γ_S im Stauchversuch wird im Folgenden erweitert. Die Streuung wird erneut normalverteilt um den Mittelwert $\mu = 0°$ abgebildet, allerdings wird die Standardabweichung auf $\sigma = 7{,}5°$ erhöht. Zusätzlich wird eine Variation des Auftreffwinkels β_S um die y-Achse mit der gleichen Normalverteilung vorgenommen. Die freie Deformationslänge des Trägers wird auf $l_D = 600$ mm verlängert, weshalb der Auslegungsgrenzwert auf $g_{max,V} = 250$ mm erhöht wird. Aufgrund der erhöhten Deformationslänge wird die Auswertung der Ergebnisse jeweils zum Zeitpunkt $t = 0{,}12$ s vorgenommen. Es wird eine Stichprobe der Größe $n = 50$ unter Verwendung des in optiSLang implementierten ALHS [Hun98] generiert.

Abbildung 5-13 zeigt die x-Verschiebung für Profil A (blau) und Profil B (grün) jeweils über dem Auftreffwinkel γ_S bzw. β_S. Zusätzlich sind die drei beobachteten Deformationsmuster des Faltens in Spur (1), des ausweichenden Faltens (2) sowie des Knickens (3) abgebildet. Es ist zu beachten, dass jedem gestreuten Wert für γ_S ein korrespondierender Wert für β_S zugeordnet werden kann und umgekehrt. Da die beiden Winkel unabhängig variiert werden, können sich ihre Werte u. U. relativ deutlich voneinander unterscheiden, was anhand der drei markierten Punkte (1-3) deutlich wird. Der Winkel γ_S hat den größeren Einfluss auf ein Knicken des Trägers in der x-y-Ebene. Der Grund ist das jeweils höhere Flächenträgheitsmoment der beiden Profilvarianten um die y-Achse gegenüber jenem um die z-Achse. Dies erklärt, warum aus dem Diagramm bei Betrachtung von γ_S für Profil B mit Ausnahme eines Knickfalls bei ca. 3° eine Trennlinie bei ca. 7° für die Knickstabilität abgelesen werden kann, sich diese unter Betrachtung von β_S jedoch nicht erkennen lässt. Für Profil A bildet sich diese Trennung weniger deutlich aus, da es häufiger zu einem ausweichenden Falten (2) kommt, das aufgrund der Stabilisierung durch das Stegbild bei Profil B seltener zu beobachten ist.

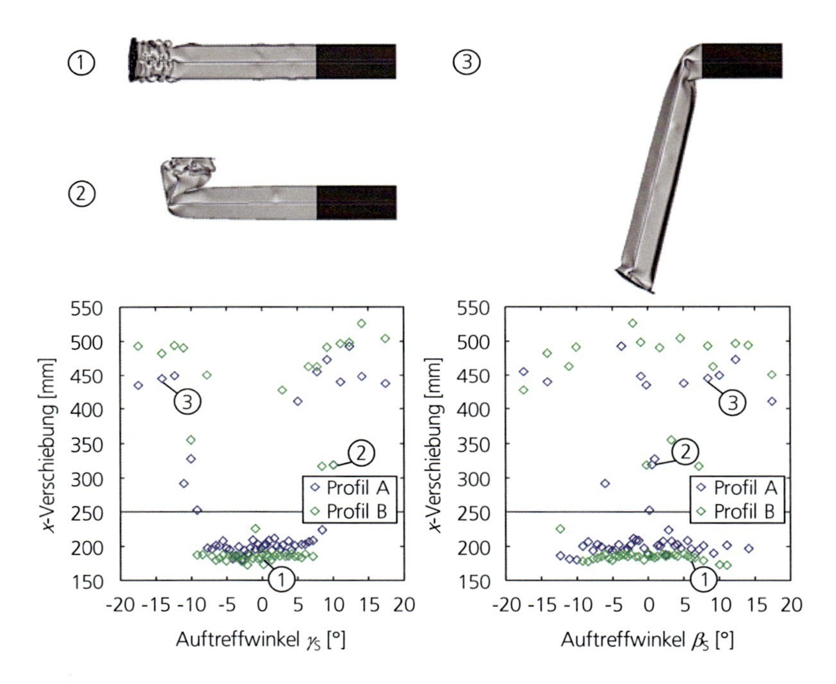

Abbildung 5-13: Streudiagramm der x-Verschiebung über dem erweiterten Auftreffwinkel γ_S und dem Auftreffwinkel β_S für Profilvariante A und B mit Beispielen für das Deformationsverhalten

Die Robustheitsbewertung mit RI ist in Tabelle 5-11 aufgeführt. Für die Einzelfaktoren wird eine Wichtung mit $w_{1,\dots,4} = 0{,}25$ vorgenommen.

Tabelle 5-11: Robustheitsbewertung der **x-Verschiebung** in den axial belasteten Strangpressprofilen A und B bei Erweiterung des Winkelbereichs von γ_S und zusätzlicher Variation von β_S

Merkmal	Profil A	Profil B
$\bar{x}$ [mm]	255,8	269,9
$u_{95\%\text{-KI}}$ für μ [mm]	227,4	232,9
$o_{95\%\text{-KI}}$ für μ [mm]	284,2	306,8
s [mm]	101,0	131,5
$u_{95\%\text{-KI}}$ für σ [mm]	84,5	110,1
$o_{95\%\text{-KI}}$ für σ [mm]	125,5	163,5
$\bar{v}$ [mm]	312,7	353,9
n_o [-]	14	16
Z [-]	0,725	0,686
S [-]	0,211	0,025
V [-]	-0,222	-0,311
G [-]	-0,333	-0,815
RI_V [-]	**0,095**	**-0,104**

Gegenüber den in Abschnitt 5.2.1.2 dargestellten Auswertungen ergibt sich für beide Profilvarianten eine deutliche Reduktion des Robustheitsindexes RI_V, der für Profil B kleiner null wird. Gemäß der in Unterkapitel 3.2.5 eingeführten Skala wird in diesem Fall von einer vergleichenden Bewertung der Varianten A und B abgesehen.

Das Beispiel verdeutlicht den Einfluss der Eingangsstreubreite bzw. der Empfindlichkeit des Modells auf das Ergebnis der Robustheitsbewertung mit RI. Da die Eingangsstreuungen in der Berechnung von RI nicht berücksichtigt werden, ist zu empfehlen, diese als Zusatzinformation bei der Auswertung anzugeben. Die bewusst groß gewählte Eingangsstreubreite und die Erhöhung der Knickempfindlichkeit der Profile durch eine Verlängerung der freien Deformationslänge zeigen die Grenzen in der Anwendung des Robustheitsindexes auf. Allerdings wird die sehr niedrige Robustheitsbewertung aufgrund der stark bimodalen Ergebnisverteilung durch die statistische und makroskopische Auswertung bestätigt.

5.2.2 T-Stoß unter Impaktbelastung

Verbindungsstellen zwischen einzelnen Bauteilen crashbelasteter Strukturen können Ausgangspunkt von Bifurkationen sein, da der weitere Deformationsverlauf vom Versagen oder Nichtversagen der jeweiligen Verbindung abhängt (vgl. Abbildung 2-8). Insbesondere in großen Modellen, die besonders anfällig für Bifurkationsprobleme sind [Rou06], kann der Verbindungstechnik eine hohe Bedeutung zukommen. Im nachfolgenden Beispiel wird die Eignung des Robustheitsindexes RI für die Bewertung des Crashverhaltens einer Struktur dargestellt, deren Deformationsverhalten von der Verbindungstechnik abhängt.

5.2.2.1 Modellbeschreibung

Das verwendete FE-Modell des T-Stoßes unter dynamischer Belastung wird von Burbulla [Bur15] übernommen und für die Untersuchungen im Rahmen dieser Arbeit angepasst. Abbildung 5-14 stellt den T-Stoß im simulierten Versuchsaufbau dar, bei dem ein kugelförmiger Impaktor der Masse $m = 171$ kg mit einer Geschwindigkeit von $v = 9{,}9$ km/h auf den vertikalen Holm des T-Stoßes trifft.

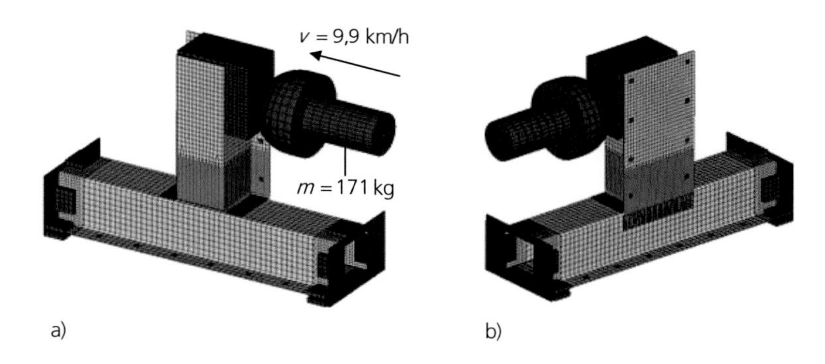

Abbildung 5-14: a) Vorder- und b) Rückansicht des Simulationsmodells des T-Stoßes unter Impaktbelastung unter Verwendung von [Bur15]

Der T-Stoß besteht aus hochfestem Stahlblech (DP-K 30/50+Z140) der Wanddicke $d = 1{,}0$ mm und ist in Abbildung 5-15 dargestellt. Die beiden

Holme sind durch Widerstandspunktschweißungen gefügt. Im Flanschbereich zwischen dem horizontalen und vertikalen Holm ist eine ca. 0,3 mm dicke Klebstoffschicht aufgebracht, die im vertikalen Flansch des oberen Holms durch zwei Schweißpunkte unterstützt wird. Der T-Stoß wird an den beiden Enden des horizontalen Holms durch eine Einspannung fixiert. Um durch die Impaktorbelastung keine lokale Deformation im oberen Ende des vertikalen Holms hervorzurufen, wird dieser durch ein Prallelement stabilisiert (vgl. Abbildung 5-14).

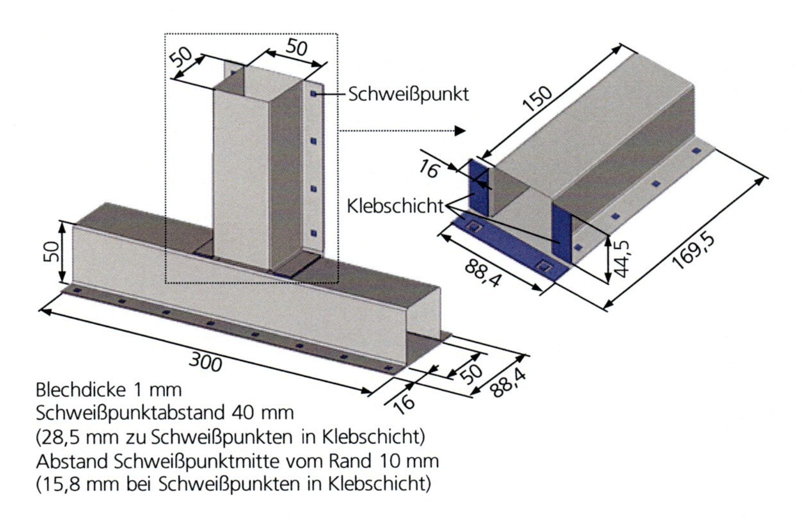

Abbildung 5-15: T-Stoß mit Bemaßung in mm unter Verwendung von [Bur15]

Zur Modellierung der Holme werden Schalenelemente mit einer Kantenlänge von ca. 5 mm verwendet. Lediglich im unteren Drittel des vertikalen Holms sowie im Bereich der Einspannung des horizontalen Holms wird das Modell mit einer Elementkantenlänge von ca. 2 mm feiner diskretisiert. Das Werkstoffverhalten der Stahlbleche wird durch ein isotropes, elastisch-plastisches, dehnratenabhängiges Materialmodell sowie ein Versagenskriterium in Abhängigkeit der plastischen Vergleichsdehnung abgebildet. Die Schweißpunkte werden durch Volumenelemente der Kantenlänge 4 mm modelliert und mit einem isotropen, elastisch-plastischen Materialmodell versehen [See05, LST12b]. Das Versagensmodell basiert hierbei auf einer polynomialen Versagensfläche, die sich aus Zug-, Biege und Schubspannungsanteilen berechnet [See05, LST12a]. Die Klebnaht wird durch Volumenelemente approximiert und mit einem kohäsiven Materialmodell versehen, dessen energiebasiertes Versagensmodell Zug- und Schubspannungen berücksichtigt [LST12b]. Die Modellierung des Prallelements bzw. des Impaktors erfolgt durch Volumenelemente mit elastisch-plastischen Materialmodellen mit isotroper Verfestigung für Aluminium bzw. Stahl. Die Lagerung des T-Stoßes wird über Starrkörper abgebildet, die im Innern und an der Außenseite des unteren Holms anliegen. Über eine statische Einzelkraft, die jeweils normal auf diese Starrkörper wirkt, wird die entsprechende Vorspannkraft einer Schraube nachgebildet. Weitere Angaben zu dem FE-Modell des T-Stoßes unter Impaktbelastung sind Tabelle 10-5 im Anhang zu entnehmen.

Für die Robustheitsuntersuchung zum Einfluss von Streuungen der Verbindungstechnik werden zwei Varianten des T-Stoßes simuliert. Variante A berücksichtigt lediglich Streuungen der Wanddicken der Stahlbleche gemäß der in Tabelle 5-1 spezifizierten Streubereiche. Für eine anschauliche Interpretierbarkeit der Ergebnisse wird auf eine Streuung der Materialeigenschaften verzichtet.

In Variante B werden neben den Wanddicken zusätzlich die Festigkeitseigenschaften der Schweißpunkte sowie der Klebverbindungen variiert. Für die Schweißpunkte werden in Ermangelung einer soliden versuchstechnischen Datenbasis die in Tabelle 5-3 spezifizierten Streubreiten der mechanischen Verbindungstechnik angenommen [PAG15a]. Die Streubreite für die Klebverbindung ist ebenfalls Tabelle 5-3 zu entnehmen. Aus Gründen der Anschaulichkeit wird von einer zusätzlichen Streuung der Lage der punktförmigen Verbindungstechnik abgesehen.

Die Streuungen der Eingangsparameter in den Varianten A und B des T-Stoßes sind in Tabelle 5-12 zusammengefasst. Den in Unterkapitel 5.1.1 aufgeführten Streubreiten wird für normalverteilte Eingangsparameter eine Wahrscheinlichkeit von $\pm 3\sigma$ oder 0,9973 zugeordnet, womit auf die abzubildende Standardabweichung geschlossen werden kann. Für die einseitigen Streubereiche der Verbindungsfestigkeit wird zunächst der nominelle Mittelwert um die Hälfte des angegeben Intervalls abgesenkt und dann eine Normalverteilung um diesen Wert vorgenommen. Die Standardabweichung wird dabei so gewählt, dass sich gemäß dem 3σ-Ansatz der geforderte Streubereich einstellt. Es wird pro Variante eine Stichprobe mit 50 Einzelrechnungen unter Verwendung des in optiSLang implementierten ALHS [Hun98] generiert.

Tabelle 5-12: Streuungen der Eingangsparameter in Variante A und B des T-Stoßes unter Impaktbelastung

Eingangsparameter	**Verteilung**	
	Variante A	Variante B
Wanddicke	N(1, 0,043)	N(1, 0,043)
Festigkeit Punktschweißung	-	N(1, 0,0586)
Festigkeit Strukturklebstoff	-	N(1, 0,0833)

5.2.2.2 Robustheitsbewertung

Als weitere relevante Ergebnisgröße im Zusammenhang von Crashsimulationen wird in Ergänzung zu den in Unterkapitel 5.2.1 thematisierten Verschiebungs- und Kraftauswertungen hier am Beispiel des T-Stoßes die Deformationsenergie betrachtet. In crashbelasteten Fahrzeugstrukturen erfolgt die Umwandlung von kinetischer Energie in Deformationsenergie insbesondere in den Bauteilen der betroffenen Deformationszonen. Können z. B. aufgrund versagender Verbindungstechnik bestimmte Bauteile ihr Deformationspotenzial nicht ausschöpfen, resultiert dies in einer Mehrbelastung der angrenzenden Strukturen. Übertragen auf das Beispiel des T-Stoßes wird aus diesem Grund eine Mindestdeformationsenergie gefordert und der Auslegungsgrenzwert $g_{\min,E} = 275$ J festgelegt.

Die statistische Auswertung der berechneten Stichprobe sowie eine makroskopische Auswertung am Beispiel von zwei Einzelrechnungen von Variante A des T-Stoßes unter Impaktbelastung ist in Abbildung 5-16 dargestellt.

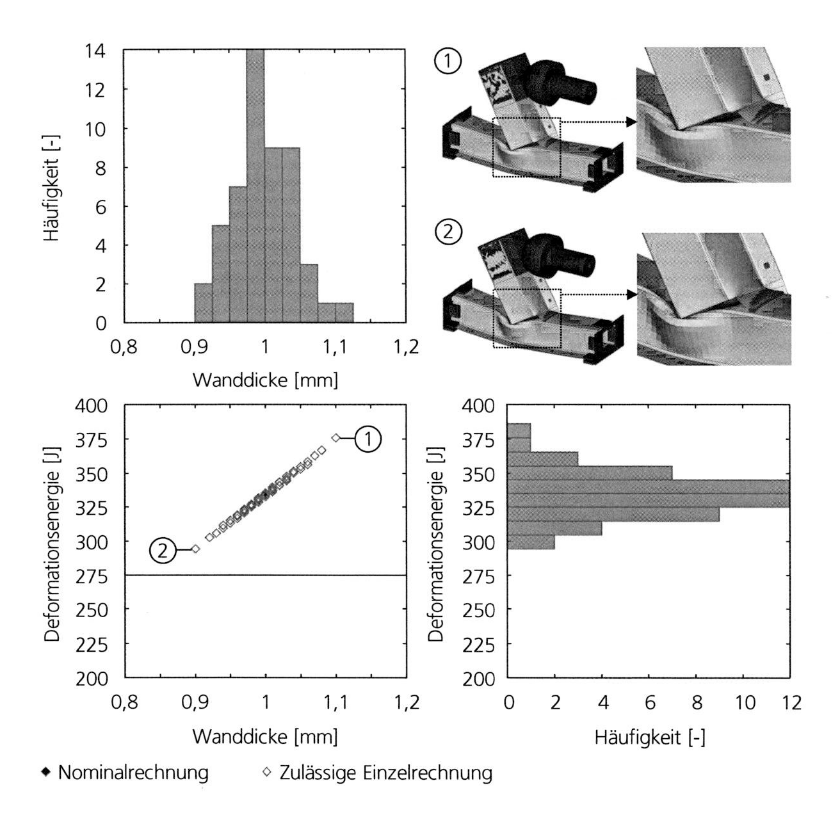

Abbildung 5-16: Statistische und makroskopische Analyse der Deformationsenergie über der Wanddicke für **T-Stoß Variante A**

Keine der Einzelrechnungen zeigt Versagen in den Schweißpunkten. Lediglich Elemente der Klebnaht werden zum Teil gelöscht. In Folge der variierten Wanddicke in den Blechen des T-Stoßes ergibt sich ein linearer Zusammenhang zur Deformationsenergie. Die Deformationsbilder zeigen die Einzelrechnungen mit maximaler (1) und minimaler (2) Wanddicke innerhalb der Stichprobe. Hierbei zeigt die Rechnung mit minimaler Wanddicke geringfügig höhere Verformungen des unteren Holms als jene mit maximaler Wanddicke. In keiner der Einzelrechnungen kommt es zu einer Unterschreitung des Auslegungsgrenzwerts. Insgesamt stellt sich somit ein robustes Deformationsverhalten ein, das im Hinblick auf eine mögliche Strukturauslegung eine hohe Prognostizierbarkeit aufweist.

Abbildung 5-17 zeigt die analoge Auswertung unter Berücksichtigung von Streuparametern nach Variante B.

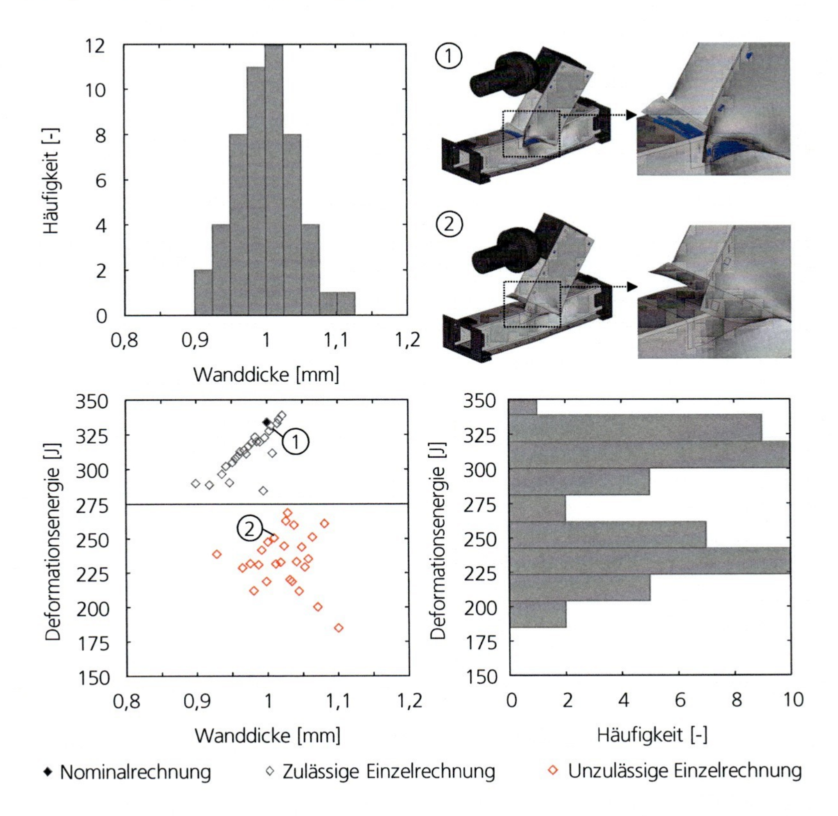

Abbildung 5-17: Statistische und makroskopische Analyse der Deformationsenergie über der Wanddicke für **T-Stoß Variante B**

Durch die Streuung der Festigkeitseigenschaften der Verbindungstechnik bildet sich eine bimodale Ergebnisverteilung mit zwei Clustern aus. Exemplarisch sind hierzu zwei Einzelrechnungen dargestellt, die jeweils eine

Wanddicke nahe der Nominalkonfiguration aufweisen. Das unterschiedliche Strukturverhalten ergibt sich folglich aus den Streueinflüssen der Verbindungstechnik. Hierbei zeigt sich, dass der impaktorzugewandte Schweißpunkt in der Klebnaht die Deformationskinematik maßgeblich bestimmt. Versagt dieser (2), kippt der vertikale Holm ohne nennenswerte Intrusionen im horizontalen Holm hervorzurufen, was niedrige Werte der Intrusionsenergie und damit eine Unterschreitung des Auslegungsgrenzwerts zur Folge hat. Andernfalls stellt sich die aus Variante A bekannte Kinematik (1) mit einem annähernd linearen Zusammenhang zwischen Eingangs- und Ergebnisgröße ein. Insgesamt zeigt sich ein gegenüber Variante A deutlich weniger robustes Deformationsverhalten, das maßgeblich von der Streuung der Festigkeitseigenschaften der Verbindungstechnik abhängt.

Die Bewertung der Varianten A und B mit dem Robustheitsindex RI ist in Tabelle 5-13 aufgeführt. Es wird erneut eine Gleichgewichtung der vier Einzelfaktoren mit $w_{1,\ldots,4} = 0{,}25$ vorgenommen.

Tabelle 5-13: Robustheitsbewertung der Deformationsenergie in den Varianten A und B des T-Stoßes unter Impaktbelastung

Merkmal	Variante A	Variante B
$\bar{x}$ [J]	334,1	273,3
$u_{95\%\text{-KI}}$ für μ [J]	329,4	260,9
$o_{95\%\text{-KI}}$ für μ [J]	338,9	285,6
s [J]	16,9	44,0
$u_{95\%\text{-KI}}$ für σ [J]	14,2	36,8
$o_{95\%\text{-KI}}$ für σ [J]	21,1	54,7
$\bar{v}$ [J]	81,4	154,0
n_u [-]	0	26
Z [-]	1,000	0,490
S [-]	0,899	0,678
V [-]	0,756	0,436
G [-]	1,000	0,826
RI_E [-]	**0,914**	**0,608**

Die Einschätzung in Folge der statistischen und makroskopischen Analyse wird durch die ermittelten Werte von RI bestätigt. Unter Vernachlässigung der Streuungen in der Verbindungstechnik ergibt sich in Variante A für den

T-Stoß unter Impaktbelastung eine hohe Robustheitsbewertung. Die Variation der Festigkeitseigenschaften der Verbindungstechnik in Variante B führt zu einer merklichen Reduktion von *RI*.

Der mittlere Abstand der unzulässigen Einzelrechnungen vom Auslegungsgrenzwert wird für Variante B mit $G = 0{,}826$ relativ hoch bewertet. Über den Exponenten p in Gleichung (3.7) lässt sich diese Bewertung skalieren. Tabelle 5-14 stellt die Auswirkung des Exponenten p auf den Faktor G und den Robustheitsindex *RI* am Beispiel von Variante B dar. Hierbei wird der Exponent p jeweils in Abhängigkeit des mittleren Abstands unzulässiger Einzelrechnungen vom Auslegungsgrenzwert $g_{min,E}$ angegeben, der zu $G = 0$ führt.

Tabelle 5-14: Abhängigkeit des Faktors G des Robustheitsindexes *RI* vom Exponenten p am Beispiel von Variante B des T-Stoßes unter Impaktbelastung

Mittlerer Abstand unzulässiger Einzelrechnungen von $g_{min,E}$ für $G = 0$ [%]	Exponent p [-]	G [-]	*RI* [-]
-75	0,500	0,915	0,630
-50	1,000	0,826	0,608
-25	2,409	0,545	0,537
-10	6,579	-0,561	0,261

Bei der Wahl eines höheren Exponenten p ist zu beachten, dass u. U. auch unimodale Ergebnisverteilungen zu einem niedrigen Wert von G führen. Diese lassen sich konstruktiv häufig jedoch leichter hinsichtlich der Zielerreichung anpassen als multimodale Verteilungen, wie z. B. durch eine Wanddickenerhöhung. Ebenso wie die Wahl des Exponenten p bzw. q bei Vorliegen eines oberen Auslegungsgrenzwerts obliegt auch die Festlegung der Wichtungsfaktoren $w_{1,\ldots,4}$ dem auslegenden Ingenieur. Die im Rahmen dieser Arbeit vorgenommenen Festlegungen sind lediglich Empfehlungen, die auf Erfahrungen in der Anwendung von *RI* zur Robustheitsbewertung crashbelasteter Strukturen beruhen. In Abhängigkeit der Entwicklungsphase im PEP und dem damit einhergehenden Reifegrad des untersuchten Modells kann auch eine unterschiedliche Wichtung von $w_{1,\ldots,4}$ sinnvoll sein, worauf in Kapitel 6 eingegangen wird.

Zur Überprüfung der Reproduzierbarkeit von *RI* werden vier weitere Stichproben der Größe $n = 50$ von Variante B generiert und berechnet. Innerhalb der insgesamt fünf berechneten Wiederholungen, deren Unterschiede lediglich auf die gezogene Stichprobe zurückzuführen sind, variiert der Robustheitsindex der Deformationsenergie zwischen 0,591 und 0,633, was einer Streubreite von ca. 7 % entspricht (vgl. Tabelle 10-6 im Anhang). Unter Berücksichtigung der Ergebnisse aus Abschnitt 5.2.1.2 und [And15b] scheint der Robustheitsindex für Werte ab ca. 0,6 innerhalb eines Streubands von ca. 10 % stabil zu bleiben. Die Variation kann hierbei jedoch im Einzelfall von der untersuchten Struktur, ihrem Deformationsverhalten und den damit auftretenden Bifurkationen sowie von der Auswertegröße abhängig sein. Aufgrund der hohen Robustheit von Variante A wird hier auf eine wiederholte Berechnung verzichtet, da nur sehr geringe Abweichungen zum angegeben RI erwartet werden.

Auch die Ergebnisverteilungen der beiden berechneten Varianten des T-Stoßes werden mit dem S-W-Test auf Normalverteilung überprüft. Sowohl für Variante A, bei der die Ergebnisverteilung die Eingangsverteilung durch den linearen Zusammenhang widerspiegelt ($p_W = 1{,}000$), als auch für Variante B ($p_W = 0{,}097$) wird die Nullhypothese einer normalverteilten Grundgesamtheit zum gewählten Signifikanzniveau von $\alpha = 0{,}05$ nicht verworfen.

5.3 Untersuchung des Einflusses von Streuparametern auf die Ergebnisse virtueller Robustheitsanalysen

Die im Stand der Wissenschaft bisher wenig beleuchtete Frage nach der Wichtigkeit unterschiedlicher Arten von Eingangsparametern in der stochastischen Struktursimulation [Dud07] wird im Folgenden thematisiert. Anhand eines Fahrzeugabschnittsmodells wird der Einfluss der in Unterkapitel 5.1.1 aufgeführten Streuparameterarten in Abhängigkeit der jeweils berücksichtigten Streubreite auf das Ergebnis virtueller Robustheitsanalysen ausgewiesen. Die dargestellten Ergebnisse wurden in [Lüh15] und [Boh16] erarbeitet.

5.3.1 Vorderwagenmodell

Für die vorliegende Untersuchung wird ein Vorderwagen in einem Abschnittsmodell eines Gesamtfahrzeugs im teilüberdeckten Frontalaufprall in Anlehnung an Euro NCAP [Eur13] betrachtet. Aufgrund seiner Komplexität und der daraus resultierenden hohen Anzahl möglicher Bifurkationen ist der Frontalaufprall im Kontext virtueller Robustheitsanalysen im Vergleich zum Seiten- und Heckaufprall als besonders empfindlich gegenüber Streueinflüssen einzustufen [Dud07]. Der teilüberdeckte Frontalaufprall nach Euro NCAP stellt den Frontallastfall mit der höchsten Testgeschwindigkeit der gesetzlichen Anforderungen und der Verbraucherschutztests dar. Auch aufgrund seiner asymmetrischen Ausrichtung, die in einer einseitigen Mehrbelastung des Vorderwagens resultiert, wird er gegenüber anderen Hochgeschwindigkeitscrashs wie dem geraden Wandaufprall nach FMVSS 208 [FMV11] für die vorliegende Robustheitsanalyse ausgewählt. Die simulierte Versuchskonstellation und das Abschnittsmodell sind in Abbildung 5-18 dargestellt.

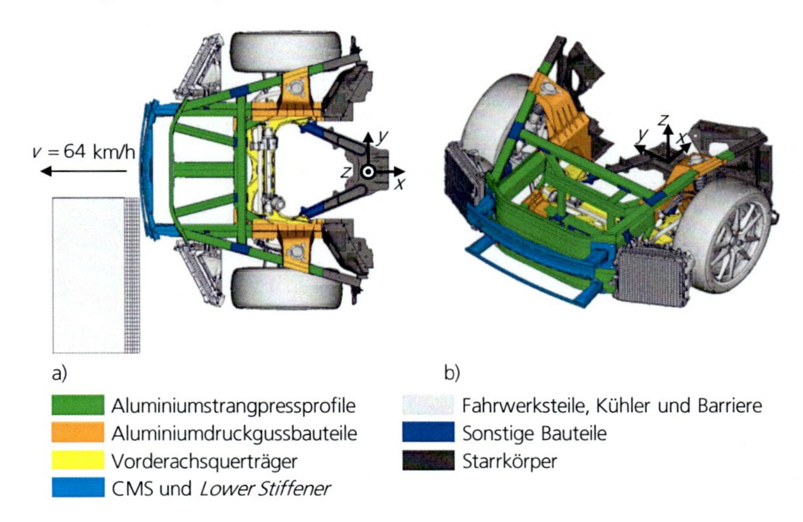

Abbildung 5-18: a) Simulationsmodell des Vorderwagens im Aufprall mit einer deformierbaren Barriere in Anlehnung an [Eur13], b) Vorderwagenmodell ohne Barriere

Die untersuchte Vorderwagenstruktur besteht überwiegend aus Aluminiumstrangpressprofilen, die über Knoten aus Aluminiumdruckguss oder Aluminiumblech miteinander verbunden werden [Kam14a, Kam14b, Kam14c, Kam14d, Kam14e, Kam14f]. Bei der Konstruktion wurden Prinzipien der robusten Fahrzeugauslegung berücksichtigt. Dies betrifft vorrangig die Entlastung der Verbindungstechnik durch Realisierung von formschlüssigen Bauteilübergängen in crashrelevanten Lastpfaden. Bifurkationen durch versagende Verbindungstechnik (vgl. Unterkapitel 5.2.2) sollen hierdurch so weit wie möglich eingeschränkt werden. Eine der formschlüssigen Bauteilübergänge ist in Abbildung 5-19 am Beispiel der Verbindung zwischen dem sogenannten Ringquerträger (grün) und einem flächigen Gussbauteil (orange) hervorgehoben.

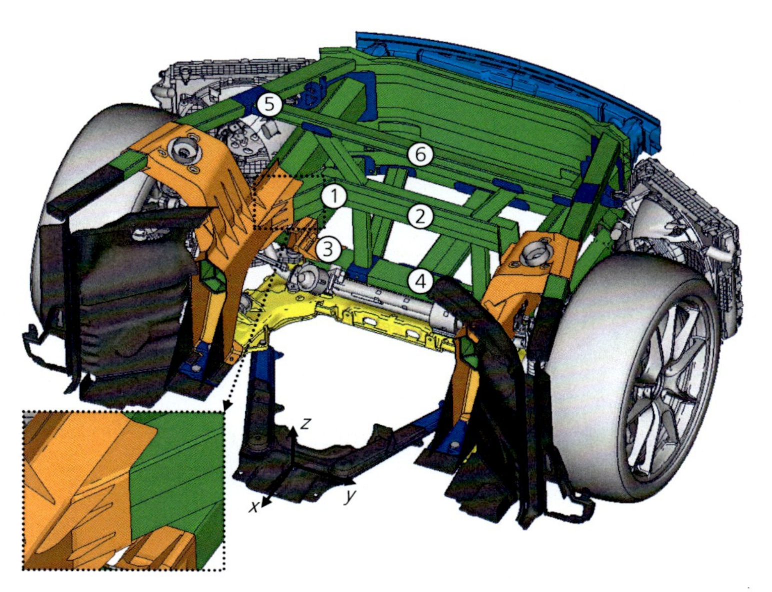

Abbildung 5-19: Punkte zur Deformationsauswertung im Vorderwagenmodell und Beispiel für formschlüssigen Bauteilübergang

Zur Ergebnisauswertung wird die Deformation an sechs Punkten der Vorderwagenstruktur ausgewertet, die in Abbildung 5-19 eingezeichnet sind. Aufgrund des teilüberdeckten Frontalaufpralls werden lediglich

Punkte auf der linken Fahrzeugseite und in der Mitte definiert. Neben der Hauptlastebene (1, 2) erfolgt zusätzlich eine Auswertung von je zwei Punkten auf der unteren (3, 4) und oberen (5, 6) Lastebene. Die Verschiebungen werden jeweils relativ zu dem eingezeichneten fahrzeugfesten Koordinatensystem berechnet.

Die Diskretisierung der Karossierestruktur des Vorderwagens erfolgt durch Schalenelemente mit einer Kantenlänge von ca. 5 mm. Die Geometrie des Vorderachsquerträgers (gelb) wird mit Volumenelementen approximiert. Zur Modellierung der Barriere werden Schalen-, Volumen- und Balkenelemente verwendet. Der Abschluss des Abschnittsmodells gegenüber der nicht modellierten Fahrgastzelle erfolgt über Starrkörper (dunkelgrau), deren Translations- und Rotationsfreiheitsgrade zu null gesetzt werden. Die nicht modellierte Fahrzeugstruktur wird über Ersatzmassen berücksichtigt.

Die Werkstoffmodellierung der Bauteile erfolgt mit isotropen, elastisch-plastischen Materialmodellen, die im Vorfeld dieser Arbeit an Komponenten- und Gesamtfahrzeugversuchen validiert wurden. Für Gussbauteile werden Spannungs-Dehnungs-Kurven für Zug- und Druckbelastung unterschieden. Die axial belasteten Strangpressprofile werden analog zu den in Unterkapitel 5.2.1 thematisierten Längsträgern ohne Versagensmodell abgebildet. Für die als Strangpressprofile ausgeführten Querträger sowie die Gussbauteile wird ein Versagensmodell in Abhängigkeit der plastischen Vergleichsdehnung definiert. Die mechanische Verbindungstechnik, bestehend aus Halbhohlstanznieten und fließlochformenden Schrauben, wird analog zu den in Unterkapitel 5.2.2 beschriebenen Schweißpunkten des T-Stoßes über ein isotropes, elastisch-plastisches Materialmodell approximiert, dessen Versagensfläche Zug-, Biege- und Schubspannungen berücksichtigt [See05, LST12a, LST12b]. Die Klebverbindungen werden ebenfalls analog zu Unterkapitel 5.2.2 durch Volumenelemente und ein kohäsives Materialmodell mit einem energiebasierten Versagensmodell abgebildet [LST12b]. Zur Werkstoffmodellierung der Barriere wird ein Materialmodell verwendet, das speziell zur Approximation des anisotropen Verhaltens von Aluminiumwaben, aus denen deformierbare Crashbarrieren aufgebaut sind, definiert ist [LST12b]. Die eingestellten Materialparameter für die Barriere werden ebenfalls aus Validierungsversuchen übernommen, die im Vorfeld dieser Arbeit durchgeführt wurden. Weitere Angaben zu den Details des FE-Modells finden sich in Tabelle 10-7 im Anhang.

Die im Rahmen der stochastischen Struktursimulationen berücksichtigten Bauteile der Karosserie und die Anbauteile des Vorderwagens sind in Abhängigkeit der jeweils untersuchten Streuparameterart in Tabelle 5-15 aufgeführt.

Tabelle 5-15: Berücksichtigte Karosseriebauteile und Anbauteile je Streuparameterart in der stochastischen Struktursimulation des Vorderwagenmodells

Streuparameterart	**Karosserie**		**Anbauteile**	**Verteilungsart**
	Strangpressprofile	Gussbauteile	CMS/*Lower Stiffener*	
Wanddicke	✓	✓	×	N
Material	✓	✓[a]	×	N
Verbindungstechnik	✓	✓	×	N
Montagetoleranz	×	×	✓	N
Versuch	✓	✓	✓	U

✓ berücksichtigt, × nicht berücksichtigt
[a] zusätzliche Streuung der Bruchdehnung im Vorderachsquerträger

Bei der Untersuchung der Streuparameterarten Wanddicke, Material und Verbindungstechnik werden karosserieseitige Strangpressprofile und Gussbauteile berücksichtigt. Zusätzlich wird in einem Fahrwerksteil, dem Vorderachsquerträger (vgl. Abbildungen 5-18 und 5-19), aufgrund dessen Größe und Position die Bruchdehnung variiert. Zur Untersuchung der Streuparameterart Montagetoleranz werden die Anbauteile CMS und *Lower Stiffener* berücksichtigt, da sie im Crashlastpfad der betrachteten Versuchskonstellation liegen. Die Streuparameterart Versuch betrifft sämtliche Bauteile des Vorderwagens und nimmt auch aufgrund ihrer gleichverteilt abgebildeten Eingangsgrößen gegenüber den Streuparameterarten aus dem Bereich Fahrzeug eine Sonderstellung ein. In den in Abbildung 5-19 hellgrau dargestellten Fahrwerksteilen und Kühlern sowie in den dunkelblau dargestellten Bauteilen werden keine Variationen vorgenommen.

Es werden vier unterschiedliche Streubreiten abgebildet, die in Tabelle 5-16 dargestellt sind.

Tabelle 5-16: Berücksichtigte Streubreiten in stochastischer Struktursimulation des Vorderwagenmodells

Streubreite	**Beschreibung**
Vorgabe	Streubreiten gemäß Unterkapitel 5.1.1
Doppelte Vorgabe	Verdopplung der Streubreiten gemäß Unterkapitel 5.1.1
Prozent	Gleichung (5.1), (5.2) bzw. (5.3), (5.4) mit $\phi = 0{,}01$
Promille	Gleichung (5.1), (5.2) bzw. (5.3), (5.4) mit $\phi = 0{,}001$

Für Mittelwerte $\mu \neq 0$ normalverteilter Eingangsgrößen wird für Streuungen im Prozent- bzw. Promillebereich die untere Streubereichsgrenze zu

$$b_\mathrm{u} = \mu(1-\phi) \tag{5.1}$$

und die obere Streubereichsgrenze zu

$$b_\mathrm{o} = \mu(1+\phi) \tag{5.2}$$

berechnet. Im Fall normalverteilter Eingangsgrößen mit $\mu = 0$ sowie für die gleichverteilten Versuchsstreuungen gilt für die untere Grenze

$$b_\mathrm{u} = \mu(1-\phi) + \phi B_\mathrm{u} \tag{5.3}$$

in Abhängigkeit der unteren Streubereichsgrenze laut Vorgabe B_u bzw. für die obere Grenze

$$b_\mathrm{o} = \mu(1-\phi) + \phi B_\mathrm{o} \tag{5.4}$$

in Abhängigkeit der oberen Streubereichsgrenze laut Vorgabe B_o. Der bereits in Unterkapitel 5.2.2 angewandte 3σ-Ansatz wird auch hier für normalverteilte Eingangsparameter verwendet und somit dem sich aus b_o und b_u ergebenden Streubereich eine Wahrscheinlichkeit von 0,9973 zugeordnet.

Insgesamt werden für die fünf Streuparameterarten je vier Stichproben unterschiedlicher Streubreite berechnet. Die Stichproben werden bei einer Größe von $n = 50$ mit dem ALHS [Hun98] in optiSLang generiert.

5.3.2 Ergebnisse

Der Einfluss der Streuparameterarten in Abhängigkeit der jeweils gewählten Streubreite ist anhand von Auswertepunkt 1 in Abbildung 5-20 dargestellt. Aufgrund seiner Position auf der crashzugewandten Seite der Hauptlastebene wird die Auswertung exemplarisch anhand dieses Knotens dargestellt. Die Auswertungen für die Punkte 2 bis 5 sind den Abbildungen 10-48 bis 10-52 im Anhang zu entnehmen. Aus Gründen der Vergleichbarkeit wird jeweils der Variationskoeffizient der Knotenverschiebung relativ zu dem definierten fahrzeugfesten Koordinatensystem dargestellt. Zusätzlich sind Konfidenzintervalle zum Signifikanzniveau $\alpha = 0{,}05$ dargestellt, um der Stichprobenabhängigkeit stochastischer Struktursimulationen Rechnung zu tragen. In der Berechnung dieser Intervalle sind die Vertrauensbereiche sowohl des Mittelwerts μ als auch der Standardabweichung σ berücksichtigt.

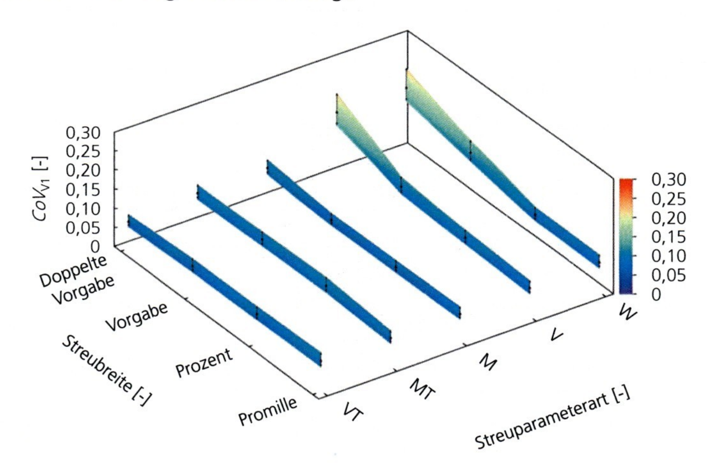

VT Verbindungstechnik MT Montagetoleranz M Material V Versuch W Wanddicke

Abbildung 5-20: Einfluss der Streuparameterarten und Streubreiten auf den Variationskoeffizienten der Deformation an Auswertepunkt 1 unter Verwendung von [Lüh15, Boh16]

Für die grafische Darstellung wird zwischen den berechneten Ergebnissen in Richtung der Streubreite linear interpoliert. Die nachfolgende Auswertung wird hingegen lediglich für die berechneten Stützstellen vorgenommen. Es wird jedoch davon ausgegangen, dass der Verlauf dazwischen monoton ist und die lineare Interpolation daher für die Abbildung eine hinreichend genaue Abschätzung darstellt.

Die Streuungen der Ergebnisgröße bleiben bei Variation der Streubreite für die Parameterarten Verbindungstechnik, Montagetoleranz und Material auf einem ähnlich niedrigen Niveau nahezu konstant. Anders verhält sich der Verlauf der Streubänder für die Versuchs- und Wanddickenstreuungen, für die eine Zunahme der Ergebnisstreuung mit zunehmender Eingangsstreubreite festzustellen ist. Insbesondere für eine verdoppelte Vorgabestreubreite ist eine deutliche Vergrößerung des Variationskoeffizienten gegenüber einfacher Vorgabestreubreite zu verzeichnen. Für die Versuchsstreuung ergibt sich bei doppelter Vorgabestreubreite ein 95 %-Konfidenzintervall ($0{,}133 \leq CoV \leq 0{,}216$), das sich signifikant von jenem bei einfacher Vorgabestreubreite ($0{,}076 \leq CoV \leq 0{,}118$) unterscheidet.

Insgesamt ergibt sich für die Wanddicken- und Versuchsstreuungen bei einfacher und doppelter Vorgabestreubreite ein gegenüber den Streuparameterarten Verbindungstechnik, Montagetoleranz und Material tendenziell größerer Einfluss auf die Streuungen der ausgewerteten Ergebnisgröße. Für Streuungen im Promille- und Prozentbereich bewegen sich die Variationskoeffizienten mit Werten zwischen 0,059 und 0,109 für alle Streuparameterarten auf ähnlichem Niveau. Im für die Auslegung relevanten Vorgabestreubereich hat die Wanddicke mit einem CoV zwischen 0,094 und 0,150 den größten Einfluss der betrachteten Streuparameterarten. Ein signifikanter Unterschied kann auf Basis der 95%-Konfidenzbänder lediglich im Vergleich zu der Materialstreuung ($0{,}057 \leq CoV \leq 0{,}089$) ausgewiesen werden, wobei die Überlappung mit den Konfidenzbändern von Verbindungstechnik ($0{,}063 \leq CoV \leq 0{,}098$) und Montagetoleranz ($0{,}067 \leq CoV \leq 0{,}105$) nur relativ gering ist. Die Versuchsstreuungen führen für die Vorgabestreubreite zu CoV-Werten zwischen 0,076 und 0,118 und haben somit den zweitgrößten Einfluss.

Neben der Betrachtung singulärer Parameterarten werden zusätzlich die Einflüsse auf die Ergebnisgröße bei gemeinsamer Berücksichtigung mehrerer Parameterarten untersucht. Insgesamt werden drei kumulierte Betrachtungen angestellt, für die zu jeder Streubreite eine weitere Stichprobe der Größe $n = 50$ unter Verwendung des ALHS [Hun98] generiert und berechnet wird. Die resultierenden Streubänder sind in gemeinsamer

Darstellung mit den Einzelparametereinflüssen in Abbildung 5-21 dargestellt.

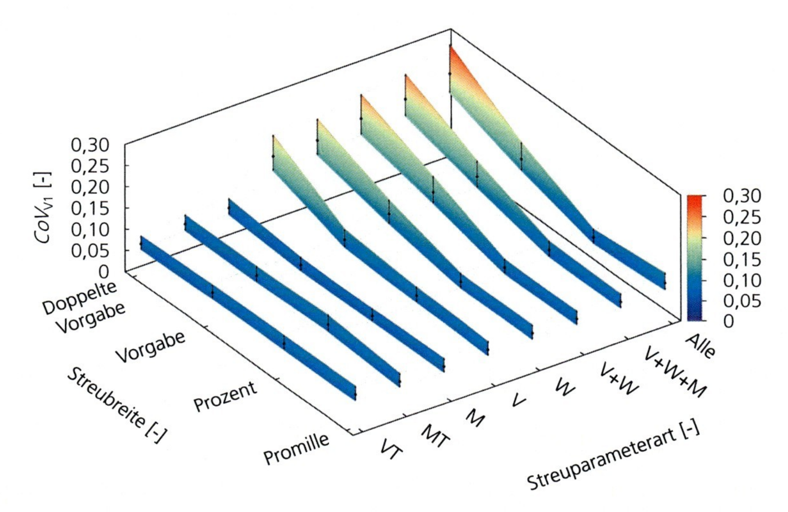

Abbildung 5-21: Einfluss der einzelnen und kumulierten Streuparameterarten und Streubreiten auf den Variationskoeffizienten der Deformation an Auswertepunkt 1 unter Verwendung von [Lüh15, Boh16]

Unter Streuung im Promille- und Prozentbereich ergeben sich gegenüber der Betrachtung der Einzelparameterarten kaum Unterschiede. Der Variationskoeffizient liegt hier für die drei kumuliert berechneten Streubänder zwischen 0,060 und 0,113. Auffällig hierbei ist lediglich das Konfidenzband der Promillestreuung ($0{,}072 \leq CoV \leq 0{,}113$) unter gemeinsamer Betrachtung aller fünf Streuparameterarten, das über jenem der Prozentstreuung ($0{,}060 \leq CoV \leq 0{,}093$) liegt. Der Grund hierfür wird in der gezogenen Stichprobe für die Promillestreuung vermutet, die zufällig zu dieser leichten Erhöhung führt.

Für die Vorgabestreubreite ergibt sich bei Berücksichtigung von Wanddicken- und Versuchsstreuungen eine leichte Erhöhung des Konfidenzintervalls ($0{,}105 \leq CoV \leq 0{,}168$) gegenüber der alleinigen Berücksichtigung der Wanddicke ($0{,}094 \leq CoV \leq 0{,}150$). Bei zusätzlicher

Abbildung von Materialstreuungen ($0{,}105 \leq CoV \leq 0{,}167$) sowie unter Berücksichtigung aller Streuparameterarten ($0{,}108 \leq CoV \leq 0{,}174$) verändert sich dieses Konfidenzband nur unwesentlich. Bei doppelter Vorgabestreubreite führt die gemeinsame Berücksichtigung von Streuparameterarten zu größeren Unterschieden. Gegenüber der alleinigen Wanddickenstreuung ($0{,}133 \leq CoV \leq 0{,}217$) resultiert die zusätzliche Berücksichtigung des Versuchs zwar in einer ähnlichen Erhöhung ($0{,}144 \leq CoV \leq 0{,}238$) wie für die einfache Vorgabestreubreite. Bei der kumulierten Berücksichtigung von Wanddicke, Versuch und Material ($0{,}151 \leq CoV \leq 0{,}249$) sowie für die gemeinsame Betrachtung aller Streuparameterarten ($0{,}169 \leq CoV \leq 0{,}283$) ergeben sich jedoch im Unterschied zur einfachen Vorgabestreubreite weitere Erhöhungen der Konfidenzintervalllagen.

Die Deformationsauswertungen der anderen fünf Knoten 2 bis 6 bestätigen fast durchgängig die hier dargestellten Tendenzen. Die drei Streuparameterarten Material, Verbindungstechnik und Montagetoleranz zeigen kaum Abhängigkeiten von der Eingangsstreubreite in ihren Ergebnisstreubreiten, die relativ niedrige Werte annehmen. Auf ähnlich niedrigem Niveau liegen für den jeweils betrachteten Auswerteknoten die Ergebnisstreubreiten für Wanddicken- und Versuchsstreuungen im Promille- und Prozentbereich. Die Ergebnisstreuung für Wanddicken- und Versuchsstreuungen werden oberhalb des Prozentbereichs mit steigender Eingangsstreubreite größer. Dies gilt auch für die gemeinsame Berücksichtigung der Streuparameterarten.

Lediglich die Auswertung an Knoten 3 (vgl. Abbildung 10-49 im Anhang) weicht von diesen Tendenzen ab. Hier führen bereits Streuungen im Promille- und Prozentbereich zu erheblichen Ergebnisstreubreiten. Die beschriebenen Zusammenhänge, die an den anderen Knoten beobachtet werden, sind weniger deutlich ausgeprägt. Auswertepunkt 3 liegt am Übergang zwischen Karosserie und Fahrwerk. Ein ausgeprägter Formschluss zu dem in positiver x-Richtung angrenzenden Vorderachsquerträger liegt hier nicht vor, was aus Abbildung 5-22 ersichtlich wird. Dies erklärt die bereits bei kleinen Eingangsstreubreiten sichtbare hohe Ergebnisstreuung. Somit wird deutlich, dass die Robustheit einer Struktur stets vom gewählten Auswertepunkt abhängt und sich das Verhalten innerhalb des Ergebnisraums u. U. stark unterscheiden kann [And15b, Roß15].

Abbildung 5-22: Auswertepunkt 3 in der Seitenansicht des Vorderwagenmodells

Auch für die anderen Auswertepunkte entstehen Einzelergebnisse, die teilweise von den beschriebenen Tendenzen abweichen (vgl. Abbildung 10-51). Es liegt in der Natur der stochastischen Struktursimulation, dass Erkenntnisse über die Grundgesamtheit stets auf Basis einer begrenzten Anzahl von Einzelrechnungen getroffen werden und diese zufällig von der Erwartung abweichen können. Es wird daher zum einen empfohlen, eine ausreichende Stichprobengröße zu generieren [And15b]. Des Weiteren kann eine Wiederholung des Zufallsexperiments Aufschluss darüber bringen, ob das Ergebnis zufällig abweicht oder ein wiederkehrendes Muster zu erkennen ist (vgl. Unterkapitel 5.2.1.2 und 5.2.2.2).

Insgesamt lassen sich in robusten Regionen des Ergebnisraums deutliche Unterschiede im Einfluss der untersuchten Streuparameterarten auf die Ergebnisstreuung feststellen. Für robuste Strukturbereiche, in denen formschlüssige Bauteilübergänge realisiert werden, haben Streuungen in der Verbindungstechnik im Rahmen der hier gewählten Streubreiten einen relativ geringen Einfluss (vgl. z. B. Auswerteknoten 1). Den größten Einfluss auf die Streuung der Deformation im vorliegenden Modell und Lastfall haben die Versuchs- und Wanddickenstreuungen. Umgekehrt kann in nichtrobusten Regionen des Ergebnisraums keine eindeutige Tendenz der Abhängigkeit von Streuparameterarten und Streubreiten auf die Ergebnisstreuung festgestellt werden. Für nichtrobuste Strukturbereiche können bereits kleine Eingangsstreubreiten großen Einfluss auf die Ergebnisstreuung haben (vgl. z. B. Auswerteknoten 3).

6 Integration von Robustheitsanalysen in den automobilen Produktentstehungsprozess

Im Folgenden wird die Anwendung felddatenbasierter und virtueller Robustheitsanalysen am Beispiel des automobilen PEP diskutiert. Dieses Kapitel bündelt die Erkenntnisse aus den dargestellten Auswertungen der Kapitel 4 und 1 und bildet somit die Synthese dieser Dissertation.

6.1 Anforderungen des automobilen Produktentstehungsprozesses

Steigende Produktanforderungen und eine zunehmende Derivatisierung erhöhen die Komplexität in der Fahrzeugentwicklung. Die Vernetzung und Digitalisierung von Automobilen resultiert in multidisziplinären Entwicklungsteams und der Überschneidung von Entwicklungszyklen unterschiedlicher Dauer. Dies beeinflusst den automobilen PEP und führt zu Bestrebungen, diesen weiter zu verkürzen. Ein generisches Modell der Phasen des PEP ist in Abbildung 6-1 dargestellt.

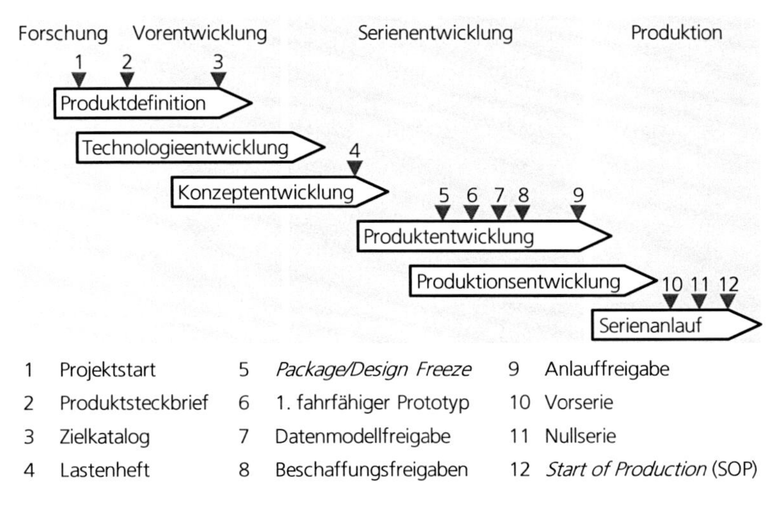

Abbildung 6-1: Generisches Modell des automobilen PEP unter Verwendung von [Göp12, Kel13]

Ausgehend vom Projektstart (1) werden im Rahmen der Produktdefinition die übergeordneten Entwicklungsziele definiert. Die Anforderungen an das zu entwickelnde Fahrzeug werden vom Produktsteckbrief (2) über den Zielkatalog (3) bis zum Lastenheft (4) immer weiter konkretisiert und mit steigender Verbindlichkeit versehen [Sch14].

Mit der stetigen Weiterentwicklung von Simulationsmethoden und der steigenden Rechenleistung geht die zunehmende Virtualisierung des PEP einher. Die Festlegung der Gesamtanzahl an Entwicklungsbaustufen sowie der Anteil virtueller und realer Prototypen werden vom jeweiligen Hersteller getroffen. Durch die virtuelle Absicherung prototypischer Baustufen, die zur Reduktion zeit- und kostenintensiver Entwicklungsschleifen beiträgt, gewinnt die FE-Simulation in der Fahrzeugentwicklung weiter an Bedeutung [Kel13].

Eine Verkürzung des PEP bedingt eine zunehmende Parallelisierung von Entwicklungsphasen. Die steigende Anzahl an Fahrzeugderivaten führt zu einer größeren Anzahl abzusichernder Varianten. Insgesamt entsteht in der virtuellen Fahrzeugentwicklung dadurch eine wachsende Datenmenge, deren Auswertung in immer kürzerer Zeit erfolgen muss, um die damit verbundenen Entscheidungen für die weitere Entwicklung ableiten zu können. Die Hersteller sind somit bestrebt, Unsicherheiten in der Aussage numerischer Simulationen zu reduzieren und die Prognosegüte zu steigern.

6.2 Robustheitsbewertungen in der Vorentwicklung und Serienentwicklung

Die im Rahmen dieser Dissertation vorgestellten Ansätze der Robustheitsbewertung crashbelasteter Fahrzeugstrukturen leisten einen Beitrag zu den Entwicklungsphasen der Produktdefinition, Technologie-, Konzept- und Produktentwicklung und sind somit sowohl in der Vorentwicklung als auch in der Serienentwicklung anzusiedeln.

6.2.1 Felddatenbasierte Robustheitsanalyse

Das Ziel der felddatenbasierten Robustheitsanalyse ist die Steigerung der Fahrzeugsicherheit durch die Berücksichtigung des realen Unfallgeschehens in der Auslegung crashbelasteter Fahrzeugstrukturen. Im Rahmen des PEP kann sie einen wichtigen Beitrag zur Anforderungsdefinition leisten, die im Rahmen der Produktdefinition und Konzeptentwicklung erfolgt. Darüber hinaus kann sie zur Beurteilung neuer Anforderungen losgelöst vom PEP eingesetzt werden, wie am Beispiel des schrägen Frontalaufpralls nach NHTSA [Sau12, Sau13a, Sau13b] in Kapitel 4 dargestellt wird. Durch den fahrzeugübergreifenden Ansatz mit prospektiver Analyserichtung sind für die felddatenbasierte Robustheitsanalyse keine spezifischen Fahrzeugdaten erforderlich, was ihre Anwendung in der Frühen Phase begünstigt.

Die hergeleiteten Verletzungsrisikofunktionen reflektieren die Korrelation des Verletzungsrisikos mit einem physikalischen Parameter, der auf Basis realer Unfälle ermittelt wird (vgl. Teilkapitel 4.2). Sie bilden die Verhältnisse an menschlichen, lebendigen Fahrzeuginsassen ab und gehen über die entwicklungsseitige Beurteilung von Dummybelastungen oder die Erkenntnis aus PMTO-Versuchen hinaus. Somit besteht das Potenzial, bereits im Vorfeld einer Fahrzeugentwicklung reale Unfallrisiken, die von den standardisierten Crashlastfällen und den dafür eingesetzten Messinstrumenten u. U. nur unzureichend wiedergegeben werden, zu berücksichtigen.

Falls zu Beginn einer Fahrzeugentwicklung noch Unsicherheit bezüglich der an ein Fahrzeug zu stellenden Anforderungen besteht, kann die felddatenbasierte Robustheitsanalyse zu einer Reduktion epistemischer Unsicherheiten beitragen. Da die auslegungsrelevanten Lastfälle einen bedeutenden Einfluss auf die Strukturauslegung nehmen können, ist die frühe Kenntnis der zu berücksichtigenden Anforderungen aus Entwicklungssicht unerlässlich. Angesichts zunehmend verkürzter Entwicklungszyklen, die wenig Spielraum für fundamentale Konzeptschwenks lassen, sollte die eindeutige Definition des grundlegenden Strukturkonzepts mit allen relevanten Crashlastpfaden zu einem möglichst frühen Zeitpunkt erfolgen.

Die Beurteilung von Fahrzeugdeformationen anhand der vorgestellten, generischen Strukturknoten ermöglicht eine frühzeitige Übertragung von Erkenntnissen der Unfallforschung in den PEP. Durch die vorgenommene Variablenerweiterung werden im Rahmen der manuellen Nachcodierung die GIDAS-Variablen um Zusatzinformation ergänzt (vgl. Unterkapitel 4.1.2), aus der sich direkte Handlungsempfehlungen für die Strukturauslegung ableiten lassen. Mithilfe einer Beschränkung der Deformationsauswertung auf die für das zu entwickelnde Fahrzeug relevante Fahrzeugklasse können Erkenntnisse der Unfallforschung bereits in die Definition des

Strukturkonzepts einfließen, was die prospektive Analyserichtung der felddatenbasierten Robustheitsanalyse unterstreicht.

6.2.2 Virtuelle Robustheitsanalyse

Das Ziel der virtuellen Robustheitsanalyse ist die Bewertung des Einflusses von Streuungen auf das Deformationsverhalten crashbelasteter Fahrzeugstrukturen. Zur sinnvollen Integration stochastischer Struktursimulationen unter Berücksichtigung aleatorischer Unsicherheiten in den PEP ist ein FE-Modell entsprechenden Reifegrads von Vorteil. Andernfalls ist der Anteil epistemischer Unsicherheiten u. U. noch zu groß. Damit wären die aus der Robustheitsanalyse gewonnenen Erkenntnisse aufgrund der hohen Änderungsrate in der Frühen Phase nur sehr begrenzt gültig. Der Einsatz von stochastischen Struktursimulationen wird daher jeweils in Abhängigkeit des Reifegrads der Entwicklung ab der Konzeptentwicklung empfohlen. Trotzdem kann es auf Basis von Vorgängerfahrzeugen bereits in der Produkt- und Technologieentwicklung sinnvoll sein, das grundsätzliche Strukturverhalten in virtuellen Robustheitsanalysen zu untersuchen und somit die frühe Lastpfaddefinition zu begünstigen. In der Produktdefinition und der frühen Konzeptentwicklung können als Ergänzung zum probabilistischen Ansatz auch possibilistische Methoden unter Verwendung von Fuzzy-Logik für erste, grobe Analysen zielführend sein [Weh15]. Im weiteren Verlauf des PEP sollten virtuelle Robustheitsanalysen zur durchgängigen Absicherung von prototypischen Baustufen eingesetzt werden. Grundsätzlich kann aufgrund der höheren Änderungsfreiheit in der Vorentwicklung und frühen Serienentwicklung ein verstärkter Einsatz stochastischer Methoden sinnvoll sein. So kann möglichst früh ein umfassendes Verständnis des Crashverhaltens gewonnen werden. Konzeptionelle und damit kostenintensive Änderungen zu späteren Entwicklungsphasen können dadurch vermieden werden.

Die Abbildung aller theoretisch möglichen Streuungen in der stochastischen Struktursimulation ist nicht zielführend, weshalb die wesentlichen Streuparameterarten berücksichtigt werden sollten. Auf Basis der in Teilkapitel 5.3 vorgestellten Auswertungen sind dies insbesondere die Wanddicken- und Versuchsstreuungen. Die dargestellten Ergebnisse sind jedoch zunächst nur für das Vorderwagenmodell im simulierten Lastfall des teilüberdeckten Frontalaufpralls unter Berücksichtigung der Verschiebung als Ergebnisgröße gültig. Insbesondere für Gesamtfahrzeugmodelle können sich in Abhängigkeit der Bauweise u. U. andere Zusammenhänge ergeben.

Die Toleranzfelder der Wanddicke für Aluminiumstrangpressprofile können über ±15 % des Nominalwerts betragen [DIN08a]. Damit können sie deutlich größer werden als für Aluminiumblech, für das die Abweichung auf ±3,5 % der Nominalwanddicke festgelegt ist [VDA14]. Somit lässt sich zumindest für Bauweisen mit verstärktem Einsatz von Strangpressprofilen für Trägerstrukturen auf Basis der Ergebnisse dieser Arbeit ein starker Einfluss der Wanddickenstreuung vermuten.

Die vergleichsweise schmalen Toleranzfelder für Aluminiumbleche suggerieren, dass ihr Einsatz in crashbelasteten Fahrzeugstrukturen zur Sicherstellung eines robusten Strukturverhaltens vorteilhaft sein kann. Allerdings ist hierbei zu berücksichtigen, dass in blechintensiver Bauweise zur Realisierung hohler Trägerstrukturen Verbindungstechnik eingesetzt werden muss. Die Ergebnisse von Unterkapitel 5.2.2 verdeutlichen die Beeinflussung des Deformationsverhaltens durch Bifurkationen, die durch Verbindungstechnik induziert werden. Für blechintensive Bauweisen könnte der Einfluss der Verbindungstechnik folglich größer sein als in dem im Rahmen dieser Arbeit untersuchten Vorderwagenmodell [Boh16].

Eines der Ziele einer robusten Auslegung ist die Vermeidung multimodaler Ergebnisverteilungen [Lom07, Sip09]. Die Auswertungen in dieser Arbeit zeigen insgesamt, dass die Realisierung formschlüssiger Bauteilübergänge in Crashlastpfaden zu einem relativ geringen Einfluss von Streuungen in der Verbindungstechnik auf die Ergebnisstreuung führt. Die deutliche Reduktion von Verbindungstechnik bei Verwendung von Strangpressprofilen in Crashlastpfaden kann hierzu konstruktiv einen erheblichen Beitrag leisten. Vor diesem Hintergrund kann die Verwendung von Strangpressprofilen in Hauptlastpfaden, wie z. B. dem Hauptlängsträger im Vorderwagen, trotz der im Vergleich zu Aluminiumblech relativ großen Toleranzen der Wanddicke für eine eindeutige Deformationskinematik und die Reduktion von Verzweigungspunkten vorteilhaft sein. Sofern sie in der Auslegung des Strukturkonzepts berücksichtigt werden, müssen die relativ breiten Toleranzfelder von Strangpressprofilen nicht zwangsläufig zu einem nichtrobusten Crashverhalten führen. Der entscheidende Vorteil liegt vielmehr in der Reduktion der durch versagende Verbindungstechnik induzierten Bifurkationen.

Die Wanddickenstreuung wird in dieser Arbeit auf Bauteilniveau durchgeführt, d. h. pro Bauteil wird eine Wanddicke vergeben. In der Realität können die einzelnen Wanddicken beispielsweise in Strangpressprofilen allerdings fertigungsbedingt voneinander abweichen. In [Gol14] wird gezeigt, dass eine unabhängige Wanddickenstreuung pro Bauteilwandung für den in Unterkapitel 5.2.1 untersuchten Längsträger B gegenüber einer einheitlichen Streuung auf Bauteilniveau zu kleineren Ergebnisstreuungen führt. Für einen möglichst vollständigen Eindruck über das gesamte mögliche Streuband des Ergebnisses wird daher eine bauteilbezogene Streuung empfohlen. Diese Vorgehensweise birgt zwar das Risiko, Konfigurationen zu berechnen, die in der Realität nur mit relativ geringer Wahrscheinlichkeit auftreten. Jedoch reduziert sie dadurch ebenfalls die Wahrscheinlichkeit, im realen Versuch Ergebnisse zu erhalten, die außerhalb des Bereichs der Ergebnisse der stochastischen Struktursimulation liegen, sofern die Randbedingungen der realistischen Streuparameterannahme erfüllt sind und ein validiertes FE-Modell verwendet wird.

Insgesamt wird eine in allen Entwicklungsphasen durchgängige Vorgehensweise zur Abbildung von Eingangsstreuungen empfohlen. Insbesondere beim Einsatz innovativer Werkstoffe und Bauweisen können die tatsächlichen Streubreiten des eingefahrenen Serienprozesses noch unbekannt sein. Jedoch ist zu empfehlen, die Streuungen bereits auf Basis von Abschätzungen in die stochastische Struktursimulation zu integrieren, um deren Einfluss bereits so früh wie möglich bewerten zu können und die Vergleichbarkeit mit späteren Robustheitsanalysen sicherzustellen.

Obwohl Streueinflüsse aus der Simulation in dieser Arbeit nicht untersucht werden, können aus den Streuungen im Promillebereich Erkenntnisse über die Stabilität des verwendeten FE-Modells abgeleitet werden. Es zeigt sich, dass in robusten Regionen des Ergebnisraums (vgl. Unterkapitel 5.3.2, Auswertepunkt 1) eine Streuung im Promillebereich nur zu relativ geringen Variationskoeffizienten der Ergebnisgröße führt, während diese für nichtrobuste Bereiche (vgl. Unterkapitel 5.3.2, Auswertepunkt 3) deutlich größer ausfallen können. Die berücksichtigten Promillestreuungen haben z. B. für Wanddicken von wenigen Millimetern Streubreiten im Mikrometerbereich zur Folge, die in der Qualitätsüberwachung u. U. nicht mehr messbar und damit aus technischer Sicht von untergeordneter Bedeutung sind. Eine solche nichtphysikalische Streuung gibt jedoch Auskunft über die Empfindlichkeit des Modells gegenüber sehr kleinen Änderungen der Eingangsdaten. Am Beispiel des Vorderwagenmodells lassen sich die größeren Variationskoeffizienten an Auswertepunkt 3 durch die Konstruktion begründen. Teilweise können diese jedoch aus dem FE-Modell selbst oder der parallelisierten Berechnung resultieren [Wil03, Rou06]. In diesen Fällen können durch nichtphysikalische Streuungen des Modells unter gleichzeitiger, diskreter Variation der Simulationsparameter die numerischen Sensitivitäten ermittelt werden [ASC13].

Für die virtuellen Robustheitsuntersuchungen im Rahmen dieser Arbeit werden Stichprobengrößen von 50 bzw. 100 Einzelrechnungen generiert. Zur Abbildung des Mittelwerts und der Standardabweichung einer vorgegebenen Eingangsverteilung mit Konfidenzintervallbreiten, die für ingenieurtechnische Anwendungen ausreichend sind, genügen bereits Stichproben ab einer Größe von ca. 40 Einzelrechnungen [Mar00]. Diese Angabe ist für stochastische Struktursimulationen unabhängig von der Anzahl betrachteter Ergebnisgrößen, falls keine Approximation des FE-Modells durch ein mathematisches Ersatzmodell angestrebt wird. Je nach Anwendungsfall und der Größe des Parameterraums kann die zur Metamodellbildung geforderte Stichprobengröße deutlich größer werden [Wil03]. Im Fall der stark nichtlinearen Antwortflächen im Strukturcrash sind glättende Approximationen jedoch nicht geeignet [Dud05] und die Ermittlung von Korrelationen zwischen Eingangs- und Ergebnisgrößen nur eingeschränkt möglich. Für das in Unterkapitel 0 vorgestellte Vorderwagenmodell beispielsweise beschränkt sich die Identifikation von Sensitivitäten auf triviale Zusammenhänge wie die Zunahme der Schnittkraft im Hauptlängsträger mit steigender Wanddicke [Gol14]. Mathematische Ersatzmodelle sind selbst für dieses vergleichsweise robuste Abschnittsmodell nicht in der Lage, das Systemverhalten auf Basis glättender Antwortflächen zu approximieren [Roß15]. Insbesondere der Einsatz der in Unterkapitel 2.4.4 vorgestellten Korrelationskoeffizienten nach Bravais-Pearson und Spearman hat sich zur Identifikation von nichttrivialen Wirkzusammenhängen im Strukturcrash als nicht zielführend herausgestellt.

Der in dieser Arbeit vorgestellte Robustheitsindex (vgl. Teilkapitel 3.2) kann insbesondere bei großen auszuwertenden Datenmengen im Rahmen des PEP einen Mehrwert generieren. Durch die Automatisierbarkeit der Berechnung von RI lassen sich die Ergebnisse stochastischer Struktursimulationen bereits vor einer Detailanalyse, die u. U. einer zeitintensiven Expertenauswertung bedarf, zur weiteren Vorgehensweise sortieren. Als Filterfunktion kann der Robustheitsindex somit dazu eingesetzt werden, die Reihenfolge der Ergebnisauswertung bestimmter Fahrzeugvarianten oder

Lastfälle zu priorisieren. Je nach Phase im PEP kann sich die Festlegung der Wichtungsfaktoren $w_{1,\ldots,4}$ nach den jeweiligen Entwicklungsschwerpunkten richten. Die Gleichgewichtung wird für die Untersuchungen im Rahmen dieser Arbeit gewählt, weil zur Überprüfung der Eignung von *RI* zur übergeordneten Robustheitsbewertung crashbelasteter Strukturen keinem der vier Einzelfaktoren a priori ein höheres Gewicht zugesprochen werden soll. Auf Basis des in Unterkapitel 5.2.1 betrachteten axial belasteten Längsträgers sind anhand von Profil B die Auswirkungen von drei weiteren Kombinationen der Wichtungsfaktoren $w_{1,\ldots,4}$ auf den Robustheitsindex *RI* in Tabelle 6-1 dargestellt.

Tabelle 6-1: Robustheitsbewertung der *x*-Verschiebung des axial belasteten Längsträgers (Profil B) bei verschiedenen Wichtungsfaktoren $w_{1,\ldots,4}$

Beschreibung	w_1 *(Z)*	w_2 *(S)*	w_3 *(V)*	w_4 *(G)*	*RI*[a]
Gleichgewichtung	0,25	0,25	0,25	0,25	**0,710**
Feasibility Robustness	0,5	0	0	0,5	**0,752**
Sensitivity Robustness	0	0,5	0,5	0	**0,668**
Alternativgewichtung	0,4	0,4	0,1	0,1	**0,826**

[a] Einzelfaktoren: $Z = 0{,}960$; $S = 0{,}845$; $V = 0{,}491$; $G = 0{,}544$

Um im Rahmen der Vorentwicklung Strukturkonzepte zunächst ausschließlich hinsichtlich ihrer Empfindlichkeit gegenüber Streueinflüssen zu bewerten *(Sensitivity Robustness)*, kann es zielführend sein, die Zielerreichung zunächst zu vernachlässigen und lediglich die beiden Faktoren *S* und *V* in der Berechnung von *RI* zu berücksichtigen. Insbesondere wenn Auslegungsgrenzwerte noch nicht definiert sind, können so bereits in der Frühen Phase Robustheitsbewertungen erfolgen. Strukturkonzepte können auch ohne konkrete Zielwerte auf Basis von Abschätzungen dimensioniert und gezielt auf ein eindeutiges Deformationsverhalten unter Minimierung von Bifurkationen ausgelegt werden.

Zur Fokussierung von *RI* auf die Sicherstellung der Zielerreichung unter streuenden Eingangsgrößen *(Feasibility Robustness)* werden die beiden Faktoren *Z* und *G* mit Wichtungsfaktoren von 0,5 versehen. Dieser Ansatz kann z. B. zielführend sein, wenn aus mehreren aus der Technologie- und Konzeptentwicklung hervorgegangenen Strukturkonzepten, die idealerweise bereits unimodale Ergebnisverteilungen aufweisen, dasjenige mit der höchsten Zielerreichung bei minimalem mittleren Abstand der nichtzulässigen Einzelrechnungen von den Auslegungsgrenzwerten ermittelt werden soll. Ein entsprechend eng gewählter Korridor der beiden Grenzwerte g_{max} und g_{min} kann dabei gewährleisten, dass nur eine geringe Ergebnisstreuung zu akzeptablen Bewertungen führt.

Eine weitere Möglichkeit sieht die Gewichtung der vier Faktoren gemäß der letzten Zeile von Tabelle 6-1 (Alternativgewichtung) vor. Die beiden Faktoren V und G, die besonders sensitiv gegenüber Ausreißern sein können, werden hierbei mit einem niedrigen Gewicht versehen. Das Hauptaugenmerk liegt auf der Zielerreichung bei gleichzeitig möglichst geringer Streuung um den Mittelwert der Verteilung. Diese Gewichtung könnte eine pragmatische Vorgehensweise für die Produktentwicklung darstellen, da zum einen die Variationsbreite u. U. von nur einem oder einigen wenigen Ausreißern bestimmt werden kann (vgl. Abbildung 5-8 und Tabelle 5-8, Profil A). Zum anderen wird somit dem Faktor G eine niedrige Gewichtung gegeben, die bei entsprechendem Reifegrad des Produkts und im Fall weniger nichtzulässiger, u. U. relativ unwahrscheinlicher Einzelrechnungen, gewählt werden kann.

Der Vergleich der vier Robustheitsindizes in Tabelle 6-1 verdeutlicht, dass die Wahl der Wichtungsfaktoren $w_{1,\ldots,4}$ einen nicht unerheblichen Einfluss auf RI haben kann. Es wird daher stets eine separate Angabe der Einzelfaktoren empfohlen, selbst wenn diesen in der Berechnung von RI kein Gewicht beigemessen wird. Als Vergleichsbasis für Robustheitsbewertungen unterschiedlicher Entwicklungsphasen kann eine einheitliche Festlegung der Wichtungsfaktoren vorteilhaft sein.

7 Resümee

7.1 Zusammenfassung der zentralen Ergebnisse

Dem übergeordneten Ziel der kontinuierlichen Verbesserung der Fahrzeugsicherheit folgend wird in dieser Arbeit ein holistischer Robustheitsansatz definiert, der Streueinflüsse aus den Bereichen Simulation, Fahrzeug, Versuch und Feld einschließt. Methodisch werden dabei zwei voneinander getrennte Ansätze unterschieden. Die felddatenbasierte Robustheitsanalyse bewertet Anforderungen der Fahrzeugsicherheit in ihrer Robustheit gegenüber dem realen Unfallgeschehen. In der virtuellen Robustheitsanalyse wird die Robustheit crashbelasteter Fahrzeugstrukturen in Bezug auf definierte Anforderungen der Fahrzeugsicherheit evaluiert.

Durch die Analyse des realen Unfallgeschehens wird eine fahrzeugübergreifende Robustheitsbewertung der Anforderungen der Fahrzeugsicherheit ermöglicht. Am Beispiel des als zukünftige gesetzliche Anforderung diskutierten schrägen Frontalaufpralls nach NHTSA [Sau12, Sau13a, Sau13b] wird gezeigt, dass der Lastfall über 95 % der analysierten schrägen Frontalkollisionen des bundesdeutschen Unfallgeschehens hinsichtlich der technischen Unfallschwere abdeckt und damit als eine robuste Anforderung angesehen werden kann. Für die technische Detailauswertung der betrachteten Realunfälle wird eine generische Aufteilung der Fahrzeugkarosserie in Strukturknoten vorgenommen, die eine Identifikation von Versagensmechanismen in verunfallten Fahrzeugen ermöglicht. Hierbei zeigt sich, dass die Strukturverformbarkeit der verunfallten Fahrzeuge im Analysedatensatz in Querrichtung wesentlich schwächer ausgeprägt ist als in Längsrichtung. Die bisher geringere Anzahl standardisierter schräger Frontallastfälle, die Querkräfte in der Vorderwagenstruktur induzieren, könnte eine Ursache dafür sein. Zur Beurteilung des Verletzungsrisikos von Fahrzeuginsassen in schrägen Frontalkollisionen werden erstmals Verletzungsrisikofunktionen für diesen Kollisionstyp hergeleitet. Der schräge Frontalaufprall wird dabei als besonders schwerwiegende Unterpopulation des Frontalaufpralls im Allgemeinen identifiziert.

Für die virtuelle Robustheitsanalyse crashbelasteter Fahrzeugstrukturen wird im Rahmen dieser Dissertation der Robustheitsindex *RI* eingeführt. Durch die Berücksichtigung der Zielerreichung, der Ergebnistreuung um den Mittelwert, der Variationsbreite sowie des Abstands unzulässiger

Einzelergebnisse vom Auslegungsgrenzwert in einer gewichteten Summierung wird erstmals eine transparente, übergeordnete Robustheitsbewertung crashbelasteter Fahrzeugstrukturen ermöglicht. An zwei Beispielen wird gezeigt, dass der vorgestellte Robustheitsindex *RI* die aus den deutlich zeitaufwendigeren Detailanalysen gewonnenen qualitativen Robustheitsbewertungen adäquat wiedergibt. Als skalare Kenngröße kann er somit im Vorfeld einer weitergehenden Detailanalyse zur Erstbewertung eingesetzt werden. Durch die einfache Automatisierbarkeit von *RI* wird eine Robustheitsbewertung unmittelbar im Anschluss an eine stochastische Struktursimulation möglich.

Des Weiteren werden anhand von Messdaten aus der industriellen Fertigung die Verteilungen zentraler Eingangsparameter für stochastische Struktursimulationen untersucht. Es wird gezeigt, dass die Normalverteilung auf Basis der betrachteten Auswertungen von Aluminiumstrangpressprofilen für die untersuchten Parameter der Wanddicke, Streckgrenze und Zugfestigkeit eine korrekte Repräsentation der realen Verhältnisse darstellt. Die Einflüsse unterschiedlicher Streuparameterarten in Abhängigkeit der jeweils gewählten Streubreite auf die Ergebnisvariation in stochastischen Struktursimulationen werden anhand eines Fahrzeugabschnittsmodells untersucht. In dem untersuchten Lastfall in Anlehnung an den teilüberdeckten Frontalaufprall nach Euro NCAP [Eur13] werden die Wanddicken- und Versuchsstreuungen als Parameterarten mit dem größten Einfluss ausgewiesen. Hierbei wird festgestellt, dass die Realisierung formschlüssiger Bauteilübergänge zu einer Reduktion der Ergebnissensitivität gegenüber Streueinflüssen aus der Verbindungstechnik und damit zu einer geringeren Neigung zu Bifurkationen in Crashlastpfaden führt.

7.2 Implikationen für Wissenschaft und Praxis

Die aus der Analyse des realen Unfallgeschehens gewonnenen Erkenntnisse verdeutlichen den Mehrwert eines multidisziplinären Ansatzes zur robusten Pkw-Auslegung. Mithilfe der definierten Strukturknoten ist es möglich, die aus der Unfallanalyse gewonnenen Erkenntnisse der mangelnden Strukturverformbarkeit der untersuchten Fahrzeuge in Querrichtung direkt in die Fahrzeugentwicklung zu übertragen. Diese Erweiterung der vorhandenen Datenbasis zeigt, dass eine zielorientierte Variablenerfassung im Rahmen wissenschaftlicher Unfalldatenerhebungen maßgeblich zur

Nutzbarkeit der Ergebnisse der Unfallforschung in der Fahrzeugentwicklung ist.

Durch die Herleitung von Verletzungsrisikofunktionen auf Basis von Unfalldaten wird eine Beurteilung des realen menschlichen Verletzungsrisikos möglich. Diese fahrzeugübergreifende Betrachtungsweise kann in der Anforderungsdefinition einen wichtigen Eindruck von den Verhältnissen im Feld liefern. Analysen des realen Unfallgeschehens stellen eine wertvolle Ergänzung zur entwicklungsseitigen Bewertung der Fahrzeugsicherheit in Crashsimulationen und Sicherheitsversuchen dar.

Die Ergebnisse der virtuellen Robustheitsanalysen verdeutlichen das Risiko der Auslegung auf Basis von Crashsimulationen unter alleiniger Berücksichtigung der Nominalkonfiguration. Diese deterministische Vorgehensweise geht mit einer hohen Entscheidungsunschärfe einher, da aufgrund der hochgradig nichtlinearen Zusammenhänge im Hochgeschwindigkeitscrash mit teilweise unstetigen Ergebnisräumen Einzelergebnisse von der zufälligen Wahl der Eingangsparameter abhängen können. Kleine Änderungen im FE-Modell selbst oder in der parallelisierten Lösung von Crashsimulationen auf Rechenclustern können u. U. zu großen Abweichungen im Ergebnis führen. Angesichts verkürzter Entwicklungszyklen mit verstärktem Einsatz von virtuellen Prototypenphasen kann die stochastische Struktursimulation als Standardauslegungsmethode im Produktentstehungsprozess durch die Angabe von Ergebnisbereichen statt diskreter Einzelwerte zu einer Erhöhung der Prognosegüte von Struktursimulationen führen. Die Entwicklungsrisiken für die Sicherheitsversuche auf Komponenten- und Gesamtfahrzeugniveau können durch eine umfassende Absicherung der virtuellen Baustufen mit stochastischen Methoden gesenkt werden.

Insbesondere zur Überprüfung von Strukturentwürfen, die das Ergebnis numerischer Optimierung sind, werden virtuelle Robustheitsanalysen empfohlen. Durch die möglicherweise hohen Sensitivitäten optimaler Entwürfe gegenüber Streuungen stellen diese nur in einem sehr begrenzten Eingangsparameterraum eine zielführende Lösung dar. Zur Realisierung ressourcenschonender Leichtbauziele kann die numerische Optimierung in der Strukturauslegung jedoch einen wertvollen Beitrag leisten. Demzufolge sollten in Übereinstimmung mit Parkinson [Par95] Robustheit und Optimierung als sich gegenseitig bedingendes Komplement methodischer Strukturauslegung aufgefasst werden. Robuste

Leichtbaulösungen sind im Stande, höchste Anforderungen im Automobilbau zu erfüllen und gleichzeitig das Entwicklungsrisiko zu senken.

7.3 Kritische Reflexion der Ergebnisse

In der felddatenbasierten Robustheitsanalyse werden bestehende oder mögliche zukünftige Anforderungen bewertet. Eine Limitation dieser Vorgehensweise ist, dass Unfallkonstellationen, die im Feld auftreten, aber bisher von keinem Lastfall adressiert werden, unentdeckt bleiben. Zur Identifikation bisher unberücksichtigter Kollisionstypen werden weiterhin Studien zu Verletzungs- und Letalitätsrisiken im realen Unfallgeschehen benötigt, wie jene von Bean et al. [Bea09], die auf Basis von 122 Unfalltoten im US-amerikanischen Unfallgeschehen den Anstoß für die untersuchte Konstellation des schrägen Frontalaufpralls gab.

Bei der Interpretation realer Unfalldaten ist zu beachten, dass stets auf Basis einer begrenzten Anzahl von Unfällen aus u. U. verzerrten Stichproben Rückschlüsse auf die Grundgesamtheit gezogen werden. Hierbei ist das Verhältnis der Stichprobengröße zur Grundgesamtheit zu beachten, das Einfluss auf die Repräsentativität der Aussage hat. Bei Verwendung von Unfalldaten, die in einer bestimmten Region oder einem bestimmten Land erhoben wurden, ist die Übertragbarkeit auf andere Gebiete nicht ohne weiteres möglich. Insbesondere zwischen US-amerikanischen und deutschen bzw. europäischen Unfalldaten können sich Gurtanlegequoten sowie Alter, Masse und Kompatibilität der betrachteten Fahrzeuge u. U. stark unterscheiden. Zudem ist zu berücksichtigen, dass die Unfalldatenanalyse stets auf vergangenen Geschehnissen beruht. Technische Veränderungen in den Fahrzeugen sind demzufolge bei der Interpretation von Unfalldaten zu berücksichtigen, um eine Projektion des Feldgeschehens auf den aktuellen Stand der Technik zu ermöglichen.

Die Frage nach der benötigten Stichprobengröße bei der felddatenbasierten Robustheitsanalyse wird in dieser Arbeit nicht beleuchtet. Durch die kontinuierliche Verbesserung der Verkehrssicherheit konnte die Zahl der Verkehrstoten allein im Zeitraum zwischen 2000 und 2014 um ca. 55 % reduziert werden [Sta15]. Die Anzahl an Toten und Schwerverletzten im Feld wird in den Jahren 2015 bis 2020 weiter sinken [Mai12]. Dementsprechend werden auch die Fallzahlen schwerer Unfälle in den wissenschaftlichen Unfalldatenerhebungen zurückgehen. Es ist daher im Einzelfall zu prüfen, ob die Datenbasis schwerer Fälle, wie z. B. von Überschlagsunfällen, groß genug für eine statistisch aussagekräftige Analyse sein kann. Zudem könnte die rückläufige Letalität in einer Zunahme von schwerstverletzten Personen in Verkehrsunfällen resultieren [Lef09]. Es kann daher diskutiert werden, ob auch zukünftig das Hauptaugenmerk auf einer Reduktion der Unfalltoten liegen oder der Fokus auf die Schwerstverletzten gelegt werden sollte.

Der übergeordnete Antrieb für diese Arbeit ist die Verbesserung der tatsächlichen Fahrzeugsicherheit, insbesondere unter Berücksichtigung des realen Unfallgeschehens. Maßnahmen, die im Feld eine positive Wirkung zeigen könnten, lassen sich jedoch u. U. in der Entwicklung nur unzureichend bewerten, da die zur Verfügung stehenden Messmittel die realen Verhältnisse nicht adäquat wiedergeben. Der virtuellen und versuchstechnischen Bewertung von Sicherheitsmaßnahmen im Hinblick auf den Benefit für das reale Unfallgeschehen können hier Grenzen gesetzt sein.

Durch die Betrachtung des im Vorderwagenmodell simulierten Lastfalls in Anlehnung an Euro NCAP [Eur13] fehlt innerhalb der Dissertation der direkte Bezug zwischen der felddatenbasierten und virtuellen Robustheitsanalyse. Aufgrund der Aktualität des schrägen Frontalaufpralls nach NHTSA [Sau12, Sau13a, Sau13b] wurde dieser gegenüber einer Analyse des teilüberdeckten Frontalaufpralls nach Euro NCAP präferiert. Die dargestellte Methodik lässt sich jedoch in analoger Form auch auf andere Lastfälle übertragen. Umgekehrt wurde im Hinblick auf eine möglichst hohe Aussagegüte der virtuellen Robustheitsanalyse der teilüberdeckte Frontalaufprall gegenüber dem schrägen Frontalaufprall nach NHTSA bevorzugt. Der Einsatz validierter Berechnungsmodelle stellt eine der Grundvoraussetzungen für eine möglichst vollständige virtuelle Abbildung des Ergebnisraums des realen Crashversuchs dar. Im Fall des teilüberdeckten Frontalaufpralls konnte auf validierte Materialmodelle, insbesondere für die Barriere, zurückgegriffen werden. Für den NHTSA *Oblique* hingegen war die Datenbasis zu Beginn dieser Arbeit noch nicht ausreichend, um beispielsweise die aus dem schrägen Aufprall resultierende kombinierte Intrusions- und Abgleitkinematik prognosesicher virtuell wiedergeben zu können. Die dafür noch notwendigen Validierungsversuche hätten den Rahmen dieser Arbeit überstiegen. Auch für das simulierte, relativ komplexe Vorderwagenmodell im teilüberdeckten Frontalaufprall könnten Validierungsversuche weitere Erkenntnisse über das Deformationsverhalten und die möglichen Streueinflüsse aus dem

Kontakt zwischen Fahrzeugstruktur und Barriere liefern. Streuungen in den Materialeigenschaften der Barriere selbst, die in dieser Arbeit unberücksichtigt bleiben, könnten hierbei ebenfalls untersucht werden.

Die Materialeigenschaften der untersuchten Strukturen werden in den meisten der betrachteten Fälle im Rahmen dieser Arbeit als homogen innerhalb eines Bauteils angenommen. Insbesondere in Gussbauteilen können die Werkstoffeigenschaften allerdings stark von der Bauteillokalität abhängen [Gil10, Mau16]. Auch in tiefgezogenen Blechbauteilen können Materialeigenschaften lokal variieren [Bay10]. Diese Einflüsse bleiben weitestgehend unberücksichtigt.

In der virtuellen Robustheitsanalyse des Vorderwagenmodells wird für die verwendeten Werkstoffe ein Versagensmodell implementiert, das auf der plastischen Vergleichsdehnung basiert. In den vergangenen Jahren kommen aufgrund der zunehmenden Rechenleistung in der Forschung und industriellen Praxis verstärkt auch aufwendigere Materialmodelle zum Einsatz, die z. B. eine inkrementelle Beschreibung der Bauteilschädigung ermöglichen [Neu09, Hau10, LST12b]. Im Rahmen des Modellaufbaus wurden zwar einzelne Vergleichsrechnungen mit komplexeren Versagensmodellen angestellt, um die Übereinstimmung mit den verwendeten Modellen sicherzustellen. Die stochastischen Struktursimulationen selbst wurden allerdings aus Gründen des numerischen Aufwands mit einem einfacheren Versagensmodell durchgeführt. Dies ist bei der Interpretation der Ergebnisse zu den Einflüssen von Streuparameterarten in der stochastischen Struktursimulation zu berücksichtigen.

7.4 Ansätze für zukünftige Forschung

Die vorgestellte Methodik der felddatenbasierten Robustheitsanalyse könnte in Anlehnung an [Wåg13b] erweitert werden. Die Identifikation schwerwiegender Kollisionstypen sowie die technische und medizinische Beurteilung der jeweiligen Konfiguration würden erneut auf Basis realer Unfalldaten erfolgen. In einem weiteren Schritt könnte die gewonnene Erkenntnis über Deformations- und Verletzungsmuster in die Definition von Strukturkonzepten integriert und diese einer FE-basierten Robustheitsanalyse unterzogen werden.

In dieser Arbeit werden schräge Frontalkollisionen hinsichtlich der medizinischen Unfallschwere als besonders schwerwiegende Unterpopulation des

Frontalaufpralls im Allgemeinen ausgewiesen. In Folgeuntersuchungen könnte diese Betrachtung auf weitere an standardisierte Crashlastfälle angelehnte Untergruppen, wie z. B. den Frontalaufprall geringer Überdeckung *(Small Overlap)* nach IIHS [IIH14], ausgedehnt werden. Zusätzliche Unterteilungen hinsichtlich der Verletzungsschwere, des Insassen- und Fahrzeugalters sowie der Anstoßseite sind denkbar. Insgesamt könnte somit eine Anordnung unterschiedlicher Frontalkollisionstypen in Abhängigkeit des Verletzungsrisikos erfolgen.

Gießsimulationen oder analytische Berechnungsansätze können eine Bestimmung der Materialeigenschaften in Abhängigkeit der Bauteil- und Gießparameter unterstützen. Gleiches gilt für Tiefziehsimulationen, die Ausdünnungen und veränderte Materialeigenschaften in Blechbauteilen prognostizieren können. Durch die Fortführung von Ansätzen, Prozesssimulationen in die virtuelle Robustheitsanalyse zu integrieren [Bay10], könnte die Abbildung von Streuungen weiter detailliert werden.

Die Einzelbildanalyse (makroskopische Auswertung) der Ergebnisse stochastischer Struktursimulationen erfolgt aktuell vor allem durch Expertenanalysen, in denen das Strukturverhalten hinsichtlich Deformationsmuster und Integrität beurteilt wird. Diese manuelle Auswertung ist zeitaufwendig und erfordert erfahrene Berechnungsingenieure. Eine automatisierte makroskopische Analyse, die mithilfe von Bilderkennung Strukturversagen detektieren kann, würde den Aufwand der Auswertung von stochastischen Struktursimulationen signifikant reduzieren und damit den standardisierten Einsatz in der Fahrzeugentwicklung begünstigen.

Das Grundproblem der Validierung von Crashsimulationen auf Basis des Endzustands eines Versuchs trifft auch die Robustheitsanalyse. Während die numerische Simulation die Auswertung dynamischer Deformationen ermöglicht, kann zur Validierung von Gesamtfahrzeugcrashs lediglich die statische Deformation am Ende des Versuchs im Vergleich zur Simulation herangezogen werden. Methoden, wie die In-Situ-Röntgen-Computertomografie [Mos14], die auch über den Verlauf der Deformation während des realen Versuchs Aufschluss geben können, würden insbesondere die Validierung der virtuellen Abbildung von Deformationsverläufen und Bifurkationen signifikant erleichtern.

Als folgerichtigen nächsten Schritt im Anschluss an die Robustheitsbewertung könnten Nachfolgearbeiten die Steigerung der Robustheit crashbelasteter Strukturen thematisieren. Hierbei sind zum einen empirische

Studien vorstellbar, die sich weiter mit der Auswirkung von Konstruktionsprinzipien, wie formschlüssiger Bauteilübergänge, auf die Robustheit von Strukturkonzepten beschäftigen und daraus unter Berücksichtigung von Leichtbau und Wirtschaftlichkeit robuste Fahrzeugsicherheitskonzepte ableiten. Zum anderen sollte weiterhin an Methoden der numerischen Robustheitsoptimierung geforscht werden. Die Weiterentwicklung sowohl stochastischer Methoden als auch physikalischer und mathematischer Ersatzmodelle kann zur Erweiterung des Stands der Wissenschaft beitragen und die Anwendungsmöglichkeiten hinsichtlich Größe und Komplexität der lösbaren Probleme weiter steigern.

Die Ergebnisse dieser Arbeit verdeutlichen das Potenzial des vorgestellten Robustheitsindexes *RI* als übergeordnete Bewertungsgröße. Jedoch sollten diese beispielsweise an Gesamtfahrzeugsimulationen gefestigt werden und insbesondere die Eignung von *RI* als Erstbewertung und Filterfunktion in der Robustheitsanalyse weitergehend evaluiert werden. Zusätzlich sollte der Einfluss von Streuparameterarten auf das Ergebnis stochastischer Struktursimulationen an weiteren Beispielen, wie z. B. blechintensiveren Strukturkonzepten, untersucht werden.

8 Literaturverzeichnis

[AAA80] AAAM, 1980. *The Abbreviated Injury Scale. 1980 Revision:* American Association for Automotive Medicine. Morton Grove, IL, USA

[AAA85] AAAM, 1985. *Abbreviated Injury Scale 1985 Revision:* American Association for Automotive Medicine. Barrington, IL, USA

[AAA90] AAAM, 1990. *The Abbreviated Injury Scale 1990 Revision:* Association for the Advancement of Automotive Medicine. Barrington, IL, USA

[AAA98] AAAM, 1998. *The Abbreviated Injury Scale 1990 Revision Update 98:* Association for the Advancement of Automotive Medicine. Barrington, IL, USA

[AAA05] AAAM, 2005. *Abbreviated Injury Scale 2005:* Association for the Advancement of Automotive Medicine. Barrington, IL, USA

[AAA08] AAAM, 2008. *Abbreviated Injury Scale 2005 Update 2008:* Association for the Advancement of Automotive Medicine. Barrington, IL, USA

[Agr02] AGRESTI, A., 2002. *Categorical Data Analysis.* 2. Auflage. New York: Wiley-Interscience: Wiley Series in Probability and Statistics. ISBN 0-471-36093-7

[All06] ALLEN, J. K., C. C. SEEPERSAD und F. MISTREE, 2006. Survey of Robust Design with Applications to Multidisciplinary and Multiscale Systems. *Journal of Mechanical Design, Special Issue on Risk-based and Robust Design,* 128(4), S. 832-843

[And15a] ANDRICEVIC, N., 2015. *Innovativer Leichtbau bei Porsche – Batterieträger in Faserkunststoffverbund (FKV)-Bauweise im Forschungsprojekt e-generation:* 19. Internationales Dresdner Leichtbausymposium. Dresden, Deutschland

[And15b] ANDRICEVIC, N., F. DUDDECK und S. HIERMAIER, 2015. A Novel Approach for the Assessment of Robustness of Vehicle Structures under Crash. *International Journal of Crashworthiness,* 21(2), S. 89-103

[Arb05] ARBOGAST, K. B., D. R. DURBIN, M. J. KALLAN, M. R. ELLIOTT und F. K. WINSTON, 2005. Injury Risk to Restrained Children Exposed to Deployed First- and Second-Generation Air Bags in Frontal Crashes. *Archives of Pediatrics & Adolescent Medicine,* 159(4), S. 342-346

[ASC13] ASCS, 2013. *Reduzierung numerischer Sensitivitäten in der Crashsimulation auf HPC-Rechnern (HPC-10). Abschlussbericht:* Automotive Simulation Center Stuttgart e.V. Stuttgart, Deutschland

[Ava07] AVALLE, M., G. BELINGARDI, A. IBBA, K. KAYVANTASH und F. DELCROIX, 2007. *Stochastic Crash Analysis of Vehicle Models for Sensitivity Analysis and Optimization:* The 20th International Technical Conference on the Enhanced Safety of Vehicles (ESV). Lyon, Frankreich

[Bak74] BAKER, S. P., B. O'NEILL, W. HADDON und W. B. LONG, 1974. The Injury Severity Score: A Method for Describing Patients with Multiple Injuries and Evaluating Emergency Care. *The Journal of Trauma,* 14(3), S. 187-196

[Bak76] BAKER, S. P. und B. O'NEILL, 1976. The Injury Severity Score: An Update. *The Journal of Trauma,* 16(11), S. 882-885

[Bal86] BALLING, R. J., J. C. FREE und A. R. PARKINSON, 1986. Consideration of Worst-Case Manufacturing Tolerances in Design Optimization. *ASME Journal of Mechanisms, Transmissions and Automation in Design,* 108(4), S. 438-441

[Ban74] BANDLER, J. W., 1974. Optimization of Design Tolerances Using Nonlinear Programming. *Journal of Optimization Theory and Applications,* 14(1), S. 99-113

[Bau10] BAUM, H., T. KRANZ und U. WESTERKAMP, 2010. *Volkswirtschaftliche Kosten durch Straßenverkehrsunfälle in Deutschland:* Berichte der Bundesanstalt für Straßenwesen, Mensch und Sicherheit, Heft M 208. Bergisch Gladbach, Deutschland

[Bax13] BAXTER, B. und R. MALAK, 2013. *Increasing System Robustness Through a Utility-Based Analysis:* Proceedings of the ASME 2013 International Design Engineering Technical Conferences and Computers and Information in Engineering Conference. Portland, OR, USA

[Bay10] BAYER, V. und J. WILL, 2010. *Zufallsfelder in der Robustheits- und Zuverlässigkeitsbeurteilung von Bauteilen:* 15. VDI Kongress Berechnung und Simulation im Fahrzeugbau SIMVEC. Baden-Baden, Deutschland

[Bea09] BEAN, J. D., C. J. KAHANE, M. MYNATT, R. W. RUDD, C. J. RUSH und C. WIACEK, 2009. *Fatalities in Frontal Crashes Despite Seat Belts and Air Bags. Review of All CDS Cases – Model and Calendar Years 2000-2007 – 122 Fatalities:* National Highway Traffic Safety Administration, DOT HS 811 202. Washington, DC, USA

[Bee08] BEER, M. und M. LIEBSCHER, 2008. Designing Robust Structures – A Nonlinear Simulation Based Approach. *Computers & Structures,* 86(10), S. 1102-1122

[Ber03] BERG, F. A. und J. GRANDEL, 2003. DEKRA Unfallforschung und Crashzentrum. Dienstleistung für Forschung und Entwicklung. *Motortechnische Zeitschrift (MTZ),* 64(4), S. 315-316

[Ber04] BERTSCHE, B., 2004. *Zuverlässigkeit in Maschinenbau und Fahrzeugtechnik. Ermittlung von Bauteil- und System-Zuverlässigkeiten.* 3., überarbeitete Auflage. Berlin: Springer. ISBN 9783540208716

[Bey07] BEYER, H.-G. und B. SENDHOFF, 2007. Robust optimization – A comprehensive survey. *Computer Methods in Applied Mechanics and Engineering,* 196(33-34), S. 3190-3218

[Bra13] BRANDT, S., 2013. *Datenanalyse für Naturwissenschaftler und Ingenieure. Mit statistischen Methoden und Java-Programmen.* 5. Auflage. Berlin: Springer-Verlag. ISBN 978-3-642-37664-1

[Bri13] BRIX, C. und C. H. TOK, 2013. Robust Design in Occupant Safety Simulation. *SAE International Journal of Transportation Safety,* 1(2), S. 241-260

[Bru03] BRUNEAU, M., S. E. CHANG, R. T. EGUCHI, G. C. LEE, T. D. O'ROURKE, A. M. REINHORN, M. SHINOZUKA, K. TIERNEY, W. A. WALLACE und D. von WINTERFELDT, 2003. A Framework to Quantitatively Assess and Enhance the Seismic Resilience of Communities. *Earthquake Spectra,* 19(4), S. 733-752

[Buc09] BUCHER, C., 2009. *Computational Analysis of Randomness in Structural Mechanics.* London: CRC Press. ISBN 978-0-203-87653-4

[Bul04] BULIK, M., M. LIEFVENDAHL, R. STOCKI und C. WAUQUIEZ, 2004. Stochastic simulation for crashworthiness. *Advances in Engineering Software,* 35(12), S. 791-803

[Bur80] BURG, H. und F. ZEIDLER, 1980. EES - Ein Hilfsmittel zur Unfallrekonstruktion und dessen Auswirkungen auf die Unfallforschung. *Der Verkehrsunfall,* S. 75-78

[Bur09] BURG, H. und A. MOSER, 2009. *Handbuch Verkehrsunfallrekonstruktion. Unfallaufnahme, Fahrdynamik, Simulation.* 2. Auflage. Wiesbaden: Vieweg + Teubner. ISBN 978-3-8348-0546-1

[Bur15] BURBULLA, F., 2015. *Kontinuumsmechanische und bruchmechanische Modelle für Werkstoffverbunde* [Dissertation]. Kassel: Universität Kassel

[Cam72] CAMPBELL, K. L., 1972. *Energy as a Basis for Accident Severity - A Preliminary Study* [Dissertation]. Madison: University of Wisconsin

[Cam74] CAMPBELL, K. L., 1974. *Energy Basis for Collision Severity:* 3rd International Conference on Occupant Protection. Troy, MI, USA

[Cas02] CASELLA, G. und R. L. BERGER, 2002. *Statistical inference.* 2. Auflage. Australia: Thomson Learning: Duxbury Advanced Series. ISBN 0-534-24312-6

[Cha09] CHALUPNIK, M. J., D. C. WYNN und P. J. CLARKSON, 2009. *Approaches to Mitigate the Impact of Uncertainty in Development Processes:* International Conference on Engineering Design, ICED'09. Stanford, CA, USA

[Che96] CHEN, W., J. K. ALLEN, K.-L. TSUI und F. MISTREE, 1996. A Procedure for Robust Design: Minimizing Variations Caused by Noise Factors and Control Factors. *Journal of Mechanical Design,* 118(4), S. 478-485

[Che14] CHEN, Q., Y. CHEN, O. BOSTROM, Y. MA und E. LIU, 2014. A Comparison Study of Car-to-Pedestrian and Car-to-E-Bike Accidents: Data Source: The China In-Depth Accident Study (CIDAS). *SAE Technical Paper 2014-01-0519*

[Cho05] CHOI, H.-J., 2005. *A Robust Design Method for Model and Propagated Uncertainty* [Dissertation]. Atlanta: Georgia Institute of Technology

[Chu09] CHU, X., 2009. Measuring Injury Risks from Motor Vehicle Crashes with an Integrated Approach. *Journal of Transportation Safety & Security,* 1(3), S. 190-202

[Clo34] CLOPPER, C. J. und E. S. PEARSON, 1934. The Use of Confidence or Fiducial Limits Illustrated in the Case of the Binomial. *Biometrika,* 26(4), S. 404-413

[D'A86] D'AGOSTINO, R. B. und M. A. STEPHENS, 1986. *Goodness-of-Fit Techniques.* New York: M. Dekker: Statistics, Textbooks and Monographs, Vol. 68. ISBN 0824774876

[Dal10] DALMOTAS, D. J., P. PRASAD, J. S. AUGENSTEIN und K. DIGGES, 2010. *Assessing the Field Relevance of Testing Protocols and Injury Risk Functions Employed in New Car Assessment Programs:* IRCOBI Conference. Hannover, Deutschland

[Deh89] DEHNAD, K., 1989. *Quality Control, Robust Design, and the Taguchi Method.* Pacific Grove, Calif: Wadsworth & Brooks/Cole Advanced Books & Software: The Wadsworth & Brooks/Cole Statistics/Probability Series. ISBN 978-1-4684-1474-5

[Deu14] Deutscher Bundestag, 2014. *Bericht über Maßnahmen auf dem Gebiet der Unfallverhütung im Straßenverkehr 2012 und 2013 (Unfallverhütungsbericht Straßenverkehr 2012/2013):* Unterrichtung durch die Bundesregierung, Drucksache 18/2420. Berlin, Deutschland

[Dev11] DEVARAKONDA, N. und R. K. YEDAVALLI, 2011. *Qualitative Robustness and its Role in the Robust Control of Uncertain Engineering Systems:* Proceedings of the ASME 2011 Dynamic Systems and Control Conference. Arlington, VA, USA

[Dhi89] DHINGRA, A. K. und S. S. RAO, 1989. *Integrated Optimal Design of Planar Mechanisms Using Fuzzy Theories:* Proceedings of the ASME Design Automation Conference. Montreal, Kanada

[Di 05] DI DOMENICO, L. und G. NUSHOLTZ, 2005. Risk Curve Boundaries. *Traffic Injury Prevention,* 6(1), S. 86-94

[DIN08a] Deutsches Institut für Normung e.V., 2008. DIN EN 12020-2. *Aluminium und Aluminiumlegierungen - Stranggepresste Präzisionsprofile aus Legierungen EN AW-6060 und EN AW-6063 - Teil 2: Grenzabmaße und Formtoleranzen; Deutsche Fassung EN 12020-2:2008*. Berlin: Beuth Verlag. Anmeldung: Juni 2008

[DIN08b] Deutsches Institut für Normung e.V., 2008. DIN EN ISO 8062-3. *Geometrische Produktspezifikationen (GPS) – Maß-, Form- und Lagetoleranzen für Formteile – Teil 3: Allgemeine Maß-, Form- und Lagetoleranzen und Bearbeitungszugaben für Gussstücke (ISO 8062-3:2007); Deutsche Fassung EN ISO 8062-3:2007*. Berlin: Beuth Verlag. Anmeldung: September 2008

[DIN11] Deutsches Institut für Normung e.V., 2011. DIN EN 10051. *Kontinuierlich warmgewalztes Band und Blech abgelängt aus Warmbreitband aus unlegierten und legierten Stählen – Grenzabmaße und Formtoleranzen; Deutsche Fassung EN 10051:2010*. Berlin: Beuth Verlag. Anmeldung: Februar 2011

[Dor09] DORRENDORF, L., Z. GUTTERMAN und B. PINKAS, 2009. Cryptanalysis of the Random Number Generator of the Windows Operating System. *ACM Transactions on Information and System Security,* 13(1), S. 1-32

[Dud05] DUDDECK, F., 2005. *Multidisziplinäre Optimierung:* 2. Weimarer Optimierungs- und Stochastiktage. Weimar, Deutschland

[Dud07] DUDDECK, F., 2007. *Survey on Robust Design and Optimisation for Crashworthiness:* Proceedings of the EUROMECH Colloquium 482, Queen Mary University London. London, UK

[Dud14] DUDDECK, F., 2014. *Robust Design and Stochastics for Car Body Development:* carhs.training GmbH. Alzenau, Deutschland

[Dud15a] DUDDECK, F., S. HUNKELER, P. LOZANO, E. WEHRLE und D. ZENG, 2015. Topology Optimization for Crashworthiness of Thin-walled Structures under Axial Impact Using Hybrid Cellular Automata [Preprint]. *Structural and Multidisciplinary Optimization*

[Dud15b] DUDDECK, F. und E. WEHRLE, 2015. *Recent Advances on Surrogate Modeling for Robustness Assessment of Structures with respect to Crashworthiness Requirements:* 10th European LS-DYNA Conference. Würzburg, Deutschland

[Dyn13] Dynardo, 2013. *Methods for Multi-Disciplinary Optimization and Robustness Analysis:* Dynardo GmbH. Weimar, Deutschland

[Eck02] ECKEY, H.-F., R. KOSFELD und M. RENGERS, 2002. *Multivariate Statistik. Grundlagen - Methoden - Beispiele.* Wiesbaden: Gabler: Lehrbuch. ISBN 978-3-409-11969-6

[Egg90] EGGERT, R. J. und R. W. MAYNE, 1990. *Probabilistic Optimization Using Successive Surrogate Probability Density Functions:* Proceedings of the ASME 16th Design Automation Conference. Chicago, IL, USA

[Eif13] EIFLER, T., M. EBRO und T. J. HOWARD, 2013. *A Classification of the Industrial Relevance of Robust Design Methods:* Proceedings of the 19th International Conference on Engineering Design (ICED13), Design for Harmonies, Vol.9: Design Methods and Tools. Seoul, Korea

[Elv09] ELVIK, R., 2009. *The Handbook of Road Safety Measures.* 2. Auflage. Bingley, UK: Emerald. ISBN 978-1-84855-250-0

[Erb14] ERBSMEHL, C., 2014. *Ein neues 3-dimensionales Energy Equivalent Speed (ESS)-Modell für Fahrzeuge basierend auf Unfalldaten* [Dissertation]. Dresden: Technische Universität Dresden

[Eur13] Euro NCAP, 2013. *Frontal Impact Testing Protocol:* European New Car Assessment Programme. Brüssel, Belgien

[Eva93] EVANS, L. und M. C. FRICK, 1993. Mass Ratio and Relative Driver Fatality Risk in Two-Vehicle Crashes. *Accident Analysis & Prevention,* 25(2), S. 213-224

[Eva04] EVANS, L., 2004. *Traffic Safety.* Bloomfield, Mich: Science Serving Society. ISBN 0-9754871-0-8

[Fab06] FABER, M. H., M. A. MAES, D. STRAUB und J. BAKER, 2006. *On the Quantification of Robustness of Structures:* Proceedings of the 25th International Conference on Offshore Mechanics and Arctic Engineering. Hamburg, Deutschland

[Far03] FARMER, C. M., 2003. Reliability of Police-Reported Information for Determining Crash and Injury Severity. *Traffic Injury Prevention,* 4(1), S. 38-44

[Far05] FARMER, C. M., 2005. Relationships of Frontal Offset Crash Test Results to Real-World Driver Fatality Rates. *Traffic Injury Prevention,* 6(1), S. 31-37

[Fen14] FENDER, J., F. DUDDECK und M. ZIMMERMANN, 2014. On the Calibration of Simplified Vehicle Crash Models. *Structural and Multidisciplinary Optimization,* 49(3), S. 455-469

[Fia83] FIACCO, A. V., 1983. *Introduction to Sensitivity and Stability Analysis in Nonlinear Programming.* New York: Academic Press: Mathematics in Science and Engineering, 165. ISBN 0-12-254450-1

[Fil98] FILDES, B., 1998. Vehicle Safety in Australia Using Real World Crash Data. *International Journal of Crashworthiness,* 3(1), S. 45-52

[Fil13] FILDES, B., M. KEALL, P. THOMAS, K. PARKKARI, L. PENNISI und C. TINGVALL, 2013. Evaluation of the Benefits of Vehicle Safety Technology: The MUNDS study. *Accident Analysis & Prevention,* 55(Jun), S. 274-281

[Fis15] FISCHER, K., I. HÄRING und W. RIEDEL, 2015. *Risk-Based Resilience Quantification and Improvement for Urban Areas:* 10th Future Security, Security Research Conference. Berlin, Deutschland

[Flo92] FLORIAN, A., 1992. An Efficient Sampling Scheme: Updated Latin Hypercube Sampling. *Probabilistic Engineering Mechanics,* 7(1), S. 123-130

[FMV07] FMVSS 212, 219, 301, 2007. *Laboratory Test Procedure for FMVSS 212 Windshield Mounting, FMVSS 219 Windshield Zone Intrusion, FMVSS 301 Fuel System Integrity. Passenger Cars, MPV's and Light Trucks with GVWR's under 4,536 kg:* U.S. Department of Transportation, National Highway Traffic Safety Administration TP-301-04. Washington, DC, USA

[FMV11] FMVSS 208, 2011. *Federal Motor Vehicle Safety Standard. 49 CFR 571.208 - Standard No. 208; Occupant Crash Protection:* U.S. Department of Transportation, National Highway Traffic Safety Administration. Washington, DC, USA

[Fox71] FOX, R. L., 1971. *Optimization Methods for Engineering Design*. Reading, Mass: Addison-Wesley Pub. Co.: Addison-Wesley Series in Mechanics and Thermodynamics. ISBN 978-0201020786

[Fri10] FRIEDMAN, D. und G. MATTOS, 2010. *The Effect of Static Roof Crush Tests Relative to Real World Rollover Injury Potential:* Proceedings of the ASME 2010 International Mechanical Engineering Congress & Exposition. Vancouver, Kanada

[Gab06] GABAUER, D. J. und H. C. GABLER, 2006. Comparison of Delta-V and Occupant Impact Velocity Crash Severity Metrics Using Event Data Recorders. *Annual Proceedings of the Association for the Advancement of Automotive Medicine (AAAM),* 50, S. 57-71

[Gab08] GABAUER, D. J. und H. C. GABLER, 2008. Comparison of Roadside Crash Injury Metrics Using Event Data Recorders. *Accident Analysis & Prevention,* 40(2), S. 548-558

[Gan90] GAN, F. F. und K. J. KOEHLER, 1990. Goodness-of-Fit Tests based on P-P Probability Plots. *Technometrics,* 32(3), S. 289-303

[GID15] GIDAS, 2015. *Codebook:* Datenbankabzug vom 02.04.2015, Datenstand Dezember 2014. Hannover/Dresden, Deutschland

[Gil10] GILBERT, T., 2010. *Abbildung eines Metall-Spritzgießprozesses zur Charakterisierung lokaler Werkstoffeigenschaften* [Dissertation]. Darmstadt: Technische Universität Darmstadt

[Giu03] GIUNTA, A. A., Wojtkiewicz Jr., Steven F. und M. S. ELDRED, 2003. *Overview of Modern Design of Experiments Methods for Computational Simulations:* 41st Aerospace Sciences Meeting Exhibit. Reno, NV, USA

[Gol60] GOLDSMITH, W., 1960. *Impact. The Theory and Physical Behaviour of Colliding Solids*. London: Edward Arnold

[Göp12] GÖPFERT, I. und M.D. SCHULZ, 2012. Zukünftige Neuprodukt- und Logistikentwicklung am Beispiel der Automobilindustrie. In: I. GÖPFERT, Hg. *Logistik der Zukunft. Logistics For the Future.* 6., aktualisierte und überarbeitete Auflage. Wiesbaden: Gabler. ISBN 978-3-8349-2284-7

[Gra08] GRAAB, B., E. DONNER, U. CHIELLINO und M. HOPPE, 2008. *Analyse von Verkehrsunfällen hinsichtlich unterschiedlicher Fahrerpopulationen und daraus ableitbarer Ergebnisse für die Entwicklung adaptiver Fahrerassistenzsysteme:* 3. Tagung Aktive Sicherheit durch Fahrerassistenz. München, Deutschland

[Gra13] GRAHAM, C. und D. TALAY, 2013. *Stochastic Simulation and Monte Carlo Methods. Mathematical Foundations of Stochastic Simulation.* Berlin: Springer-Verlag. ISBN 978-3-642-39362-4

[Haa10] HAASPER, C., M. JUNGE, A. ERNSTBERGER, H. BREHME, L. HANNAWALD, C. LANGER, J. NEHMZOW, D. OTTE, U. SANDER, C. KRETTEK und H. ZWIPP, 2010. Die Abbreviated Injury Scale AIS. Potenzial und Probleme bei der Anwendung. *Der Unfallchirurg,* 113(5), S. 366-372

[Had64] HADDON, W., E. A. SUCHMAN und D. KLEIN, 1964. *Accident Research. Methods and Approaches.* New York: Harper & Row

[Häg92] HÄGG, A., B. KAMRÉN, M. VON KOCH, A. KULLGREN, A. LIE, B. MALMSTEDT, A. NYGREN und C. TINGVALL, 1992. *Folksam Car Model Safety Rating 1991-1992:* Folksam Research. Stockholm, Schweden

[Hag15] HAGSTRÖM, L., 2015. *IGLAD Newsletter:* Initiative for the Global Harmonisation of Accident Data. Göteborg, Schweden

[Hai09] HAIMES, Y. Y., 2009. On the Definition of Resilience in Systems. *Risk Analysis,* 29(4), S. 498-501

[Har07] HARTUNG, J. und B. ELPELT, 2007. *Multivariate Statistik. Lehr- und Handbuch der angewandten Statistik.* 7., unveränderte Auflage. München [u. a.]: Oldenbourg. ISBN 978-3486582345

[Har08] HARZHEIM, L., 2008. *Strukturoptimierung. Grundlagen und Anwendungen.* Frankfurt am Main: Wissenschaftlicher Verlag Harri Deutsch. ISBN 978-3-8171-1809-0

[Har09] HARTUNG, J., B. ELPELT und K.-H. KLÖSENER, 2009. *Statistik. Lehr- und Handbuch der angewandten Statistik [mit zahlreichen durchgerechneten Beispielen].* 15., überarbeitete und wesentlich erweiterte Auflage. München: Oldenbourg. ISBN 978-3-486-59028-9

[Has07] HASIJA, V., E. G. TAKHOUNTS und S. A. RIDELLA, 2007. *Computational Analysis of Real World Crashes: A Basis for Accident Reconstruction Methodology:* The 20th International Technical Conference on the Enhanced Safety of Vehicles (ESV). Lyon, Frankreich

[Hau85] HAUTZINGER, H., 1985. *Stichproben- und Hochrechnungsverfahren für Verkehrssicherheitsuntersuchungen:* Bericht zum Forschungsprojekt 8200/4 der Bundesanstalt für Straßenwesen Bereich Unfallforschung. Bergisch Gladbach, Deutschland

[Hau05] HAUTZINGER, H., M. PFEIFFER und J. SCHMIDT, 2005. *Hochrechnung von Daten aus Erhebungen am Unfallort. Schlussbericht:* Forschungsprojekt FE 82.221/2002 der Bundesanstalt für Straßenwesen. Heilbronn/Mannheim, Deutschland

[Hau10] HAUFE, A., F. NEUKAMM, M. FEUCHT und T. BORVALL, 2010. *A Comparison of recent Damage and Failure Models for Steel Materials in Crashworthiness Application in LS-DYNA:* 11th International LS-DYNA Users Conference. Dearborn, MI, USA

[Hel97] HELTON, J. C., 1997. Uncertainty and Sensitivity Analysis in the Presence of Stochastic and Subjective Uncertainty. *Journal of Statistical Computation and Simulation,* 57(1-4), S. 3-76

[Hel02] HELTON, J. C. und F. J. DAVIS, 2002. *Latin Hypercube Sampling and the Propagation of Uncertainty in Analyses of Complex Systems:* Sandia National Laboratories, SAND2001-0417. Albuquerque, New Mexico, USA

[Hel12] HELLER, A., 2012. *Systemeigenschaft Robustheit - Ein Ansatz zur Bewertung und Maximierung von Robustheit eingebetteter Systeme* [Dissertation]. Chemnitz: Technische Universität Chemnitz

[Hes05] HESSENBERGER, K., R. HENNINGER und H. MÜLLERSCHÖN, 2005. *Robustness Investigation of a Numerical Simulation of the ECE-R14 with Particular Regard to Correlation Analysis:* 4. LS-DYNA Anwenderforum. Bamberg, Deutschland

[Hie03] HIERMAIER, S., 2003. *Numerik und Werkstoffdynamik der Crash- und Impaktvorgänge.* Freiburg [Breisgau]: Fraunhofer-Inst. für Kurzzeitdynamik: E [Epsilon] - Forschungsergebnisse aus der Kurzzeitdynamik, H.-Nr. 1. ISBN 3-8167-6342-1

[Hie08] HIERMAIER, S. J., 2008. *Structures under Crash and Impact. Continuum Mechanics, Discretization and Experimental Characterization.* New York: Springer. ISBN 978-0-387-73862-8

[Hil01] HILL, J., P. THOMAS, M. SMITH, N. BYARD und I. RILLIE, 2001. *The Methodology of on the Spot Accident Investigations in the UK:* The 17th International Technical Conference on the Enhanced Safety of Vehicles (ESV). Amsterdam, Niederlande

[Hil07] HILMANN, J., M. PAAS, A. HAENSCHKE und T. VIETOR, 2007. Automatic Concept Model Generation for Optimisation and Robust Design of Passenger Cars. *Advances in Engineering Software,* 38(11-12), S. 795-801

[Hol98] HOLLOWELL, W. T., H. C. GABLER, S. L. STUCKI, S. SUMMERS und J. R. HACKNEY, 1998. *Review of Potential Test Procedures for FMVSS No. 208. Prepared By The Office of Vehicle Safety Research:* National Highway Traffic Safety Administration. Washington, DC, USA

[Hol06] HOLLNAGEL, E., D. D. WOODS und N. LEVESON, 2006. *Resilience Engineering. Concepts and Precepts.* Aldershot, England: Ashgate. ISBN 0-7546-4641-6

[Hun98] HUNTINGTON, D. E. und C. S. LYRINTZIS, 1998. Improvements to and Limitations of Latin Hypercube Sampling. *Probabilistic Engineering Mechanics,* 13(4), S. 245-253

[Hur98] HURTADO, J. E. und A. H. BARBAT, 1998. Monte Carlo Techniques in Computational Stochastic Mechanics. *Archives of Computational Methods in Engineering,* 5(1), S. 3-29

[Hwa05] HWANG, K. H. und G. J. PARK, 2005. *Development of a Robust Design Process Using a New Robustness Index:* ASME 2005 International Design Engineering Technical Conference & Computers and Information in Engineering Conference. Long Beach, CA, USA

[IIH14] IIHS, 2014. *Small Overlap Frontal Crashworthiness Evaluation. Crash Test Protocol (Version III):* Insurance Institute for Highway Safety. Ruckersville, VA, USA

[Ima82] IMAN, R. L. und W. J. CONOVER, 1982. A Distribution-Free Approach to Inducing Rank Correlations among Input Variables. *Communications in Statistics - Simulation and Computation,* 11(3), S. 311-334

[Jak13] JAKOBSSON, L., A. KLING, M. LINDMANN, L. WÅGSTRÖM, A. AXELSON, T. BROBERG und G. MCINALLY, 2013. *Severe Partial Overlap Crashes. A Methodology Representative of Car to Car Real World Frontal Crash Situations:* The 23rd International Technical Conference on the Enhanced Safety of Vehicles (ESV). Seoul, Korea

[Joh13] JOHANNSEN, H., 2013. *Unfallmechanik und Unfallrekonstruktion.* Wiesbaden: Springer Fachmedien Wiesbaden. ISBN 978-3-658-01593-0

[Jon12] JONES, N., 2012. *Structural Impact.* 2. Auflage. New York: Cambridge University Press. ISBN 978-1-107-01096-3

[Jur07] JURECKA, F., 2007. *Robust Design Optimization Based on Metamodeling Techniques* [Dissertation]. München: Technische Universität München

[Kac86] KACKAR, R. N., 1986. Taguchi's Quality Philosophy: Analysis and Commentary. *Quality Progress,* 19(12), S. 21-29

[Kam02] KAMARAJAN, J. und M. FORREST, 2002. *Stochastic Simulation for Crash and Other Performance Improvements: How to Balance Value and Cost:* ASME International Mechanical Engineering Congress & Exposition International Mechanical Engineering Congress and Exposition. New Orleans, LA, USA

[Kam14a] DR. ING. H.C. F. PORSCHE AG, 2014. *Fahrzeugstruktur.* Erfinder: M. KAMM, N. ANDRICEVIC und R. GUDOPP. Anmeldung: 29.07.2014. Deutschland, Offenlegungsschrift DE 10 2014 110 705 A1

[Kam14b] DR. ING. H.C. F. PORSCHE AG, 2014. *Fahrzeugstruktur.* Erfinder: M. KAMM, N. ANDRICEVIC und R. GUDOPP. Anmeldung: 29.07.2014. Deutschland, Offenlegungsschrift DE 10 2014 110 687 A1

[Kam14c] DR. ING. H.C. F. PORSCHE AG, 2014. *Karosserieanordnung für einen Vorderwagen.* Erfinder: M. KAMM, N. ANDRICEVIC und R. GUDOPP. Anmeldung: 28.08.2014. Deutschland, Offenlegungsschrift DE 10 2014 112 378 A1

[Kam14d] DR. ING. H.C. F. PORSCHE AG, 2014. *Tragrahmen für ein Kraftfahrzeug.* Erfinder: M. KAMM, N. ANDRICEVIC und R. GUDOPP. Anmeldung: 30.09.2014. Deutschland, Offenlegungsschrift DE 10 2014 114 191 A1

[Kam14e] DR. ING. H.C. F. PORSCHE AG, 2014. *Tragstruktur.* Erfinder: M. KAMM, N. ANDRICEVIC und R. GUDOPP. Anmeldung: 29.07.2014. Deutschland, Offenlegungsschrift DE 10 2014 110 709 A1

[Kam14f] DR. ING. H.C. F. PORSCHE AG, 2014. *Karosserieanordnung für einen Vorderwagen.* Erfinder: M. KAMM, N. ANDRICEVIC, R. GUDOPP und A. PATZELT. Anmeldung: 20.11.2014. Deutschland, Offenlegungsschrift DE 10 2014 117 004 A1

[Kan13] KANG, Z. und S. BAI, 2013. On Robust Design Optimization of Truss Structures with Bounded Uncertainties. *Structural and Multidisciplinary Optimization,* 47(5), S. 699-714

[Kar06] KARL, A., G. MAY, C. BARCOCK, G. WEBSTER und N. BAYLEY, 2006. *Robust Design: Methods and Application to Real World Examples:* ASME Turbo Expo 2006: Power for Land, Sea and Air. Barcelona, Spanien

[Kat85] KATZ, L. E. und M. S. PHADKE, 1985. Macro-Quality with Micro-Money. *AT&T Bell Labs Record,* 63(6), S. 22-28

[Kel13] KELLNER, P., 2013. *Zur systematischen Bewertung integrativer Leichtbau-Strukturkonzepte für biegebelastete Crashträger* [Dissertation]. Dresden: Universität Dresden

[Kem14] KEMMLER, S. und B. BERTSCHE, 2014. *Systematic Method for Axiomatic Robustness-Testing (SMART):* Proceedings of the International Symposium on Robust Design - ISoRD14. Kopenhagen, Dänemark

[Kem15] KEMMLER, S., T. EIFLER, B. BERTSCHE und T. J. HOWARD, 2015. Robust Reliability or Reliable Robustness? Integrated Consideration of Robustness- and Reliability-Aspects. *VDI-Tagung Technische Zuverlässigkeitstechnik,* 2210(27), S. 87-97

[Ken80] KENNEDY, W. J. und J. E. GENTLE, 1980. *Statistical Computing.* New York: M. Dekker: Statistics, Textbooks and Monographs, V. 33. ISBN 0-8247-6898-1

[Ken03] KENT, R., J. FUNK und J. CRANDALL, 2003. How Future Trends in Societal Aging, Air Bag Availability, Seat Belt Use, and Fleet Composition Will Affect Serious Injury Risk and Occurrence in the United States. *Traffic Injury Prevention,* 4(1), S. 24-32

[Kha10] KHAKHALI, A., N. NARIMAN-ZADEH, A. DARVIZEH, A. MASOUMI und B. NOTGHI, 2010. Reliability-Based Robust Multi-Objective Crashworthiness Optimisation of S-Shaped Box Beams with Parametric Uncertainties. *International Journal of Crashworthiness,* 15(4), S. 443-456

[Kla06] KLANNER, W. und T. UNGER, 2006. *Concept and First Results of the ADAC Accident Research based on the Data of ADAC Air Rescue Stations:* 2nd International Conference Expert Symposium on Accident Research (ESAR). Hannover, Deutschland

[Kle12] KLEIN, B., 2012. *FEM. Grundlagen und Anwendungen der Finite-Element-Methode im Maschinen- und Fahrzeugbau.* 9. Auflage. Wiesbaden: Vieweg + Teubner. ISBN 978-3-8348-0844-8

[Kle13] KLEPPMANN, W., 2013. *Versuchsplanung. Produkte und Prozesse optimieren.* 8. Auflage. München: Hanser: Hanser eLibrary. ISBN 978-3-446-43791-3

[Koc04] KOCH, P. N., R.-J. YANG und L. GU, 2004. Design for Six Sigma through Robust Optimization. *Structural and Multidisciplinary Optimization,* 26(3-4), S. 235-248

[Kon11] KONONEN, D. W., C. A. FLANNAGAN und S. C. WANG, 2011. Identification and Validation of a Logistic Regression Model for Predicting Serious Injuries associated with Motor Vehicle Crashes. *Accident Analysis & Prevention,* 43(1), S. 112-122

[Kor89] KORNER, J., 1989. *A Method for Evaluating Occupant Protection by Correlating Accident Data with Laboratory Test Data:* SAE International Congress and Exposition. Detroit, MI, USA

[Kre11] KREISS, J.-P., M. STANZEL und R. ZOBEL, 2011. *On the Use of Real-World Accident Data for Assessing the Effectiveness of Automotive Safety Features. Methodology, Timeline and Reliability:* The 22nd International Technical Conference on the Enhanced Safety of Vehicles (ESV). Washington, DC, USA

[Kre15] KREISS, J.-P., G. FENG, J. KRAMPE, M. MEYER, T. NIEBUHR, C. PASTOR und J. DOBBERSTEIN, 2015. *Extrapolation of GIDAS Accident Data to Europe:* The 24th International Technical Conference on the Enhanced Safety of Vehicles (ESV). Göteborg, Schweden

[Küh01] KÜHLMEYER, M. und C. KÜHLMEYER, 2001. *Statistische Auswertungsmethoden für Ingenieure. Mit Praxisbeispielen.* Berlin [u. a.]: Springer: VDI-Buch. ISBN 978-3-642-62495-7

[Kul98] KULLGREN, A., 1998. *Validity and Reliability of Vehicle Collision Data: Crash Pulse Recorders for Impact Severity and Injury Risk Assessments in Real-Life Frontal Impacts* [Dissertation]. Stockholm: Karolinska Institute

[Kul10] KULLGREN, A., A. LIE und C. TINGVALL, 2010. Comparison between Euro NCAP Test Results and Real-World Crash Data. *Traffic Injury Prevention,* 11(6), S. 587-593

[Kus12] KUSANO, K. D. und H. C. GABLER, 2012. *Quantitative Crash Injury Risk Predictions by Body Region: Is Risk Sensitive to New Vehicle Safety Features?* Proceedings of the ASME 2012 Summer Bioengineering Conference. Fajardo, Puerto Rico

[Kut05] KUTNER, M. H., C. NACHTSHEIM, J. NETER und W. LI, 2005. *Applied Linear Statistical Models.* 5. Auflage. Boston: McGraw-Hill Irwin: The McGraw-Hill/Irwin Series Operations and Decision Sciences. ISBN 0-07-238688-6

[Lai03] LAITURI, T. R., P. PRASAD, B. P. KACHNOWSKI, K. SULLIVAN und P. A. PRZYBYLO, 2003. *Predictions of AIS3+ Thoracic Risks for Belted Occupants in Full-Engagement, Real-World Frontal Impacts: Sensitivity to Various Theoretical Risk Curves:* SAE World Congress. Detroit, MI, USA

[Lai05] LAITURI, T. R., P. PRASAD, K. SULLIVAN, M. FRANKENSTEIN und R. S. THOMAS, 2005. *Derivation and Evaluation of a Provisional, Age-Dependent, AIS3+ Thoracic Risk Curve for Belted Adults in Frontal Impacts:* SAE World Congress. Detroit, MI, USA

[Las78] LASDON, L. S., A. D. WAREN, A. JAIN und M. RATNER, 1978. Design and Testing of a Generalized Reduced Gradient Code for Nonlinear Programming. *ACM Transactions on Mathematical Software,* 4(1), S. 34-50

[Lee02] LEE, K.-H. und G.-J. PARK, 2002. Robust Optimization in Discrete Design Space for Constrained Problems. *American Institute of Aeronautics and Astronautics Journal,* 40(4), S. 774-780

[Lee06] LEE, K.-H. und I.-K. BANG, 2006. Robust Design of an Automobile Front Bumper Using Design of Experiments. *Proceedings of the Institution of Mechanical Engineers, Part D: Journal of Automobile Engineering,* 220(9), S. 1199-1207

[Lef04] LEFLER, D. E. und H. C. GABLER, 2004. The Fatality and Injury Risk of Light Truck Impacts with Pedestrians in the United States. *Accident Analysis & Prevention,* 36(2), S. 295-304

[Lef09] LEFERING, R., 2009. *Entwicklung der Anzahl Schwerstverletzter infolge von Straßenverkehrsunfällen in Deutschland:* Berichte der Bundesanstalt für Straßenwesen, Mensch und Sicherheit, Heft M 200. Bergisch Gladbach, Deutschland

[Les09] LESLABAY, P. E., 2009. *Robust Optimization of Mechanical Systems Affected by Large System and Component Variability* [Dissertation]. Karlsruhe: Karlsruher Institut für Technologie

[Lev13] LEVINE, M. E., 2013. Modeling the Rate of Senescence: Can Estimated Biological Age Predict Mortality More Accurately Than Chronological Age? *The Journals of Gerontology Series A: Biological Sciences and Medical Sciences,* 68(6), S. 667-674

[Li97] LI, W., 1997. *Optimal Design Using CP Algorithms:* Proceedings of the Second World Conference of the International Association for Statistical Computing. Pasadena, CA, USA

[Li15] LI, G., J. YANG und C. SIMMS, 2015. *A Fitness Function for Vehicle Front Optimization for Pedestrian Protection Accounting for Real World Collision Configurations:* IRCOBI Conference. Lyon, Frankreich

[Lic12] LICH, T., A. METTLER, A. GEORGI, C. DANZ, L. DOOPYO, L. SOONCHEOL und J. SUL, 2012. *Benefit Analysis of Predictive Rear End Collision Avoidance and Mitigation Systems for South Korea Using Video Documented Accident Data:* The 11th International Symposium on Advanced Vehicle Control. Seoul, Korea

[Lie09] LIERS, H., 2009. *Benefit Estimation of the Euro NCAP Pedestrian Rating Concerning Real World Pedestrian Safety:* The 21st International Technical Conference on the Enhanced Safety of Vehicles (ESV). Stuttgart, Deutschland

[Lie11] LIERS, H., 2011. *Benefit Estimation of Secondary Safety Measures in Real World Pedestrian Accidents:* The 22nd International Technical Conference on the Enhanced Safety of Vehicles (ESV). Washington, DC, USA

[Lin01] LIN, C.-h., R. GAO und Y.-P. CHENG, 2001. *A Stochastic Approach for the Simulation of an Integrated Vehicle and Occupant Model:* The 17th International Technical Conference on the Enhanced Safety of Vehicles (ESV). Amsterdam, Niederlande

[Lin03] LINDQUIST, M., A. HALL und U. BJÖRNSTIG, 2003. Real World Car Crash Investigations – A New Approach. *International Journal of Crashworthiness,* 8(4), S. 375-384

[Lin14] LINK, M., 2014. *Finite Elemente in der Statik und Dynamik.* 4. korrigierte Auflage. Wiesbaden: Springer Vieweg. ISBN 978-3-658-03556-3

[Liu06] LIU, Y. und M. L. DAY, 2006. *Development of Simplified Truck Chassis Model for Crashworthiness Analysis:* 9th International LS-DYNA Users Conference. Dearborn, MI, USA

[Lön09] LÖNN, D., M. ÖMAN, L. NILSSON und K. SIMONSSON, 2009. Finite Element Based Robustness Study of a Truck Cab Subjected to Impact Loading. *International Journal of Crashworthiness,* 14(2), S. 111-124

[Lön11] LÖNN, D., G. BERGMAN, L. NILSSON und K. SIMONSSON, 2011. Experimental and Finite Element Robustness Studies of a Bumper System Subjected to an Offset Impact Loading. *International Journal of Crashworthiness,* 16(2), S. 155-168

[Lof14] LOFTIS, K. L., K. R. SWETT, R. S. MARTIN, J. W. MEREDITH und J. D. STITZEL, 2014. Similarity Scoring Methodology for Comparing Real-World Cases to Crash Test Standards. *International Journal of Crashworthiness,* 19(1), S. 57-70

[Lom07] LOMARIO, D., G. P. DE POLI, L. FATTORE und J. MARCZYK, 2007. *A Complexity-Based Approach to Robust Design and Structural Assessment of Aero Engine Components:* ASME Turbo Expo 2007: Power for Land, Sea and Air. Montreal, Kanada

[LST12a] LSTC, 2012. *LS-DYNA Keyword Users's Manual - Volume I. Version 971 R6.1.0:* Livermore Software Technology Corporation. Livermore, CA, USA

[LST12b] LSTC, 2012. *LS-DYNA Keyword Users's Manual - Volume II. Version 971 R6.1.0:* Livermore Software Technology Corporation. Livermore, CA, USA

[Mac85] MACKAY, G. M., S. J. ASHTON, M. D. GALER und P. D. THOMAS, 1985. The Methodology of In-Depth Studies of Car Crashes in Britain. *SAE Technical Paper 850556,* S. 365-371

[Mai12] MAIER, R., G.-A. AHRENZ, A. P. AURICH, C. BARTZ, C. SCHILLER, C. WINKLER und R. WITTWER, 2012. *Entwicklung der Verkehrssicherheit und ihrer Rahmenbedingungen bis 2015/2020:* Bundesanstalt für Straßenwesen, Berichte der Bundesanstalt für Straßenwesen, Unterreihe »Mensch und Sicherheit«, Heft M 224, März 2012.
Bergisch Gladbach, Deutschland

[Mar97] MARCZYK, J., M. HOLZNER, H. MADER, J. CLINKEMAILLIE, S. MELICIANI, M. NOACK, J. SEYBOLD und C. TANASESCU, 1997. *Stochastic Automotive Crash Simulation: A New Frontier in Virtual Prototyping:* Proceedings of the PAM 97 User Conference. Prag, Tschechien

[Mar99] MARCZYK, J., 1999. *Principles of Simulation-Based Computer-Aided Engineering.* Barcelona: FIM Publications

[Mar00] MARCZYK, J., 2000. *Uncertainty Management in Automotive Crash: From Analysis to Simulation.* ASME 2000 Conference. Baltimore, MD, USA

[Mau16] MAURER, S. A., 2016. *Multidisziplinäre Formoptimierung modularer Grundgeometrien für Druckgussbauteile mit strömungs- und strukturmechanischen Zielfunktionen* [Dissertation]. Freiberg: Technische Universität Bergakademie Freiberg

[McK79] MCKAY, M. D., R. J. BECKMAN und W. J. CONOVER, 1979. A Comparison of Three Methods for Selecting Values of Input Variables in the Analysis of Output from a Computer Code. *Technometrics,* 21(2), S. 239-245

[McM14] MCMURRY, T. L. und G. S. POPLIN, 2014. Statistical Considerations in the Development of Injury Risk Functions. *Traffic Injury Prevention,* 16(6), S. 618-626

[Mei00] MEIßNER, U. F. und A. MAURIAL, 2000. *Die Methode der finiten Elemente. Eine Einführung in die Grundlagen.* 2. Auflage. Berlin [u. a.]: Springer: Springer-Lehrbuch. ISBN 978-3-540-67439-9

[Met49] METROPOLIS, N. und S. ULAM, 1949. The Monte Carlo Method. *Journal of the American Statistical Association,* 44(247), S. 335-341

[Mic81] MICHAEL, W. und J. N. SIDDALL, 1981. The Optimization Problem with Optimal Tolerance Assignment and Full Acceptance. *ASME Journal of Mechanical Design,* 103(Oct), S. 842

[Mos14] MOSER, S., S. NAU, M. SALK und K. THOMA, 2014. In Situ Flash X-Ray High-Speed Computed Tomography for the Quantitative Analysis of Highly Dynamic Processes. *Measurement Science and Technology,* 25(2), S. 025009 1-11

[Mou05] MOURELATOS, Z. P. und L. JINGHONG, 2005. *A Reliability-Based Robust Design Methodology:* SAE World Congress. Detroit, MI, USA

[Nai92] NAIR, V. N., B. ABRAHAM, J. MACKAY, G. BOX, R. N. KACKER, T. J. LORENZEN, J. M. LUCAS, R. H. MYERS, G. G. VINING, J. A. NELDER, M. S. PHADKE, J. SACKS, W. J. WELCH, A. C. SHOEMAKER, K. L. TSUI, S. TAGUCHI und C. F. J. WU, 1992. Taguchi's Parameter Design: A Panel Discussion. *Technometrics,* 34(2), S. 127-161

[Nai08] NAING, C. L., J. HILL, R. THOMSON, H. FAGERLIND, M. KELKKA, C. KLOOTWIJK, G. DUPRE und O. BISSON, 2008. Single-Vehicle Collisions in Europe: Analysis Using Real-World and Crash-Test Data. *International Journal of Crashworthiness,* 13(2), S. 219-229

[Naj11] NAJAFI, A. und M. RAIS-ROHANI, 2011. Mechanics of Axial Plastic Collapse in Multi-Cell, Multi-Corner Crush Tubes. *Thin-Walled Structures,* 49(1), S. 1-12

[Nal13] NALBACH, J., 2013. *Motivation Leichtbau.* Dresden: Vortragsreihe Leichtbau der Dr. Ing. h.c. F. Porsche AG: Technische Universität Dresden

[Nat03] National Highway Traffic Safety Administration, 2003. *CIREN Program Report, 2002:* U.S. Department of Transportation, DOT HS 809 564. Washington, DC, USA

[Nat15] National Highway Traffic Safety Administration, 2015. *Fatality Analysis Reporting System (FARS). Analytical User's Manual 1975-2013:* U.S. Department of Transportation, DOT HS 812 092. Washington, DC, USA

[Neu09] NEUKAMM, F., M. FEUCHT und A. HAUFE, 2009. *Considering Damage History in Crashworthiness Simulations:* 7th European LS-DYNA Conference. Salzburg, Österreich

[New05] NEWSTEAD, S., A. DELANEY, L. WATSON, M. CAMERON und K. LANGWIEDER, 2005. *Injury Risk Assessment from Real World Injury Outcomes in European Crashes and their Relationship to EuroNCAP Test Scores:* The 19th International Technical Conference on the Enhanced Safety of Vehicles (ESV). Washington, DC, USA

[New08] NEWLAND, C., T. BELCHER, O. BOSTROM, H. C. GABLER, J.-G. CHA, S. TYLKO und R. DAL NEVO, 2008. Occupant-to-Occupant Interaction and Impact Injury Risk in Side Impact Crashes. *Stapp Car Crash Journal,* 52, S. 327-347

[New11] NEWSTEAD, S. V., M. D. KEALL und L. M. WATSON, 2011. Rating the Overall Secondary Safety of Vehicles from Real World Crash Data: The Australian and New Zealand Total Secondary Safety Index. *Accident Analysis & Prevention,* 43(3), S. 637-645

[Nie13] NIEBUHR, T., M. JUNGE und S. ACHMUS, 2013. Pedestrian Injury Risk Functions Based on Contour Lines of Equal Injury Severity Using Real World Pedestrian/Passenger-Car Accident Data. *The Annals of Advances in Automotive Medicine,* 57(Sep), S. 145-154

[Nie15] NIEBUHR, T., M. JUNGE und S. ACHMUS, 2015. Expanding Pedestrian Injury Risk to the Body Region Level: How to Model Passive Safety Systems in Pedestrian Injury Risk Functions. *Traffic Injury Prevention,* 16(5), S. 519-531

[Nie16] NIEBUHR, T., M. JUNGE und E. ROSÉN, 2016. Pedestrian Injury Risk and the Effect of Age. *Accident Analysis & Prevention,* 86, S. 121-128

[Nor95] NORIN, H., 1995. *Evaluating the Crash Safety Level of Systems and Components in Cars* [Dissertation]. Stockholm: Karolinska Institute

[Ode72] ODEN, J. T., 1972. *Finite Elements of Nonlinear Continua*. New York: McGraw-Hill Book Co.

[O'N74] O'NEILL, B., H. JOKSCH und W. HADDON, 1974. *Empirical Relationships between Car Size, Car Weight, and Crash Injuries in Car-to-Car Crashes:* Fifth International Technical Conference on Experimental Safety Vehicles. London, UK

[Opi14] OPILA, D. F., X. WANG, R. MCGEE, R. B. GILLESPIE, J. A. COOK und J. W. GRIZZLE, 2014. Real-World Robustness for Hybrid Vehicle Optimal Energy Management Strategies Incorporating Drivability Metrics. *Journal of Dynamic Systems, Measurement, and Control,* 136(6), S. 061011-1–10

[Opp92] OPPE, S., 1992. A Comparison of Some Statistical Techniques for Road Accident Analysis. *Accident Analysis & Prevention,* 24(4), S. 397-423

[Ort15] ORTMANN, C., 2015. *Entwicklung eines graphen- und heuristikbasierten Verfahrens zur Topologieoptimierung von Profilquerschnitten für Crashlastfälle* [Dissertation]. Wuppertal: Bergische Universität Wuppertal

[Osl97] OSLER, T., S. P. BAKER und W. LONG, 1997. A Modification of the Injury Severity Score that both Improves Accuracy and Simplifies Scoring. *The Journal of Trauma,* 43(6), S. 922-925; discussion 925-926

[Ott03] OTTE, D., C. KRETTEK, H. BRUNNER und H. ZWIPP, 2003. *Scientific Approach and Methodology of a New In-depth Investigation Study in Germany so called GIDAS:* The 18th International Technical Conference on the Enhanced Safety of Vehicles (ESV). Nagoya, Japan

[Owe13] OWEN, A. B., 2013. *Monte Carlo Theory, Methods and Examples. Advanced Variance Reduction* [online]. Stanford [Zugriff am: 20.04.2016]. Verfügbar unter: http://statweb.stanford.edu/~owen/mc/#

[PAG09] DR. ING. H.C. F. PORSCHE AG, 2009. *Toleranzkettenanalyse des Crash-Management-Systems des Porsche 911 (Typ 991).* Weissach, Deutschland

[PAG13] DR. ING. H.C. F. PORSCHE AG, 2013. *Messreihe zu Streuungen von Materialeigenschaften in Aluminiumdruckgussbauteilen.* Weissach, Deutschland

[PAG15a] DR. ING. H.C. F. PORSCHE AG, 2015. *Expertenabschätzung.* Weissach, Deutschland

[PAG15b] DR. ING. H.C. F. PORSCHE AG, 2015. *Verbindungstechnikdatenbank.* Weissach, Deutschland

[Pap11] PAPULA, L., 2011. *Mathematik für Ingenieure und Naturwissenschaftler Band 3. Vektoranalysis, Wahrscheinlichkeitsrechnung, Mathematische Statistik, Fehler- und Ausgleichsrechnung.* 6. Auflage. Wiesbaden: Vieweg + Teubner. ISBN 978-3-8348-1227-8

[Par90] PARKINSON, A., C. SORENSEN, J. FREE und B. CANFIELD, 1990. *Tolerances and Robustness in Engineering Design Optimization:* Proceedings of the 1990 ASME Design Automation Conference. Chicago, IL, USA

[Par93] PARKINSON, A., C. SORENSEN und N. POURHASSAN, 1993. A General Approach for Robust Optimal Design. *Journal of Mechanical Design,* 115, S. 74-80

[Par95] PARKINSON, A., 1995. Robust Mechanical Design Using Engineering Models. *ASME Special 50th Anniversary Design Issue,* 117, S. 48-54

[Par03] PARENTEAU, C. S., D. C. VIANO, M. SHAH, M. GOPAL, J. DAVIES, D. NICHOLS und J. BRODEN, 2003. Field Relevance of a Suite of Rollover Tests to Real-World Crashes and Injuries. *Accident Analysis & Prevention,* 35(1), S. 103-110

[Par06] PARK, G.-J., T.-H. LEE, K. H. LEE und K.-H. HWANG, 2006. Robust Design: An Overview. *American Institute of Aeronautics and Astronautics Journal,* 44(1), S. 181-191

[Pea93] PEACE, G. S., 1993. *Taguchi Methods. A Hands-On Approach.* Reading, Mass: Addison-Wesley. ISBN 9780201563115

[Pen13a] PENG, Y., C. DECK, J. YANG, D. OTTE und R. WILLINGER, 2013. A Study of Adult Pedestrian Head Impact Conditions and Injury Risks in Passenger Car Collisions Based on Real-World Accident Data. *Traffic Injury Prevention,* 14(6), S. 639-646

[Pen13b] PENG, Y., J. YANG, C. DECK, D. OTTE und R. WILLINGER, 2013. Development of Head Injury Risk Functions Based on Real-World Accident Reconstruction. *International Journal of Crashworthiness,* 19(2), S. 105-114

[Pet81] PETRUCELLI, E., J. D. STATES und L. N. HAMES, 1981. The Abbreviated Injury Scale: Evolution, Usage and Future Adaptability. *Accident Analysis & Prevention,* 13(1), S. 29-35

[Pet03] PETITJEAN, A., P. BAUDRIT und X. TROSSEILLE, 2003. Thoracic Injury Criterion for Frontal Crash Applicable to all Restraint Systems. *Stapp Car Crash Journal,* 47, S. 323-348

[Pet09] PETITJEAN, A., X. TROSSEILLE, P. PETIT, A. IRWIN, J. HASSAN und N. PRAXL, 2009. Injury Risk Curves for the WorldSID 50th Male Dummy. *Stapp Car Crash Journal,* 53, S. 443-476

[Pet11] PETITJEAN, A. und X. TROSSEILLE, 2011. Statistical Simulations to Evaluate the Methods of the Construction of Injury. *Stapp Car Crash Journal,* 55, S. 411-440

[Pha82] PHADKE, M. S., 1982. Quality Engineering Using Design of Experiments. *Proceedings of the Section on Statistical Education, American Statistical Association,* S. 11-20

[Pha89] PHADKE, M. S., 1989. *Quality Engineering Using Robust Design*. Englewood Cliffs, N.J: Prentice Hall. ISBN 978-0137451678

[Pra10] PRASAD, P., H. J. MERTZ, D. J. DALMOTAS, J. S. AUGENSTEIN und K. DIGGES, 2010. Evaluation of the Field Relevance of Several Injury Risk Functions. *Stapp Car Crash Journal,* 54, S. 49-72

[Pra11] PRAXL, N., 2011. *How Reliable are Injury Risk Curves?:* The 22nd International Technical Conference on the Enhanced Safety of Vehicles (ESV). Washington, DC, USA

[Pra14a] PRASAD, P., D. DALMOTAS und A. GERMAN, 2014. An Examination of Crash and NASS Data to Evaluate the Field Relevance of IIHS Small Offset Tests. *SAE International Journal of Transportation Safety,* 2(2), S. 326-335

[Pra14b] PRASAD, P., D. DALMOTAS und A. GERMAN, 2014. The Field Relevance of NHTSA's Oblique Research Moving Deformable Barrier Tests. *Stapp Car Crash Journal,* 58, S. 1-21

[Pra15] PRASAD, P., 2015. Injury Criteria and Motor Vehicle Regulations. In: N. YOGANANDAN, A.M. NAHUM und J.W. MELVIN, Hg. *Accidental Injury.* New York, NY: Springer New York, S. 793-809. ISBN 978-1-4939-1731-0

[Rad14] RADJA, G. A., 2014. *National Automotive Sampling System – Crashworthiness Data System, 2013 Analytical User's Manual:* Office of Data Acquisition, National Center for Statistics and Analysis, National Highway Traffic Safety Administration, DOT HS 812 066. Washington, DC, USA

[Rag03] RAGLAND, C., 2003. *Evaluation of Crash Types Associated with Test Protocols:* The 18th International Technical Conference on the Enhanced Safety of Vehicles (ESV). Nagoya, Japan

[Rao87a] RAO, S. S., 1987. Description and Optimum Design of Fuzzy Mechanical Systems. *ASME Journal of Mechanisms, Transmissions and Automation in Design,* 109(1), S. 126-132

[Rao87b] RAO, S. S., 1987. Multi-Objective Optimization of Fuzzy Structural Systems. *International Journal for Numerical Methods in Engineering,* 109, S. 1157-1171

[Ray15] RAY, T., M. ASAFUDDOULA, H. K. SINGH und K. ALAM, 2015. An Approach to Identify Six Sigma Robust Solutions of Multi/Many-Objective Engineering Design Optimization Problems. *Journal of Mechanical Design,* S. 1-36

[Rie05] RIEGER, G., J. SCHEEF, H. BECKER, M. STANZEL und R. ZOBEL, 2005. *Active Safety Systems Change Accident Environment of Vehicles Significantly - A Challenge for Vehicle Design:* The 19th International Technical Conference on the Enhanced Safety of Vehicles (ESV). Washington, DC, USA

[Rih03] RIHA, D., J. HASSAN, M. FORREST und D. KE, 2003. *Development of a Stochastic Approach for Vehicle FE Models:* 2003 ASME International Mechanical Engineering Congress. Washington, DC, USA

[Roo05] ROOS, D. und C. BUCHER, 2005. *Robust Design and Reliability-based Design Optimization:* NAFEMS Seminar: Optimization in Structural Mechanics. Wiesbaden, Deutschland

[Rou06] ROUX, W., N. STANDER, F. GÜNTHER und H. MÜLLERSCHÖN, 2006. Stochastic Analysis of Highly Non-Linear Structures. *International Journal for Numerical Methods in Engineering,* 65(8), S. 1221-1242

[Roy82] ROYSTON, J. P., 1982. An Extension of Shapiro and Wilk's W Test for Normality to Large Samples. *Applied Statistics,* 31(2), S. 115-124

[Roy92] ROYSTON, P., 1992. Approximating the Shapiro-Wilk W-Test for Non-Normality. *Statistics and Computing,* 2(3), S. 117-119

[Rud11] RUDD, R. W., M. SCARBORO und J. SAUNDERS, 2011. *Injury Analysis of Real-World Small Overlap and Oblique Frontal Crashes:* The 22nd International Technical Conference on the Enhanced Safety of Vehicles (ESV). Washington, DC, USA

[Rus09] RUST, W., 2009. *Nichtlineare Finite-Elemente-Berechnungen. Kontakt, Geometrie, Material.* Wiesbaden: Vieweg + Teubner. ISBN 978-3-8351-0232-3

[Sau12] SAUNDERS, J., M. CRAIG und D. PARENT, 2012. Moving Deformable Barrier Test Procedure for Evaluating Small Overlap/Oblique Crashes. *SAE International Journal of Commercial Vehicles,* 5(1), S. 172-195

[Sau13a] SAUNDERS, J. und D. PARENT, 2013. *Assessment of an Oblique Moving Deformable Barrier Test Procedure:* The 23rd International Technical Conference on the Enhanced Safety of Vehicles (ESV). Seoul, Korea

[Sau13b] SAUNDERS, J. und D. PARENT, 2013. Repeatability of a Small Overlap and an Oblique Moving Deformable Barrier Test Procedure. *SAE International Journal of Transportation Safety,* 1(2)

[Sch05] SCHUMACHER, A., 2005. *Optimierung mechanischer Strukturen. Grundlagen und industrielle Anwendungen.* Berlin [u. a.]: Springer: SpringerLink: Springer e-Books. ISBN 3-540-21887-4

[Sch08] SCHUMACHER, A. und C. OLSCHINKA, 2008. Robust Design Considering Highly Nonlinear Structural Behavior. *Structural and Multidisciplinary Optimization,* 35(3), S. 263-272

[Sch09] SCHELKLE, E., 2009. *CAE 2015 - Current Status, Directions and Challenges:* NAFEMS World Congress. Kreta, Griechenland

[Sch14] SCHULZ, M. D., 2014. *Der Produktentstehungsprozess in der Automobilindustrie. Eine Betrachtung aus Sicht der Logistik.* Wiesbaden: Springer Gabler: Essentials. ISBN 978-3-658-06463-1

[See05] SEEGER, F., M. FEUCHT, T. FRANK, B. KEDING und A. HAUFE, 2005. *An Investigation on Spot Weld Modelling for Crash Simulation with LS-DYNA:* 4. LS-DYNA Anwenderforum. Bamberg, Deutschland

[Seg07] SEGUI-GOMEZ, M., F. J. LOPEZ-VALDES und R. FRAMPTON, 2007. *An Evaluation of the Euro NCAP Crash Test Safety Ratings in the Real World:* 51st Annual Proceedings of the Association for the Advancement of Automotive Medicine. Melbourne, Australien

[Seg10] SEGUI-GOMEZ, M., F. J. LOPEZ-VALDES und R. FRAMPTON, 2010. Real-World Performance of Vehicle Crash Test: The Case of EuroNCAP. *Injury Prevention,* 16(2), S. 101-106

[Sei02] SEIER, E., 2002. *Comparison of Tests for Univariate Normality* [online]. Johnson City [Zugriff am: 20.04.2016]. Verfügbar unter: http://interstat.statjournals.net/YEAR/2002/articles/0201001.pdf

[Sev71] SEVERY, D. M., H. M. BRINK und D. M. BLAISDELL, 1971. Smaller Vehicle versus Larger Vehicle Collisions. *SAE Technical Paper 710861*, S. 386-436

[Sha65] SHAPIRO, S. S. und M. B. WILK, 1965. An Analysis of Variance Test for Normality (Complete Samples). *Biometrika,* 52(3/4), S. 591-611

[Sha68] SHAPIRO, S. S., M. B. WILK und H. J. CHEN, 1968. A Comparative Study of Various Tests for Normality. *Journal of the American Statistical Association,* 63(324), S. 1343-1372

[Shi13] SHI, L., P. ZHU, R.-J. YANG und S.-P. LIN, 2013. Adaptive Sampling-Based RBDO Method for Vehicle Crashworthiness Design Using Bayesian Metric and Stochastic Sensitivity Analysis with Independent Random Variables. *International Journal of Crashworthiness,* 18(4), S. 331-342

[Sie10] SIEBERTZ, K., Bebber, David Theo van und T. HOCHKIRCHEN, 2010. *Statistische Versuchsplanung. Design of Experiments (DOE).* Heidelberg: Springer: VDI-Buch. ISBN 978-3-642-05493-8

[Sip09] SIPPEL, H. und J. MARCZYK, 2009. *Application Strategies of Robust Design & Complexity Management in Engineering. Current Status & Future Trends in Multi-Disciplinary Product Development.* Haar: WOK Kreuzer. ISBN 9783000273506

[Sob82] SOBIESZCZANSKI-SOBIESKI, J., J.-F. BARTHELEMY und K. M. RILEY, 1982. Sensitivity of Optimum Solutions of Problem Parameters. *American Institute of Aeronautics and Astronautics Journal,* 20(9), S. 1291-1299

[Som83] SOMERS, R. L., 1983. The Probability of Death Score: An Improvement of the Injury Severity Score. *Accident Analysis & Prevention,* 15(4), S. 247-257

[Sta69] STATES, J. D., 1969. The Abbreviated and the Comprehensive Research Injury Scales. *SAE Technical Paper 690810,* S. 282-294

[Sta15] Statistisches Bundesamt, 2015. *Verkehr. Verkehrsunfälle:* Fachserie 8, Reihe 7, 03/2015, Artikelnummer: 2080700151034. Wiesbaden, Deutschland

[Sti12] STIGSON, H., A. KULLGREN und E. ROSÉN, 2012. Injury Risk Functions in Frontal Impacts Using Data from Crash Pulse Recorders. *Annals of Advances in Automotive Medicine,* 56, S. 267-276

[Str02] STREILEIN, T. und J. HILLMANN, 2002. *Stochastische Simulation und Optimierung am Beispiel VW Phaeton:* VDI-Tagung. Würzburg, Deutschland

[Str11] STRANDROTH, J., M. RIZZI, S. STERNLUND, A. LIE und C. TINGVALL, 2011. *The Correlation between Pedestrian Injury Severity in Real-Life Crashes and Euro NCAP Pedestrian Test Results:* The 22nd International Technical Conference on the Enhanced Safety of Vehicles (ESV). Washington, DC, USA

[Suh01] SUH, N. P., 2001. *Axiomatic Design. Advances and Applications.* New York: Oxford University Press: The MIT-Pappalardo Series in Mechanical Engineering. ISBN 978-0195134667

[Tag78] TAGUCHI, G., 1978. *Off-line and On-line Quality Control Systems:* International Conference on Quality Control. Tokyo, Japan

[Tag79] TAGUCHI, G., 1979. *Introduction to Off-line Quality Control:* Central Japan Quality Control Association. Tokyo, Japan

[Tag86] TAGUCHI, G., 1986. *Introduction to Quality Engineering. Designing Quality into Products and Processes.* Tokyo: Asian Productivity Organization. ISBN 92-833-1084-5

[Tag99] TAGUCHI, G., S. CHOWDHURY und S. TAGUCHI, 1999. *Robust Engineering*. New York: McGraw-Hill. ISBN 978-0071347822

[Tag05] TAGUCHI, G., S. CHOWDHURY, Y. WU, S. TAGUCHI und H. YANO, 2005. *Taguchi's Quality Engineering Handbook*. Hoboken: John Wiley & Sons; ASI Consulting Group. ISBN 0-471-41334-8

[Teo11] TEOH, E. R. und A. K. LUND, 2011. *IIHS Side Crash Test Ratings and Occupant Death Risk in Real-World Crashes:* The 22nd International Technical Conference on the Enhanced Safety of Vehicles (ESV). Washington, DC, USA

[Tho03a] THOLE, C.-A. und L. MEI, 2003. *Reasons for Scatter in Crash Simulation Results:* 4th European LS-DYNA Users Conference. Ulm, Deutschland

[Tho03b] THOMAS, P. und R. FRAMPTON, 2003. *Crash Testing For Real-World Safety. What Are The Priorities For Casualty Reduction?* The 18th International Technical Conference on the Enhanced Safety of Vehicles (ESV). Nagoya, Japan

[Tho06] THOLE, C.-A., R. IZA-TERAN, R. LORENTZ und H. SCHWAMBORN, 2006. *Scatter Analysis of Crash Simulation Results Enabled by Data Compression:* 9th International LS-DYNA Users Conference. Dearborn, MI, USA

[Tho14] THOMA, K., 2014. *Resilien-Tech. »Resilience-by-Design«: Strategie für die technologischen Zukunftsthemen:* acatech STUDIE, Deutsche Akademie der Technikwissenschaften. Berlin, Deutschland

[Tie12] TIETZ, W., L. WÖRNER, P. KELLER und N. KÖHLER, 2012. *Porsche Intelligent Material Concept – Leichtbaukonzepte der Zukunft:* 16. Internationales Dresdner Leichtbausymposium. Dresden, Deutschland

[Tsu92] TSUI, K.-L., 1992. An Overview of Taguchi Method and Newly Developed Statistical Methods for Robust Design. *Institute of Industrial Engineers Transactions,* 24(5), S. 44-57

[UN 13] UN ECE R94, 2013. *Uniform Provisions Concerning the Approval of Vehicles with Regard to the Protection of the Occupants in the Event of a Frontal Collision:* United Nations Economic Commission for Europe. Genf, Schweiz

[Unf13] Unfallforschung der Versicherer, 2013. *Jahresbericht 2013. Mehr Sicherheit im Straßenverkehr:* Gesamtverband der Deutschen Versicherungswirtschaft e.V. Berlin, Deutschland

[Unt07] UNTAROIU, C., J. KERRIGAN, C. KAM, J. CRANDALL, K. YAMAZAKI, K. FUKUYAMA, K. KAMIJI, T. YASUKI und J. FUNK, 2007. Correlation of Strain and Loads Measured in the Long Bones with Observed Kinematics of the Lower Limb during Vehicle-Pedestrian Impacts. *Stapp Car Crash Journal,* 51, S. 433-466

[Unt09] UNTAROIU, C. D., M. U. MEISSNER, J. R. CRANDALL, Y. TAKAHASHI, M. OKAMOTO und O. ITO, 2009. Crash Reconstruction of Pedestrian Accidents Using Optimization Techniques. *International Journal of Impact Engineering,* 36(2), S. 210-219

[Van14] VANGI, D., 2014. Impact Severity Assessment in Vehicle Accidents. *International Journal of Crashworthiness,* 19(6), S. 576-587

[VDA14] Verband der Automobilindustrie, 2014. *Flacherzeugnisse aus Aluminium, VDA 239-200.* Bietigheim-Bissingen: Dokumentation Kraftfahrwesen e.V. (DKF). Anmeldung: Mai 2014

[Ver84] VERRIEST, J.-P., 1984. *Thorax and Upper Abdomen: Kinematic, Tolerance Levels and Injury Criteria:* The Biomechanics of Impact Trauma. Amalfi, Italien

[Via85] VIANO, D. C. und I. V. LAU, 1985. *Thoracic Impact: A Viscous Tolerance Criterion:* Proceedings of the Tenth Experimental Safety Vehicle Conference. Oxford, UK

[Via13] VIANA, F. A. C., 2013. *Things you Wanted to Know about the Latin Hypercube Design and Were Afraid to Ask:* 10th World Congress on Structural and Multidisciplinary Optimization. Orlando, FL, USA

[Vit10] VITU, M., K. MULAC, R. STASTNY, M. STEPAN und P. KRAUS, 2010. *In-Depth Accident Research in the Czech Republic:* 4th International Conference Expert Symposium on Accident Research (ESAR). Hannover, Deutschland

[Wåg13a] WÅGSTRÖM, L., 2013. *Structural Safety Design for Real-World Situations. Using Computer Aided Engineering for Robust Passenger Car Crashworthiness* [Dissertation]. Göteborg: Chalmers University of Technology

[Wåg13b] WÅGSTRÖM, L., A. KLING, H. NORIN und H. FAGERLIND, 2013. A Methodology for Improving Structural Robustness in Frontal Car-to-Car Crash Scenarios. *International Journal of Crashworthiness,* 18(4), S. 385-396

[Wan07] WANG, G. G. und S. SHAN, 2007. Review of Metamodeling Techniques in Support of Engineering Design Optimization. *Journal of Mechanical Design,* 129(4), S. 370-380

[Wat09] WATAI, A., S. NAKATSUKA,, T. KATO, Y. UJIIE und Y. MATSUOKA, 2009. *Robust Design Method for Diverse Conditions:* Proceedings of the ASME 2009 International Design Engineering Technical Conferences & Computers and Information in Engineering Conference. San Diego, CA, USA

[Weh15] WEHRLE, E. J., 2015. *Design Optimization of Lightweight Space-Frame Structures Considering Crashworthiness and Parameter Uncertainty* [Dissertation]. München: Technische Universität München

[Wei12] WEIGERT, D., F. DUDDECK, S. BRACK, H. SCHLUDER und G. GEIßLER, 2012. *Anwendung stochastischer und geometrischer Analysen zur systematischen Robustheitsuntersuchung im Strukturcrash:* 11. LS-DYNA Forum. Ulm, Deutschland

[Wet89] WETS, R.J.B., 1989. Stochastic Programming. In: G. NEMHAUSER, A. RINNOOY KAN und M. TODD, Hg. *Handbook for Operations Research and Management Sciences, Vol. 1.* Amsterdam: Elsevier Science Publishers B.V. (North Holland)

[Wil03] WILL, J., D. ROOS und J. RIEDEL, 2003. *Robustheitsbewertung in der stochastischen Strukturmechanik:* NAFEMS Seminar: Use of Stochastics in FEM Analyses. Wiesbaden, Deutschland

[Wil05a] WILL, J. und H. BALDAUF, 2005. *Robustheitsbewertungen bezüglich der virtuellen Auslegung passiver Fahrzeugsicherheit:* 2. Weimarer Optimierungs- und Stochastiktage. Weimar, Deutschland

[Wil05b] WILL, J., C. BUCHER, M. GANSER und K. GROSSENBACHER, 2005. *Berechnung und Visualisierung statistischer Maße auf FE-Strukturen für Umformsimulationen:* 2. Weimarer Optimierungs- und Stochastiktage. Weimar, Deutschland

[Wil06a] WILL, J. und H. BALDAUF, 2006. Integration rechnerischer Robustheitsbewertungen in die virtuelle Auslegung passiver Fahrzeugsicherheit bei der BMW AG. *VDI-Bericht Nr. 1976, Berechnung und Simulation im Fahrzeugbau,* S. 851-873

[Wil06b] WILL, J. und C. BUCHER, 2006. *Statistische Maße für rechnerische Robustheitsbewertungen CAE-gestützter Berechnungsmodelle:* 3. Weimarer Optimierungs- und Stochastiktage. Weimar

[Wil07] WILL, J. und U. STELZMANN, 2007. *Robustness Evaluation Crashworthiness Simulation Results:* 6th European LS-DYNA Users' Conference. Göteborg, Schweden

[Wil08] WILL, J. und T. FRANK, 2008. *Rechnerische Robustheits-bewertungen von Strukturcrashlastfällen bei der Daimler AG:* 5. Weimarer Optimierungs- und Stochastiktage. Weimar, Deutschland

[Woo89] WOOD, K. L. und E. K. ANTONSSON, 1989. Computations with Imprecise Parameters in Engineering Design: Background and Theory. *ASME Journal of Mechanisms, Transmissions and Automation in Design,* 111(4), S. 616-625

[Woo90] WOOD, K. L. und E. K. ANTONSSON, 1990. Modeling Imprecision and Uncertainty in Preliminary Engineering Design. *Mechanism and Machine Theory,* 25(3), S. 305-324

[Woo02] WOOD, D. P. und C. K. SIMMS, 2002. Car Size and Injury Risk: A Model for Injury Risk in Frontal Collisions. *Accident Analysis & Prevention,* 34(1), S. 93-99

[Wut12] WUTTKE, F., 2012. *Robuste Auslegung von Mehrkörper-systemen. Frühzeitige Robustheitsoptimierung von Fahrzeug-modulen im Kontext modulbasierter Entwicklungsprozesse* [Dissertation]. Karlsruhe: Karlsruher Institut für Technologie

[Yaz07] YAZICI, B. und S. YOLACAN, 2007. A Comparison of Various Tests of Normality. *Journal of Statistical Computation and Simulation,* 77(2), S. 175-183

[Yde09] YDENIUS, A., 2009. Frontal Crash Severity in Different Road Environments Measured in Real-World Crashes. *International Journal of Crashworthiness,* 14(6), S. 525-532

[Yu14] YU, S., C. WANG, C. SUN und W. CHEN, 2014. *Robust Design of High-Performance Transparent Solar Cell Structure Considering Natural Sunlight Illumination:* Proceedings of the ASME 2014 International Design Engineering Technical Conferences & Computers and Information in Engineering Conference. Buffalo, NY, USA

[Zei82] ZEIDLER, F., 1982. *Die Analyse von Straßenverkehrsunfällen mit verletzten PKW-Insassen unter besonderer Berücksichtigung von versetzten Frontalkollisionen mit Abgleiten der Fahrzeuge* [Dissertation]. Berlin: Technische Universität Berlin

[Zhu09] ZHU, P., Y. ZHANG und G.-L. CHEN, 2009. Metamodel-Based Lightweight Design of an Automotive Front-Body Structure Using Robust Optimization. *Proceedings of the Institution of Mechanical Engineers, Part D: Journal of Automobile Engineering,* 223(9), S. 1133-1147

[Zim13] ZIMMERMANN, M. und J. EDLER VON HOESSLE, 2013. Computing Solution Spaces for Robust Design. *International Journal for Numerical Methods in Engineering,* 94(3), S. 290-307

Vom Autor betreute akademische Abschlussarbeiten

[Ant14] ANTES, R., 2014. *Unfalldatenanalyse zur Bewertung des realen Unfallgeschehens im Vergleich zu standardisierten Crash-Lastfällen* [Masterarbeit]. Freiberg: Technische Universität Bergakademie Freiberg

[Boh16] BOHLIEN, J., 2016. *Stochastische Struktursimulationen zur Analyse des Einflusses von Streuungen in der Verbindungstechnik auf das Deformationsverhalten crashbelasteter Fahrzeugstrukturen* [Masterarbeit]. Stuttgart: Universität Stuttgart

[Gol14] GOLZ, R., 2014. *Rechnerische Robustheitsuntersuchung des Crashverhaltens einer Vorderwagenstruktur in der frühen Fahrzeugentwicklung* [Masterarbeit]. Karlsruhe: Karlsruher Institut für Technologie

[Lüh15] LÜHE, K., 2015. *Methodische Untersuchung zur stochastischen FE-Berechnung für die Robustheitsbewertung crashbelasteter Fahrzeugstrukturen* [Masterarbeit]. Hamburg: Hochschule für Angewandte Wissenschaften Hamburg

[Roß15] ROß, D., 2015. *Numerische Robustheitsanalyse zur Beurteilung von Streuparametereinflüssen in der Crashsimulation am Beispiel einer Vorderwagenstruktur* [Masterarbeit]. Ingolstadt: Technische Hochschule Ingolstadt

[Sch15] SCHULZ, D., 2015. *Unfalldatenanalyse des realen Unfall-geschehens im Hinblick auf schräge Frontalkollisionen* [Masterarbeit]. Kassel: Universität Kassel

9 Notation

Abkürzungen

11 FYMW3 30 %	Beispiel eines VDI zur Beschreibung von Anstoßfläche, Anstoßrichtung, Deformationsgrad und Art des Zusammenpralls
AARU	Audi Accident Research Unit
ABS	Antiblockiersystem
ADAC	Allgemeiner Deutscher Automobil-Club
AG	Aktiengesellschaft
AIS	*Abbreviated Injury Scale*
AISx	Logarithmisch transformierte *Abbreviated Injury Scale*
Al	Aluminium
ALHS	*Advanced Latin Hypercube Sampling*
ANZBET	Anzahl Beteiligte
ASCS	*Automotive Simulation Center Stuttgart*
BASt	Bundesanstalt für Straßenwesen
BG3	Beschädigungsgrad 3 nach GDV-Codierung
CAE	*Computer Aided Engineering*
CCIS	*Co-operative Crash Injury Study*
CDS	*Crashworthiness Data System*
CIDAS	*Chinese In-Depth Accident Study*
CIREN	*Crash Injury Research and Engineering Network*
CMS	Crash-Management-System
CMVSS	*Canada Motor Vehicle Safety Standard*
CZIDAS	*Czech In-Depth Accident Study*
DEKRA	Deutscher Kraftfahrzeug-Überwachungs-Verein
DOE	*Design of Experiments*
ECE	*Economic Commission for Europe*
EES	*Energy Equivalent Speed*
EFZ	Egofahrzeug
EIMP	Impulswinkel Egofahrzeug
EPSKZ	Personenkennziffer Egofahrzeug
ERHSBEN	Gurtbenutzung Egofahrzeug

ESP	Elektronisches Stabilitätsprogramm
ESV	*International Technical Conference on the Enhanced Safety of Vehicles*
Euro NCAP	*European New Car Assessment Programme*
EVDI1	Richtung des VDI im Egofahrzeug
FARS	*Fatality Analysis Reporting System*
FAT	Forschungsvereinigung Automobiltechnik
FEM	Finite-Elemente-Methode
FMVSS	*Federal Motor Vehicle Safety Standard*
Fzg.	Fahrzeug
GDV	Gesamtverband der Deutschen Versicherungswirtschaft
GFZ	Gegnerfahrzeug
GIDAS	*German In-Depth Accident Study*
HLT	Hauptlängsträger
HPC	*High-Performance Computing*
IGLAD	*Initiative for the Global Harmonisation of Accident Data*
IIHS	*Insurance Institute for Highway Safety*
IRCOBI	*International Research Council on Biomechanics of Injury*
ISS	*Injury Severity Score*
ISSx	Logarithmisch transformierter *Injury Severity Score*
KB	Konfidenzband
KI	Konfidenzintervall
KOTI	*The Korea Transport Institute*
LHS	*Latin Hypercube Sampling*
Lkw	Lastkraftwagen
MAIS	*Maximum Abbreviated Injury Scale*
MPV	*Multi Purpose Vehicle*
n. b.	nicht beurteilbar
NASS	*National Automotive Sampling System*
NHTSA	*National Highway Traffic Safety Administration*
OLHS	*Optimal Latin Hypercube Sampling*
P-P	*Probability-Probability*
PCA	*Prinicipal Component Analysis*
PEP	Produktentstehungsprozess

Pkw	Personenkraftwagen
PMHS	*Post Mortem Human Subject*
PMTO	Postmortales Testobjekt
Q-Q	Quantil-Quantil
RCAR	*Research Council for Automobile Repairs*
RISER	*Roadside Infrastructure for Safer European Roads*
RMCS	*Random Monte Carlo Sampling*
S-W	Shapiro-Wilk
SFQT	Stoßfängerquerträger
SOP	*Start of Production*
St	Stahl
STRADA	*Swedish Traffic Accident Data Acquisition*
SUV	*Sports Utility Vehicle*
u. g.	und größer
ULSAB	*Ultralight Steel Auto Body*
USA	*United States of America*
US NCAP	*United States New Car Assessment Program*
VDI	*Vehicle Deformation Index*
VDI1	Richtung des VDI
VUFO	Verkehrsunfallforschung an der TU Dresden GmbH
VW	Volkswagen
WorldSID	*Worldwide Harmonized Side Impact Dummy*

Allgemein verwendete Symbole

x	Skalare Größe x
X	Zufallsvariable X
f	Funktion
F	Stammfunktion von f
$\mathbf{x}$	Vektor $\mathbf{x}$
$\mathbf{X}$	Matrix $\mathbf{X}$
$\mathbf{x}^{\mathrm{T}}$	Transponierte Form von $\mathbf{x}$
$\bar{x}$	Empirischer Mittelwert von x
d	Differential
$\frac{\partial x}{\partial y}$	Partielle Ableitung von x nach y

e	Eulersche Zahl
$\ln x$	Natürlicher Logarithmus von x
min	Minimum
max	Maximum
$R(x)$	Rangzahl von x

Tiefgestellte Indizes

E	Energie
F	Kraft
ges	Gesamt-
i, j	Laufvariable
max	Maximal-
min	Minimal-
V	Verschiebung

Große lateinische Buchstaben

CoV	Variationskoeffizient *(Coefficient of Variation)*
B_o	Obere Grenze Vorgabestreuband
B_u	Untere Grenze Vorgabestreuband
E	Erwartungswert
E_{Kin}	Kinetische Energie
F	Kraft
F_{kr}	Kritische Kraft
$F_{n_1,n_2;\gamma}$	Quantile der F-Verteilung zu n_1 und n_2 zum Konfidenzniveau γ
G	Faktor zur Bewertung der Entfernung nichtzulässiger Einzelergebnisse vom Auslegungsgrenzwert
G_o	Faktor zur Bewertung der Entfernung nichtzulässiger Einzelergebnisse oberhalb des oberen Auslegungsgrenzwerts
G_u	Faktor zur Bewertung der Entfernung nichtzulässiger Einzelergebnisse unterhalb des unteren Auslegungsgrenzwerts
H_0	Nullhypothese

H_1	Alternativhypothese
L	*Likelihood*-Funktion
N	Normalverteilung
O_{KI}	Oberes Konfidenzband
P	Wahrscheinlichkeitsverteilungsfunktion
$P_{ISSx>x}$	Wahrscheinlichkeit einer Verletzung der Schwere ISSx>*x*
Q	Qualität
Q_L	Qualitätsverlust
Q_A	Angepasster Qualitätsverlust
R_{Res}	Resilienz
RI	Robustheitsindex
S	Faktor zur Bewertung der Ergebnisstreuung um den Mittelwert
U	Gleichverteilung
U_{KI}	Unteres Konfidenzband
V	Faktor zur Bewertung der Variationsbreite
Var	Varianz
W_i	Wichtungsfaktor einzelner Robustheitsindizes
Z	Faktor zur Bewertung der Zielerreichung

Kleine lateinische Buchstaben

$\mathbf{a}$	Ergebnisvektor
a	Parameter der Exponentialfunktion
b	Parameter für logistische Regression
b_o	Obere Grenze Streuband Prozent und Promille
b_u	Untere Grenze Streuband Prozent und Promille
c	Faktor zur Wichtung der Standardabweichung
d	Wanddicke
g_{ij}	Zweite partielle Ableitung der *Log-Likelihood*-Funktion
g	Auslegungsgrenzwert
k	Anzahl der Auslegungsziele
k_Q	Qualitätsverlustkonstante
l_D	Freie Deformationslänge
l_E	Länge der festen Einspannung

m	Masse
m_v	Anzahl verletzter Personen
n	Stichprobengröße
n_o	Anzahl der Einzelrechnungen oberhalb des Auslegungsgrenzwerts
n_u	Anzahl der Einzelrechnungen unterhalb des Auslegungsgrenzwerts
$o_{95\%\text{-KI}}$	Obere Grenze des 95%-Konfidenzintervalls
p	Exponent in Faktor G_u des Robustheitsindexes RI
p_W	Überschreitungswahrscheinlichkeit
p	Wahrscheinlichkeitsdichtefunktion
p_o	Oberer Wert des Konfidenzintervalls nach Clopper-Pearson
p_u	Unterer Wert des Konfidenzintervalls nach Clopper-Pearson
q	Exponent in Faktor G_o des Robustheitsindexes RI
r_p	Empirischer, linearer Korrelationskoeffizient nach Bravais-Pearson
r_s	Empirischer Rangkorrelationskoeffizient nach Spearman
s	Empirische Standardabweichung
s_X	Empirische Standardabweichung der Zufallsvariable X
s_{XY}	Empirische Kovarianz der Zufallsvariablen X und Y
$\mathbf{s}^2$	Empirische Varianz-Kovarianz-Matrix
t	Zeit
$t_{n-1;1-\alpha/2}$	Quantil der Student-t-Verteilung zur Stichprobengröße n und dem Signifikanzniveau α
u	Verschiebung
$u_{95\%\text{-KI}}$	Untere Grenze des 95%-Konfidenzintervalls
v	Geschwindigkeit
$\bar{v}$	Variationsbreite
Δv	Betrag der vektoriellen Geschwindigkeitsdifferenz in Folge einer Kollision
w_i	Wichtungsfaktor einzelner Faktoren des Robustheitsindexes
x_{o_i}	i-tes Einzelergebnis oberhalb des oberen Auslegungsgrenzwerts

x_{u_i}	i-tes Einzelergebnis unterhalb des unteren Auslegungsgrenzwerts

Kleine griechische Buchstaben

α	Irrtumswahrscheinlichkeit oder Signifikanzniveau
β	Maximum-Likelihood-Schätzer für logistische Regression
β_S	Auftreffwinkel um die *y*-Achse
$\boldsymbol{\varepsilon}$	Dehnung
$\boldsymbol{\varepsilon}_{el}$	Elastische Dehnung
$\boldsymbol{\varepsilon}_{pl}$	Plastische Dehnung
ϕ	Faktor für Streubreite
γ	Konfidenzniveau
γ_S	Auftreffwinkel um die *z*-Achse
μ	Mittelwert
μ_0	Zielmittelwert
π	Kreiszahl
$\boldsymbol{\sigma}$	Spannung
$\boldsymbol{\sigma}_F$	Fließspannung
σ	Standardabweichung
$\chi^2_{n-1;\,1-\alpha/2}$	Quantil der χ^2-Verteilung zur Stichprobengröße n und dem Signifikanzniveau α
ω	Elementarereignis eines Zufallsexperiments

10 Anhang

10.1 Ergänzungen zur felddatenbasierten Robustheitsanalyse

Tabelle 10-1: Zusammenhang zwischen AIS-Verletzungstripeln, ISS und ISSx unter Verwendung von [Nie13]

	ISSx	$AIS_{1, 2, 3}$	ISS	ISSx	$AIS_{1, 2, 3}$	ISS
	0,00	000	0	13,41	432	29
	0,29	100	1	15,56	433	34
	0,58	110	2	18,18	440	32
	0,87	111	3	18,47	441	33
ISSx > 1,0	1,08	200	4	19,26	442	36
	1,37	210	5	21,42	443	41
	1,67	211	6	25,00	500	25
	2,17	220	8	25,29	510	26
	2,46	221	9	25,58	511	27
ISSx > 2,5	3,24	300	9	26,08	520	29
	3,25	222	12	26,37	521	30
	3,53	310	10	27,17	522	33
	3,82	311	11	27,27	444	48
	4,32	320	13	28,24	530	34
	4,61	321	14	28,53	531	35
ISSx > 5,0	5,40	322	17	29,32	532	38
	6,47	330	18	31,47	533	43
	6,76	331	19	34,09	540	41
	7,56	332	22	34,38	541	42
	9,09	400	16	35,17	542	45
	9,38	410	17	37,33	543	50
	9,67	411	18	43,18	544	57
	9,71	333	27	50,00	550	50
	10,17	420	20	50,29	551	51
	10,46	421	21	51,08	552	54
	11,26	422	24	53,24	553	59
	12,33	430	25	59,09	554	66
	12,62	431	26	75,00	555	75

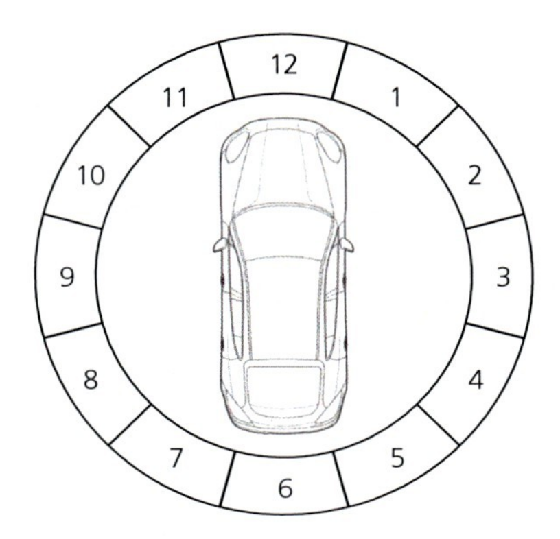

Abbildung 10-1: Richtungen des *Vehicle Deformation Index* (VDI) [GID15]

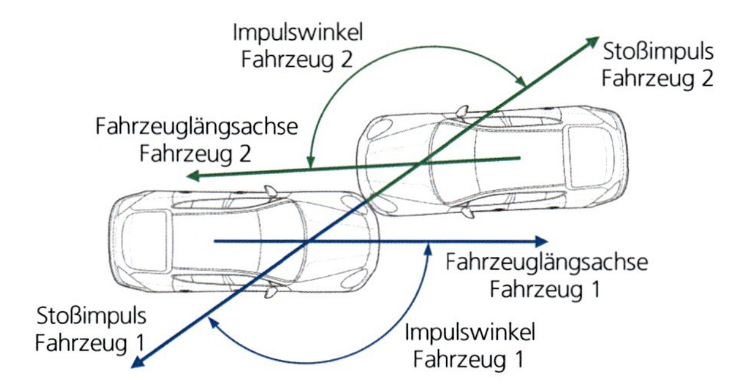

Abbildung 10-2: Winkel des Stoßimpulses bei der Kollision [GID15]

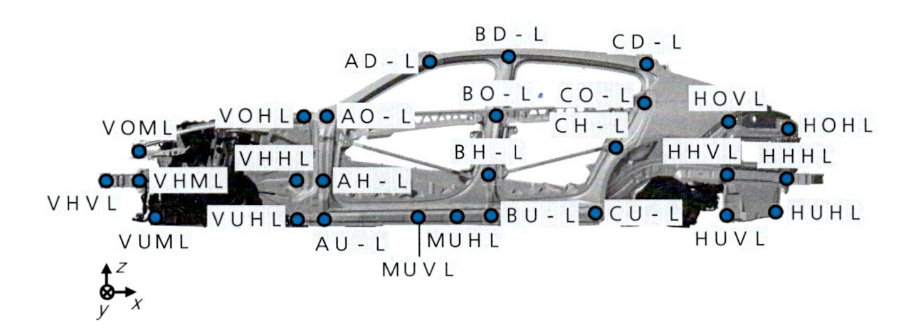

Abbildung 10-3: Generische Bezeichnung der Karosseriestrukturknoten in der Seitenansicht am Beispiel des Standardantriebs

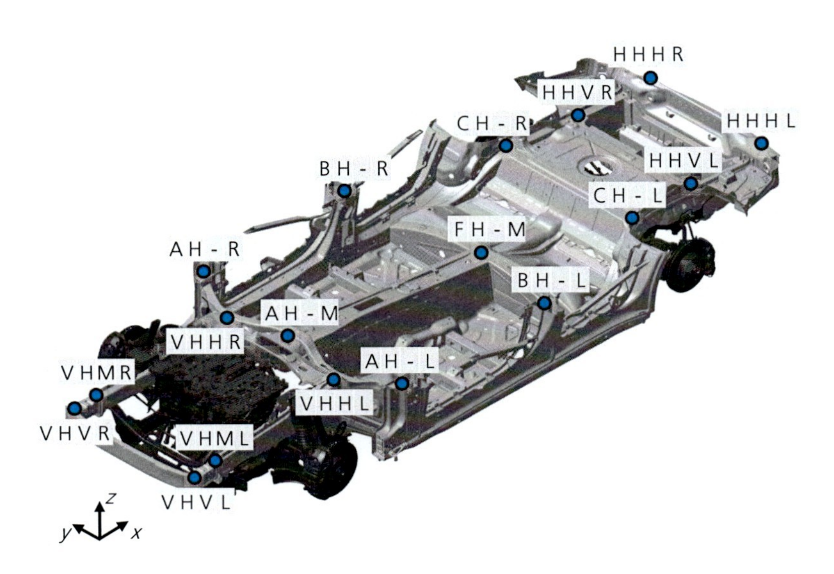

Abbildung 10-4: Generische Bezeichnung der Karosseriestrukturknoten in einem Schnitt durch die Hauptlastebene am Beispiel des Standardantriebs

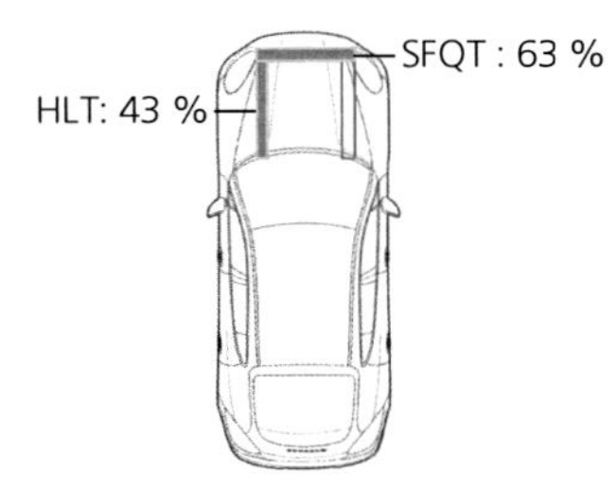

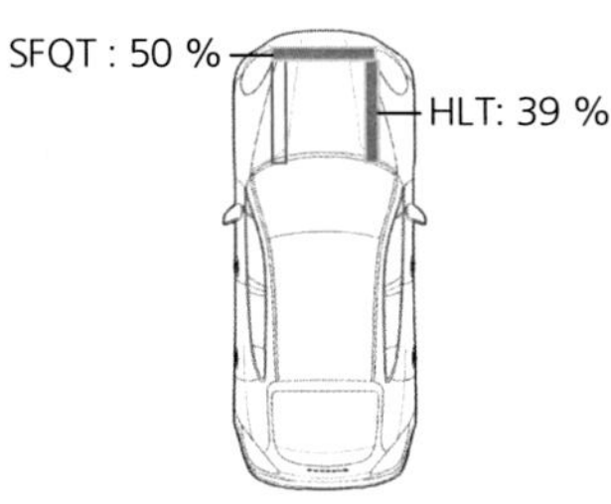

Abbildung 10-5: Anteil der Einzelfälle mit Beanspruchung der Strukturelemente Stoßfängerquerträger (SFQT) und Hauptlängsträger (HLT) in schrägen Frontalkollisionen unter Verwendung von [Sch15]

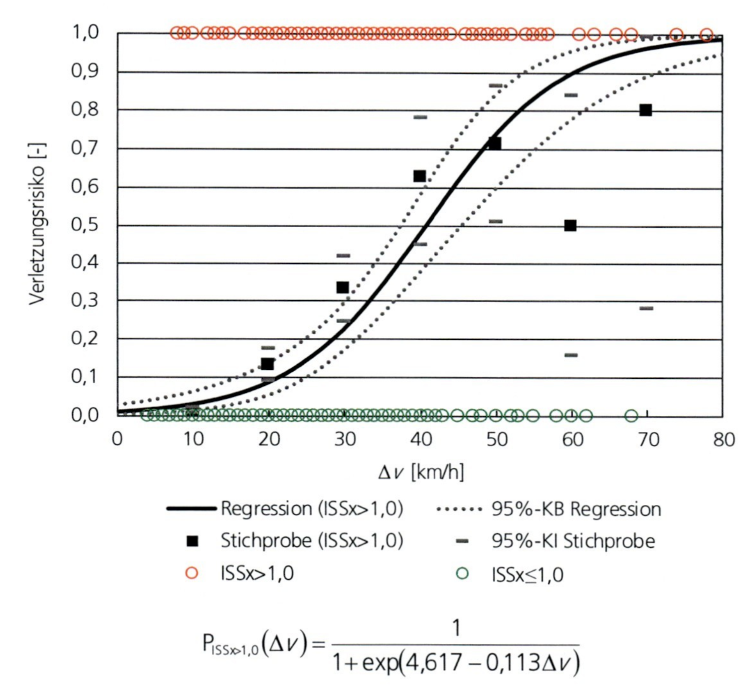

$$P_{ISSx>1,0}(\Delta v) = \frac{1}{1 + \exp(4,617 - 0,113\Delta v)}$$

Abbildung 10-6: Verletzungsrisikofunktion für Insassen der **Altersklasse von 16 bis 59 Jahren** für schräge Frontalkollisionen und Verletzungen der Schwere $ISSx > 1,0$ auf Basis des imputierten Analysedatensatzes

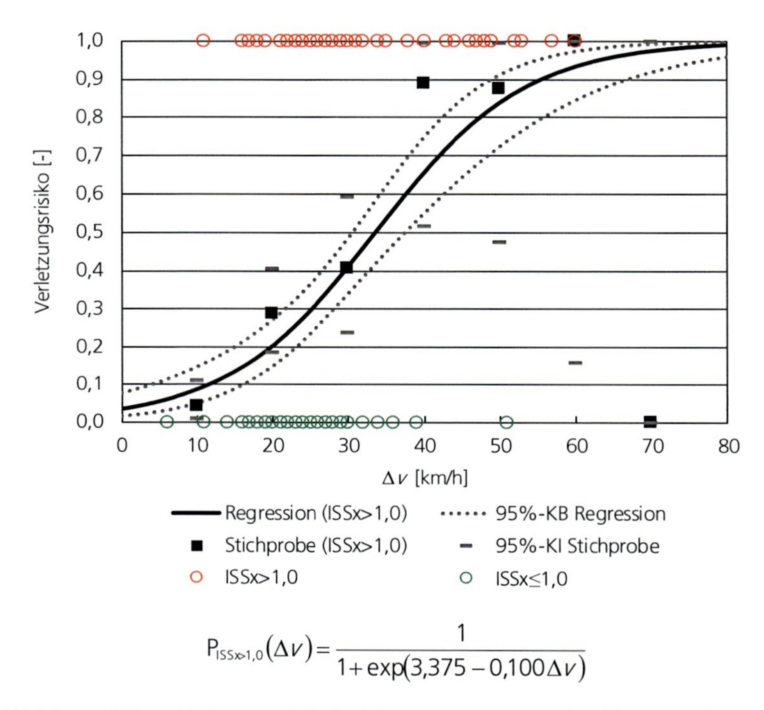

$$P_{ISSx>1,0}(\Delta v) = \frac{1}{1 + \exp(3{,}375 - 0{,}100\Delta v)}$$

Abbildung 10-7: Verletzungsrisikofunktion für Insassen der **Altersklasse 60 Jahre und älter** für schräge Frontalkollisionen und Verletzungen der Schwere $ISSx > 1{,}0$ auf Basis des imputierten Analysedatensatzes

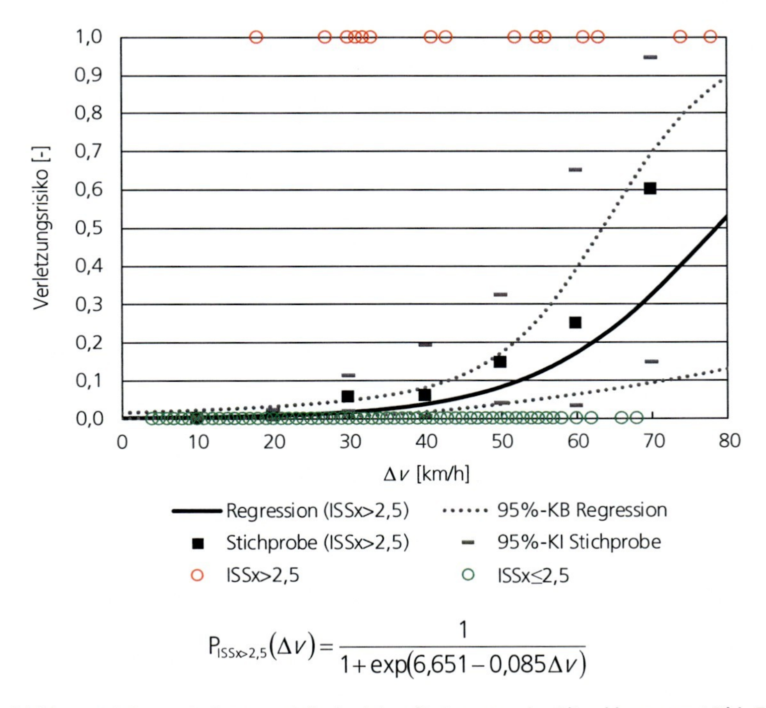

$$P_{ISSx>2,5}(\Delta v) = \frac{1}{1+\exp(6{,}651-0{,}085\Delta v)}$$

Abbildung 10-8: Verletzungsrisikofunktion für Insassen der **Altersklasse von 16 bis 59 Jahren** für schräge Frontalkollisionen und Verletzungen der Schwere $ISSx > 2{,}5$ auf Basis des imputierten Analysedatensatzes

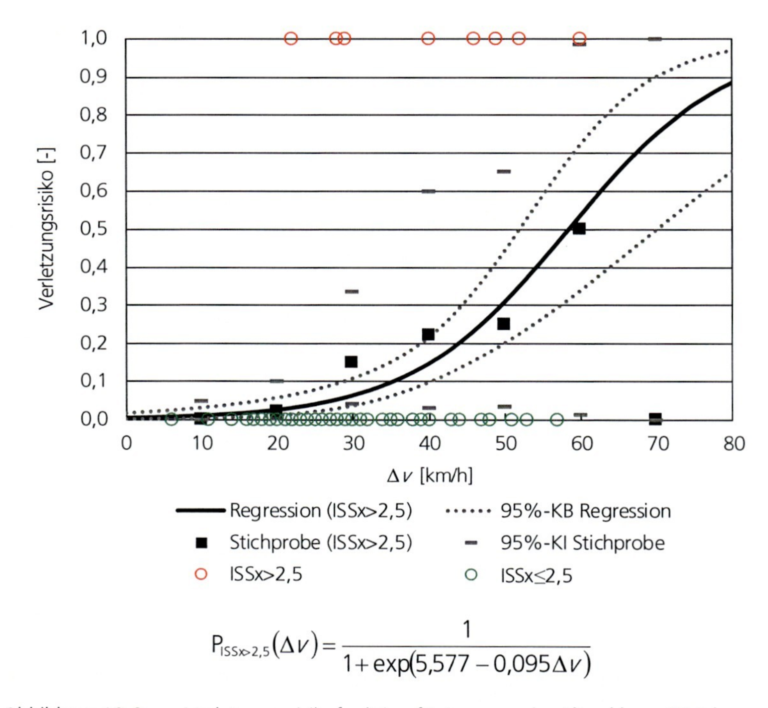

$$P_{ISSx>2,5}(\Delta v) = \frac{1}{1+\exp(5{,}577 - 0{,}095\Delta v)}$$

Abbildung 10-9: Verletzungsrisikofunktion für Insassen der **Altersklasse 60 Jahre und älter** für schräge Frontalkollisionen und Verletzungen der Schwere ISSx > 2,5 auf Basis des imputierten Analysedatensatzes

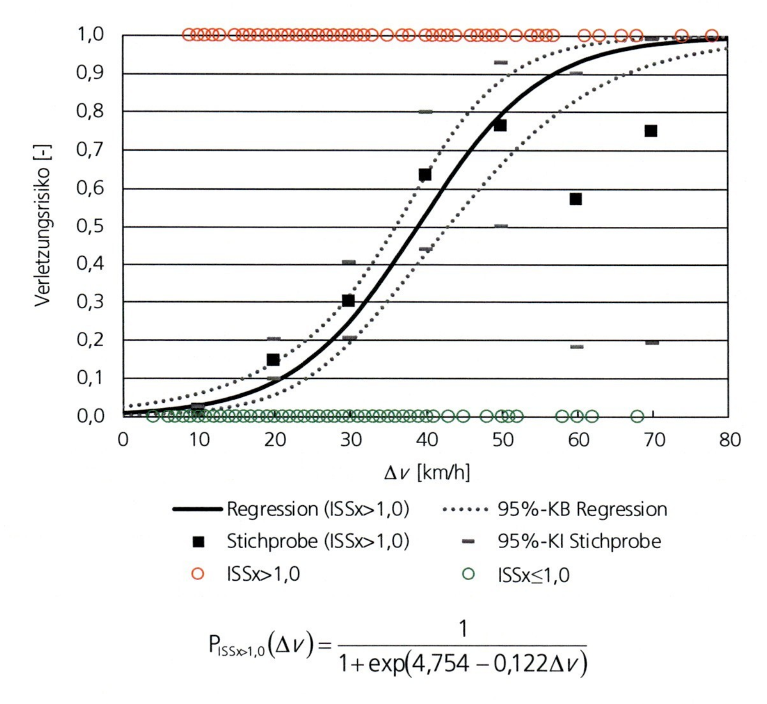

$$P_{ISSx>1,0}(\Delta v) = \frac{1}{1 + \exp(4{,}754 - 0{,}122\Delta v)}$$

Abbildung 10-10: Verletzungsrisikofunktion für Insassen **auf der stoßzugewandten Fahrzeugseite** für schräge Frontalkollisionen und Verletzungen der Schwere ISSx > 1,0 auf Basis des imputierten Analysedatensatzes

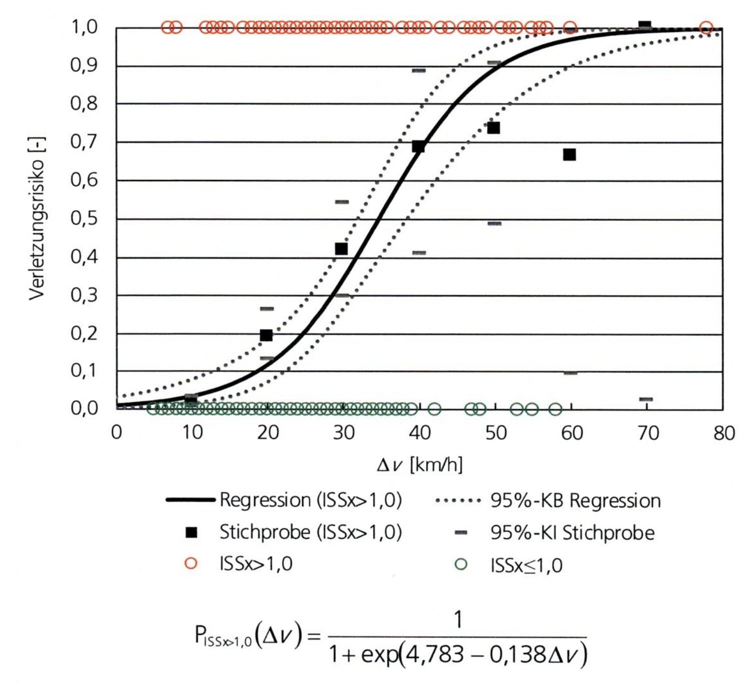

$$P_{ISSx>1,0}(\Delta v) = \frac{1}{1 + \exp(4{,}783 - 0{,}138\Delta v)}$$

Abbildung 10-11: Verletzungsrisikofunktion für Insassen **auf der stoßabgewandten Fahrzeugseite** für schräge Frontalkollisionen und Verletzungen der Schwere $ISSx > 1{,}0$ auf Basis des imputierten Analysedatensatzes

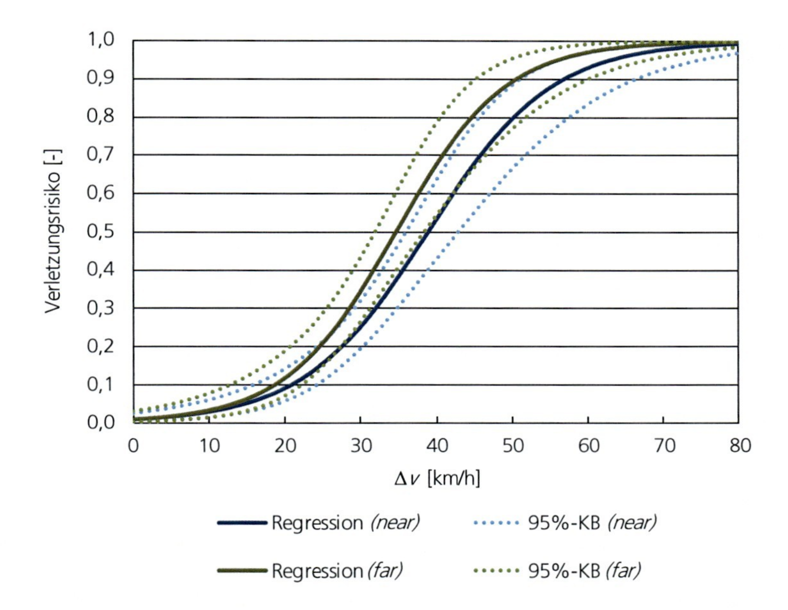

Abbildung 10-12: Verletzungsrisikofunktionen für Insassen auf der stoßzugewandten *(near)* und stoßabgewandten *(far)* Fahrzeugseite für schräge Frontalkollisionen und Verletzungen der Schwere ISSx > 1,0 auf Basis des imputierten Analysedatensatzes

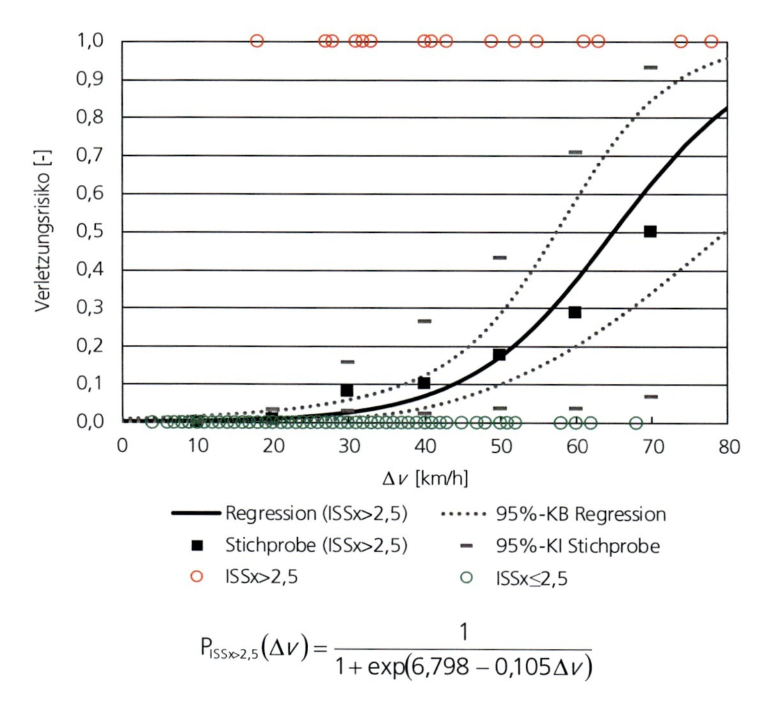

$$P_{ISSx>2,5}(\Delta v) = \frac{1}{1 + \exp(6{,}798 - 0{,}105\Delta v)}$$

Abbildung 10-13: Verletzungsrisikofunktion für Insassen **auf der stoßzugewandten Fahrzeugseite** für schräge Frontalkollisionen und Verletzungen der Schwere ISSx > 2,5 auf Basis des imputierten Analysedatensatzes

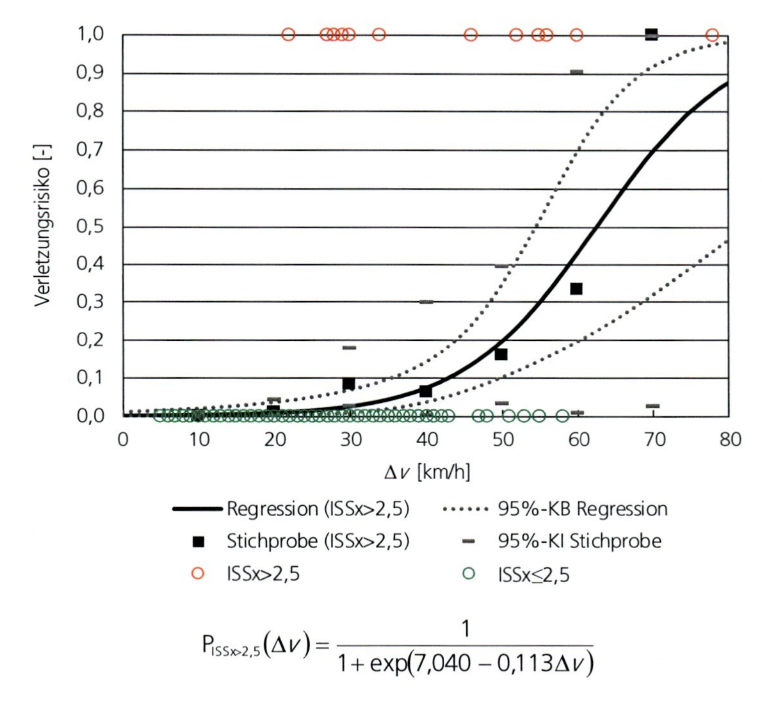

$$P_{ISSx>2,5}(\Delta v) = \frac{1}{1 + \exp(7{,}040 - 0{,}113\Delta v)}$$

Abbildung 10-14: Verletzungsrisikofunktion für Insassen **auf der stoßabgewandten Fahrzeugseite** für schräge Frontalkollisionen und Verletzungen der Schwere ISSx > 2,5 auf Basis des imputierten Analysedatensatzes

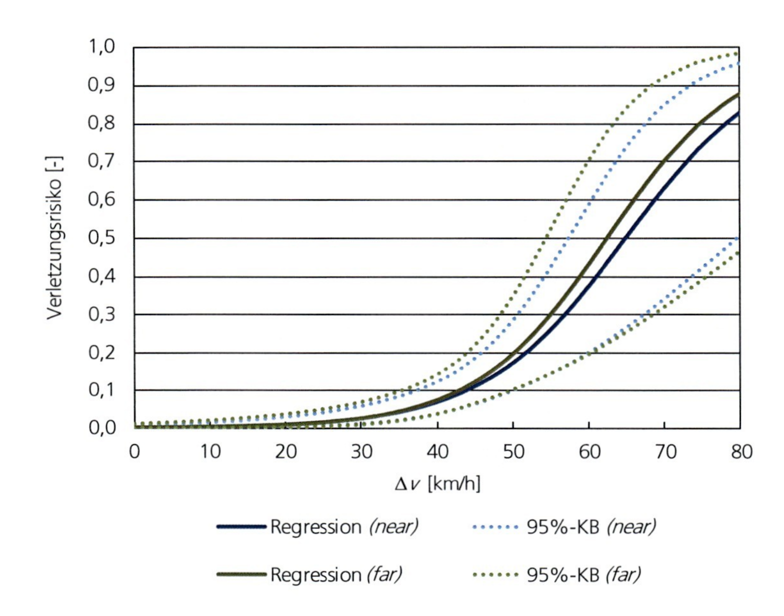

Abbildung 10-15: Verletzungsrisikofunktionen für Insassen auf der stoßzugewandten *(near)* und stoßabgewandten *(far)* Fahrzeugseite für schräge Frontalkollisionen und Verletzungen der Schwere ISSx > 2,5 auf Basis des imputierten Analysedatensatzes

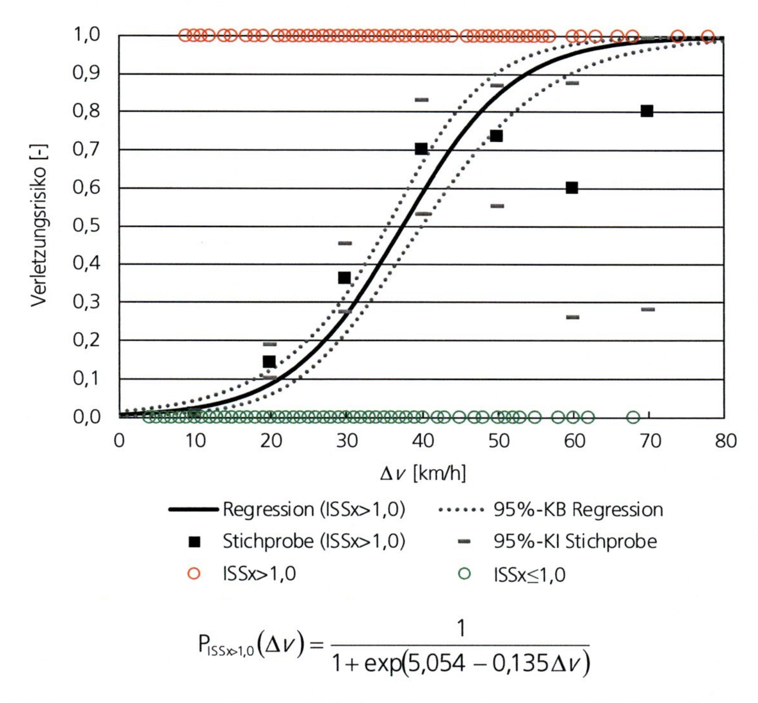

$$P_{ISSx>1,0}(\Delta v) = \frac{1}{1 + \exp(5{,}054 - 0{,}135\Delta v)}$$

Abbildung 10-16: Verletzungsrisikofunktion für Insassen **in Kollisionen aus den VDI1-Richtungen 1 und 11 Uhr** für schräge Frontalkollisionen und Verletzungen der Schwere $ISSx > 1{,}0$ auf Basis des imputierten Analysedatensatzes

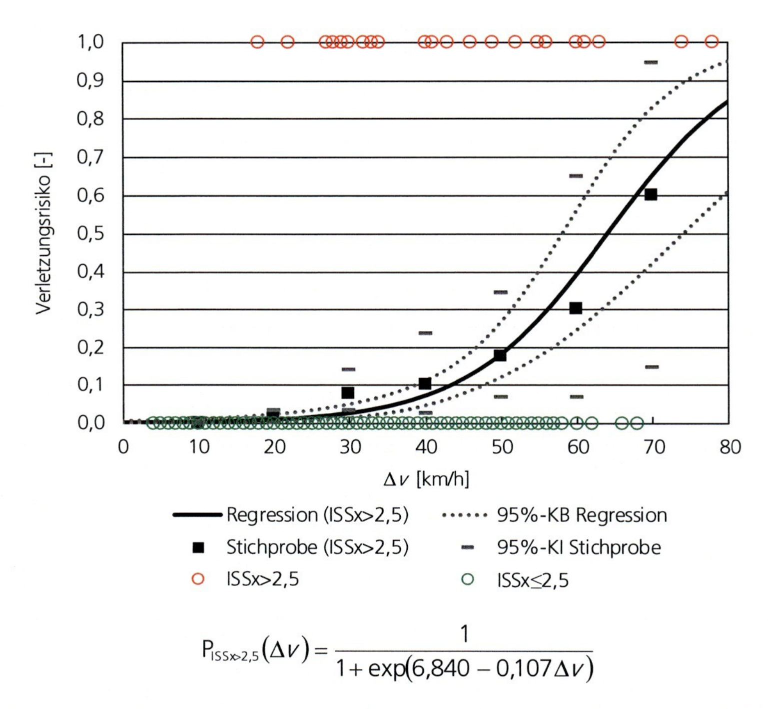

$$P_{ISSx>2,5}(\Delta v) = \frac{1}{1 + \exp(6{,}840 - 0{,}107\Delta v)}$$

Abbildung 10-17: Verletzungsrisikofunktion für Insassen **in Kollisionen aus den VDI1-Richtungen 1 und 11 Uhr** für schräge Frontalkollisionen und Verletzungen der Schwere $ISSx > 2{,}5$ auf Basis des imputierten Analysedatensatzes

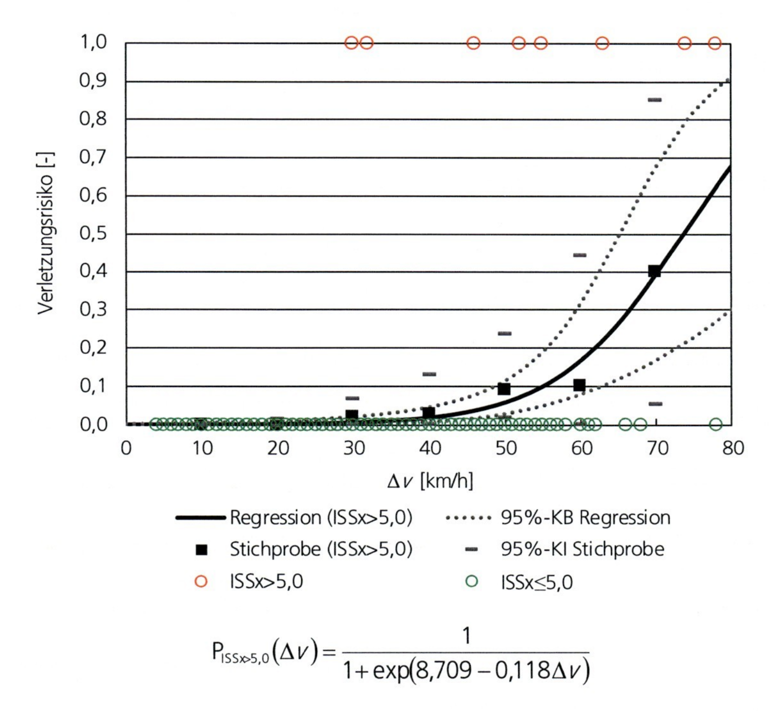

$$P_{ISSx>5,0}(\Delta v) = \frac{1}{1 + \exp(8{,}709 - 0{,}118\Delta v)}$$

Abbildung 10-18: Verletzungsrisikofunktion für Insassen **in Kollisionen aus den VDI1-Richtungen 1 und 11 Uhr** für schräge Frontalkollisionen und Verletzungen der Schwere $ISSx > 5{,}0$ auf Basis des imputierten Analysedatensatzes

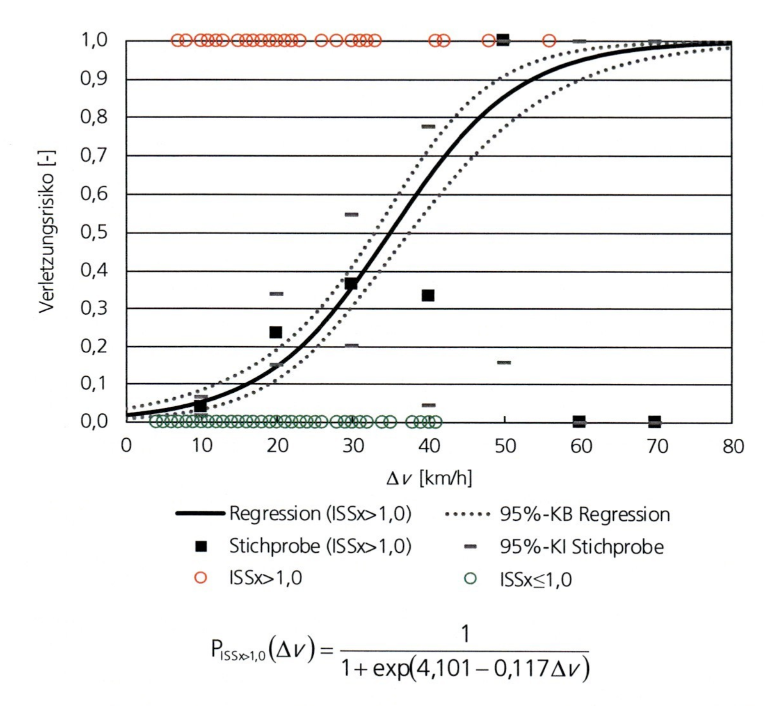

$$P_{ISSx>1,0}(\Delta v) = \frac{1}{1 + \exp(4{,}101 - 0{,}117\Delta v)}$$

Abbildung 10-19: Verletzungsrisikofunktion für Insassen **in Kollisionen aus den VDI1-Richtungen 2 und 10 Uhr** für schräge Frontalkollisionen und Verletzungen der Schwere ISSx > 1,0 auf Basis des imputierten Analysedatensatzes

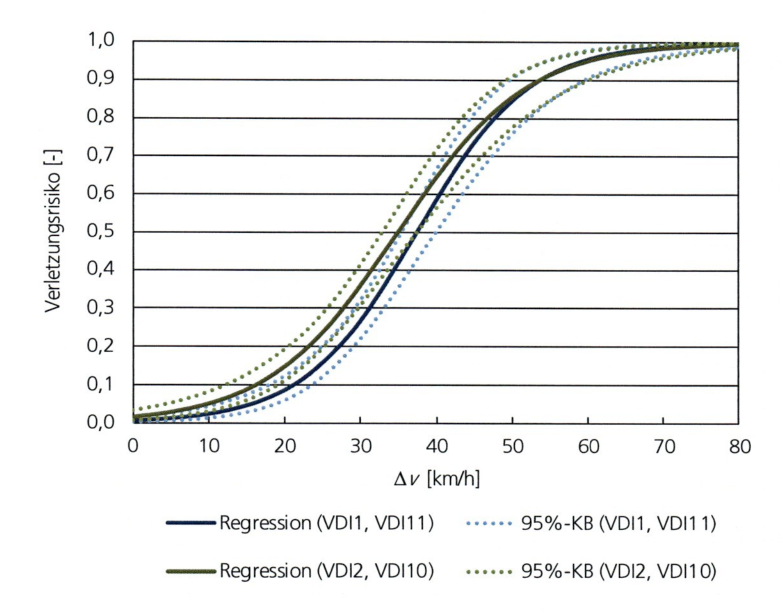

Abbildung 10-20: Verletzungsrisikofunktionen in Kollisionen aus den VDI1-Richtungen 1 und 11 Uhr sowie 2 und 10 Uhr für schräge Frontalkollisionen und Verletzungen der Schwere ISSx > 1,0 auf Basis des imputierten Analysedatensatzes

10.2 Ergänzungen zur virtuellen Robustheitsanalyse

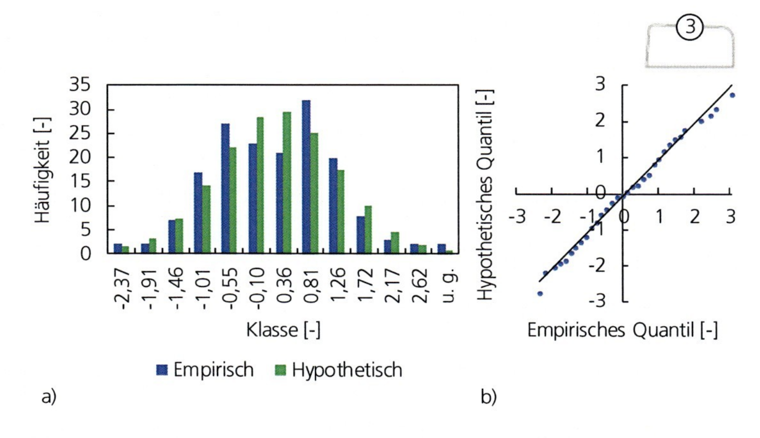

Abbildung 10-21: a) Histogramm und b) Q-Q-Diagramm der hypothetischen und empirischen Verteilung der **Wanddicke 3 in Strangpressprofil H** (S-W-Test: $p_W = 0{,}752$) unter Verwendung von [Lüh15]

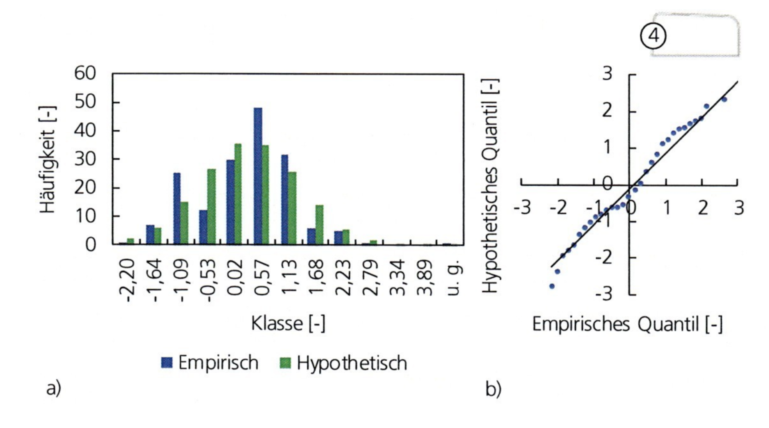

Abbildung 10-22: a) Histogramm und b) Q-Q-Diagramm der hypothetischen und empirischen Verteilung der **Wanddicke 4 in Strangpressprofil H** (S-W-Test: $p_W = 0{,}005$) unter Verwendung von [Lüh15]

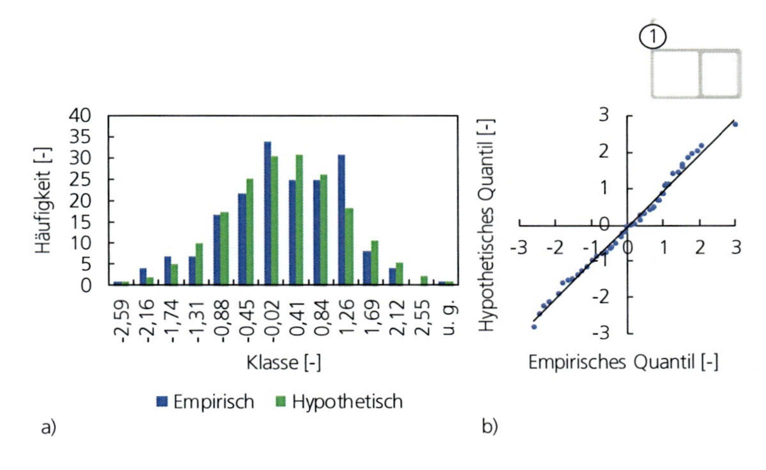

Abbildung 10-23: a) Histogramm und b) Q-Q-Diagramm der hypothetischen und empirischen Verteilung der **Wanddicke 1 in Strangpressprofil V** (S-W-Test: $p_W = 0{,}567$) unter Verwendung von [Lüh15]

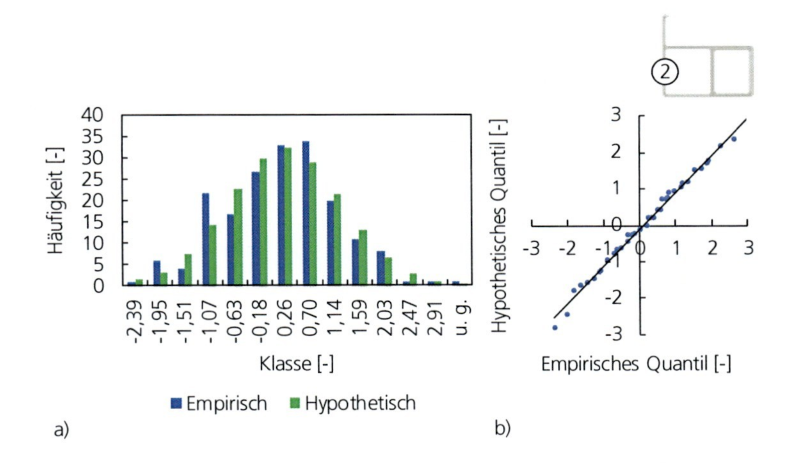

Abbildung 10-24: a) Histogramm und b) Q-Q-Diagramm der hypothetischen und empirischen Verteilung der **Wanddicke 2 in Strangpressprofil V** (S-W-Test: $p_W = 0{,}797$) unter Verwendung von [Lüh15]

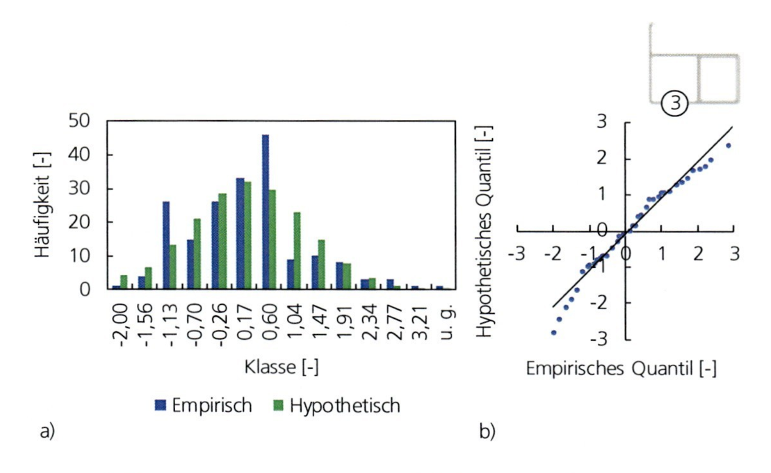

Abbildung 10-25: a) Histogramm und b) Q-Q-Diagramm der hypothetischen und empirischen Verteilung der **Wanddicke 3 in Strangpressprofil V** (S-W-Test: $p_W = 0{,}059$) unter Verwendung von [Lüh15]

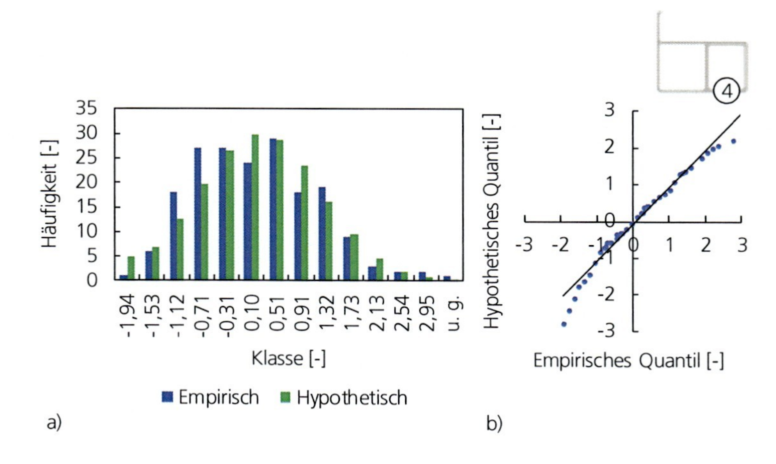

Abbildung 10-26: a) Histogramm und b) Q-Q-Diagramm der hypothetischen und empirischen Verteilung der **Wanddicke 4 in Strangpressprofil V** (S-W-Test: $p_W = 0{,}141$) unter Verwendung von [Lüh15]

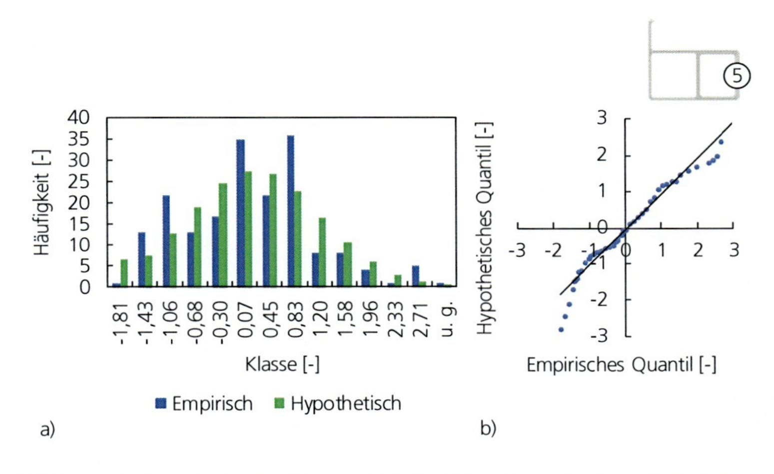

Abbildung 10-27: a) Histogramm und b) Q-Q-Diagramm der hypothetischen und empirischen Verteilung der **Wanddicke 5 in Strangpressprofil V** (S-W-Test: $p_W = 0{,}034$) unter Verwendung von [Lüh15]

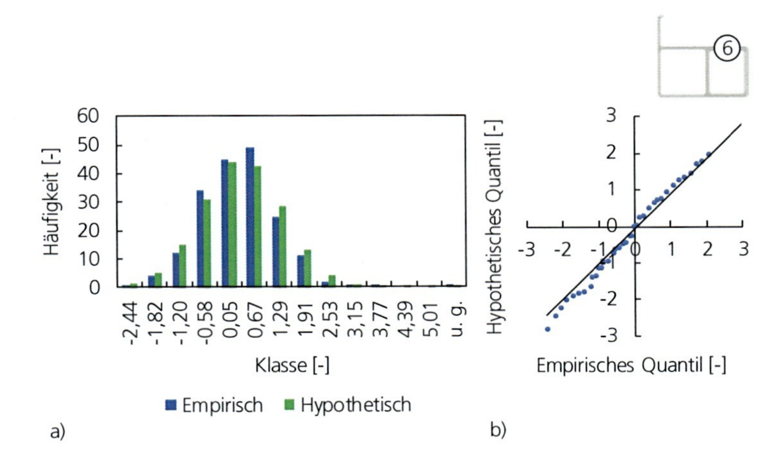

Abbildung 10-28: a) Histogramm und b) Q-Q-Diagramm der hypothetischen und empirischen Verteilung der **Wanddicke 6 in Strangpressprofil V** (S-W-Test: $p_W = 0{,}000$) unter Verwendung von [Lüh15]

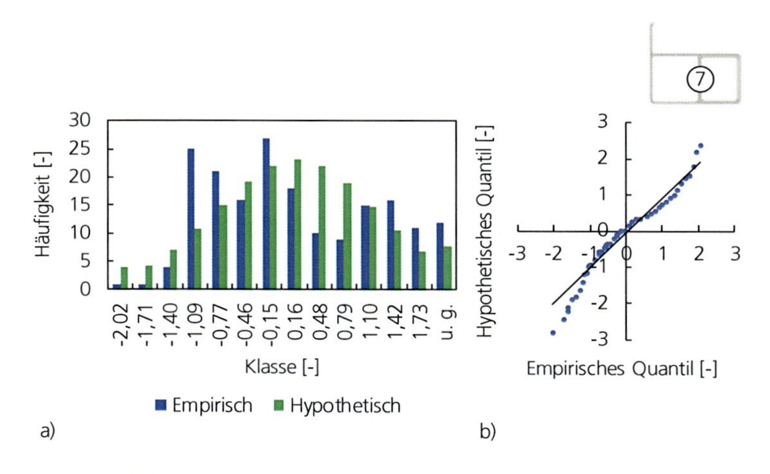

Abbildung 10-29: a) Histogramm und b) Q-Q-Diagramm der hypothetischen und empirischen Verteilung der **Wanddicke 7 in Strangpressprofil V** (S-W-Test: $p_W = 0{,}004$) unter Verwendung von [Lüh15]

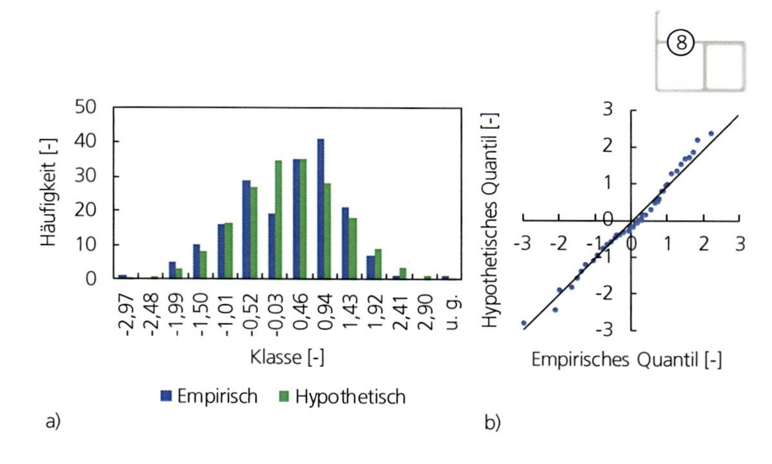

Abbildung 10-30: a) Histogramm und b) Q-Q-Diagramm der hypothetischen und empirischen Verteilung der **Wanddicke 8 in Strangpressprofil V** (S-W-Test: $p_W = 0{,}210$) unter Verwendung von [Lüh15]

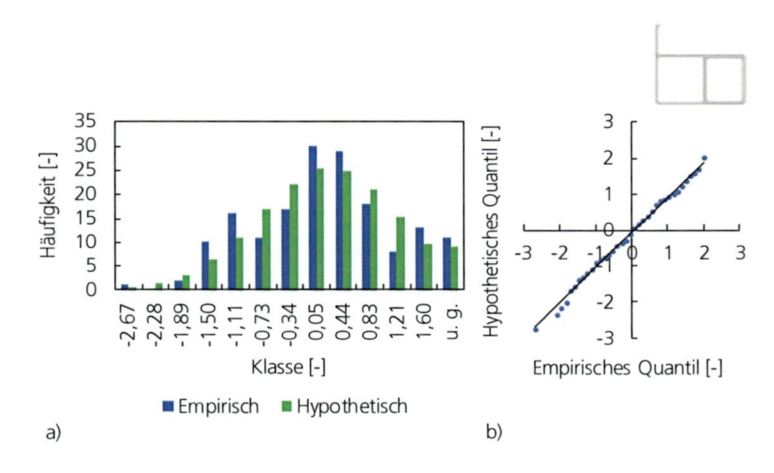

Abbildung 10-31: a) Histogramm und b) Q-Q-Diagramm der hypothetischen und empirischen Verteilung der **0,2%-Dehngrenze in Strangpressprofil V** (S-W-Test: $p_W = 0{,}651$) unter Verwendung von [Lüh15]

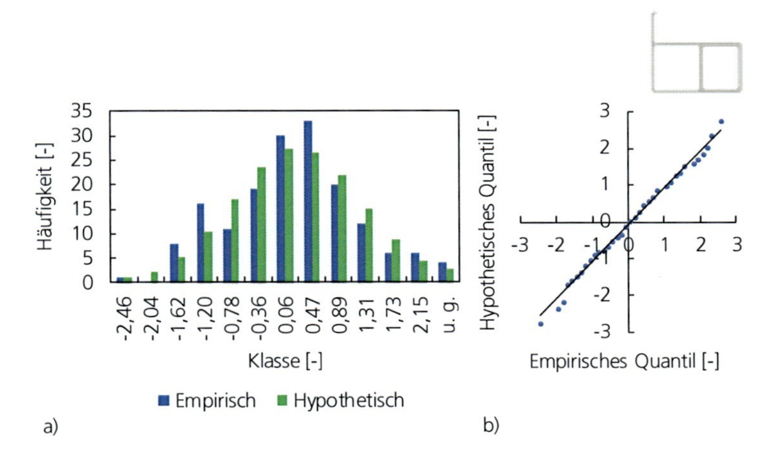

Abbildung 10-32: a) Histogramm und b) Q-Q-Diagramm der hypothetischen und empirischen Verteilung der **Zugfestigkeit in Strangpressprofil V** (S-W-Test: $p_W = 0{,}860$) unter Verwendung von [Lüh15]

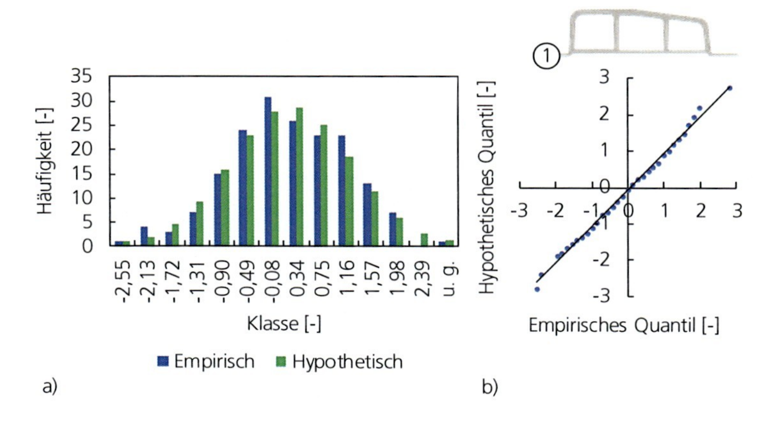

Abbildung 10-33: a) Histogramm und b) Q-Q-Diagramm der hypothetischen und empirischen Verteilung der **Wanddicke 1 in Strangpressprofil M** (S-W-Test: $p_W = 0{,}916$) unter Verwendung von [Lüh15]

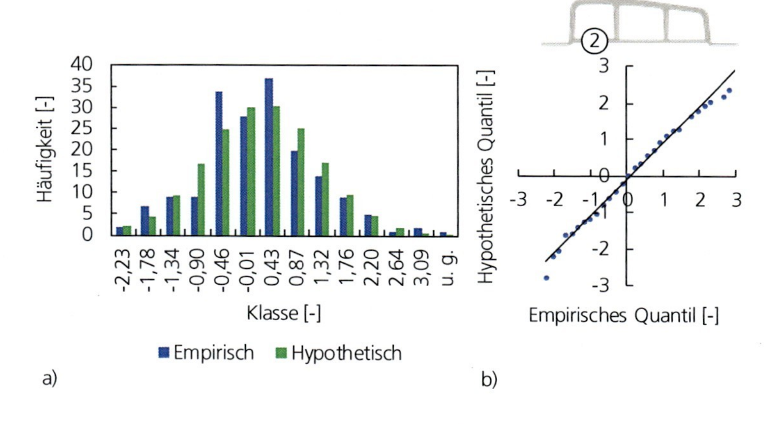

Abbildung 10-34: a) Histogramm und b) Q-Q-Diagramm der hypothetischen und empirischen Verteilung der **Wanddicke 2 in Strangpressprofil M** (S-W-Test: $p_W = 0{,}483$) unter Verwendung von [Lüh15]

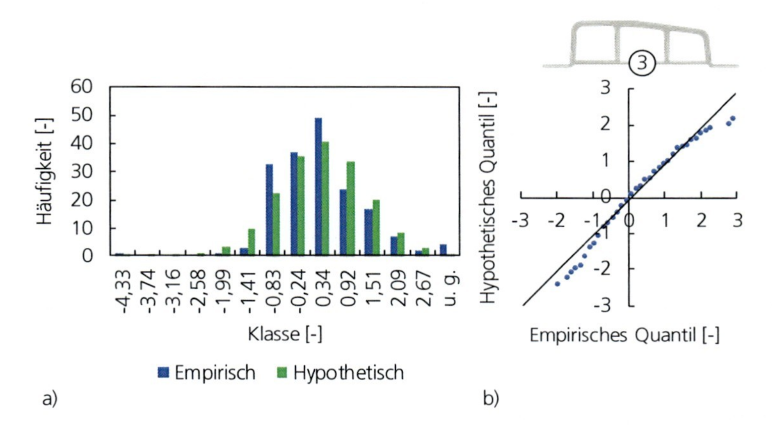

Abbildung 10-35: a) Histogramm und b) Q-Q-Diagramm der hypothetischen und empirischen Verteilung der **Wanddicke 3 in Strangpressprofil M** (S-W-Test: $p_{W} = 0{,}011$) unter Verwendung von [Lüh15]

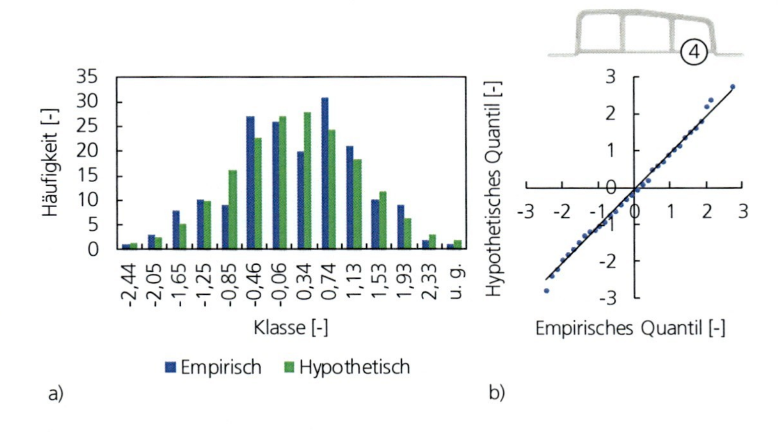

Abbildung 10-36: a) Histogramm und b) Q-Q-Diagramm der hypothetischen und empirischen Verteilung der **Wanddicke 4 in Strangpressprofil M** (S-W-Test: $p_{W} = 0{,}939$) unter Verwendung von [Lüh15]

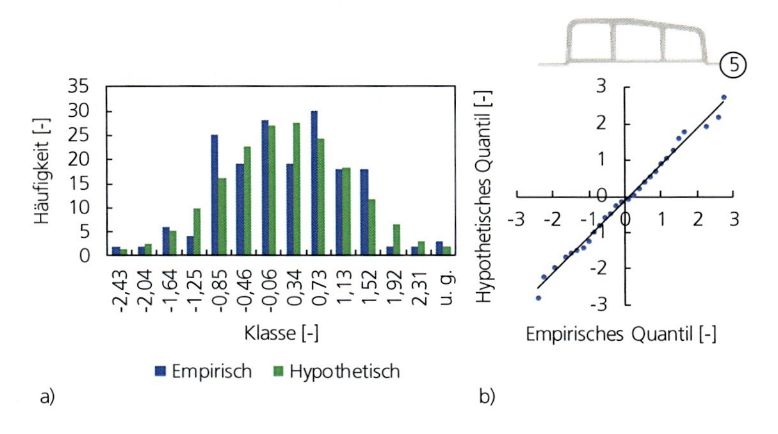

Abbildung 10-37: a) Histogramm und b) Q-Q-Diagramm der hypothetischen und empirischen Verteilung der **Wanddicke 5 in Strangpressprofil M** (S-W-Test: $p_W = 0{,}738$) unter Verwendung von [Lüh15]

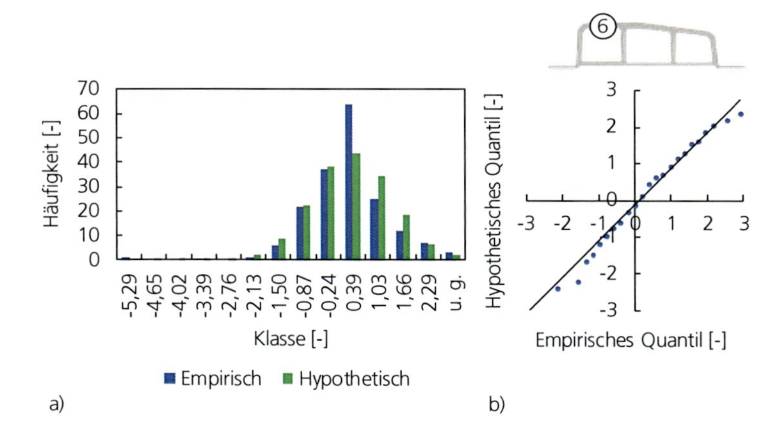

Abbildung 10-38: a) Histogramm und b) Q-Q-Diagramm der hypothetischen und empirischen Verteilung der **Wanddicke 6 in Strangpressprofil M** (S-W-Test: $p_W = 0{,}003$) unter Verwendung von [Lüh15]

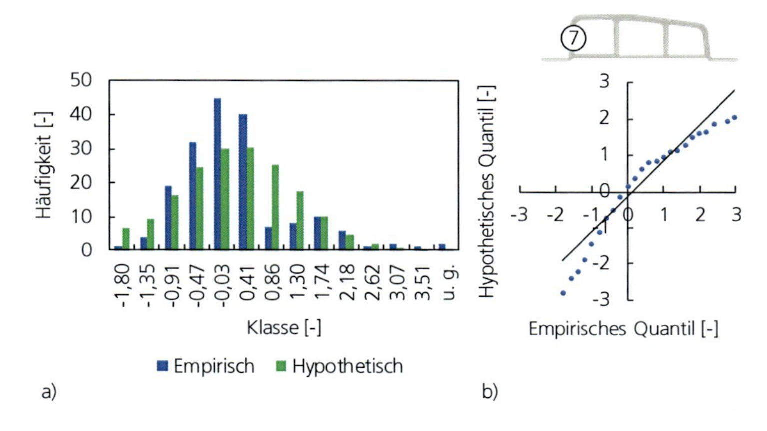

Abbildung 10-39: a) Histogramm und b) Q-Q-Diagramm der hypothetischen und empirischen Verteilung der **Wanddicke 7 in Strangpressprofil M** (S-W-Test: $p_W = 0{,}000$) unter Verwendung von [Lüh15]

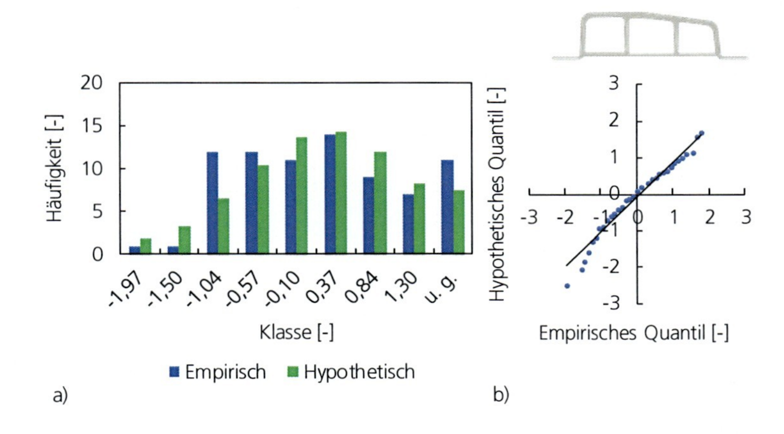

Abbildung 10-40: a) Histogramm und b) Q-Q-Diagramm der hypothetischen und empirischen Verteilung der **0,2%-Dehngrenze in Strangpressprofil M** (S-W-Test: $p_W = 0{,}206$) unter Verwendung von [Lüh15]

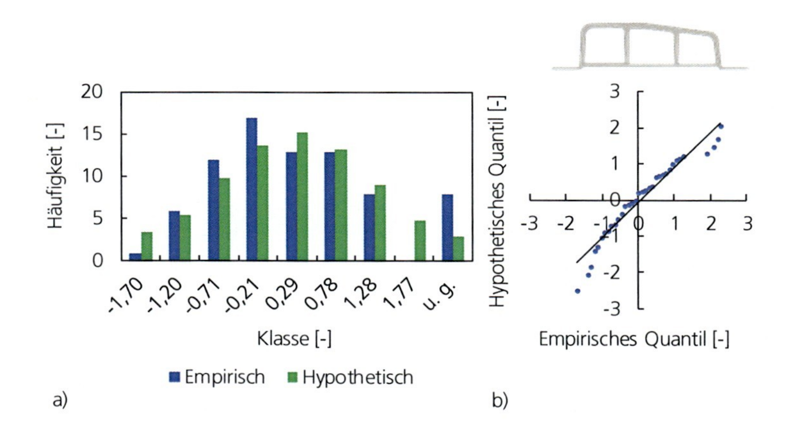

Abbildung 10-41: a) Histogramm und b) Q-Q-Diagramm der hypothetischen und empirischen Verteilung der **Zugfestigkeit in Strangpressprofil M** (S-W-Test: $p_W = 0{,}063$) unter Verwendung von [Lüh15]

Tabelle 10-2: Details zu den FE-Modellen Profil A und B im Stauchversuch

	Profil A			Profil B		
	Modell	Wand	Gesamt	Modell	Wand	Gesamt
Schalenelemente [-]	8179	324	8503	12631	324	12955
Massenelemente [-]	0	1	1	0	1	1
Elementanzahl [-]	8179	325	8504	12631	325	12956
Knotenanzahl [-]	8200	362	8562	12622	362	12622
Masse [kg]	2,0	802,5	804,6	1,9	802,5	804,5
Simulationsdauer [s]			0,1			0,1

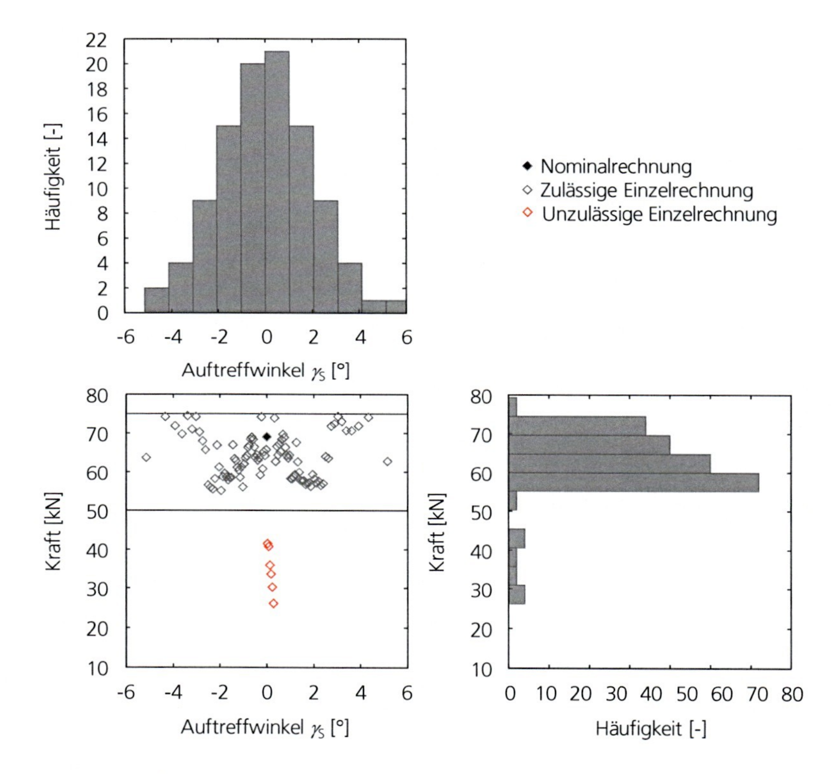

Abbildung 10-42: Streudiagramm mit zugehörigen Histogrammen der Kraft zum Zeitpunkt $t_1 = 20\,\text{ms}$ in **Profil A** bei variierendem Auftreffwinkel γ_S unter Verwendung von [And15b]

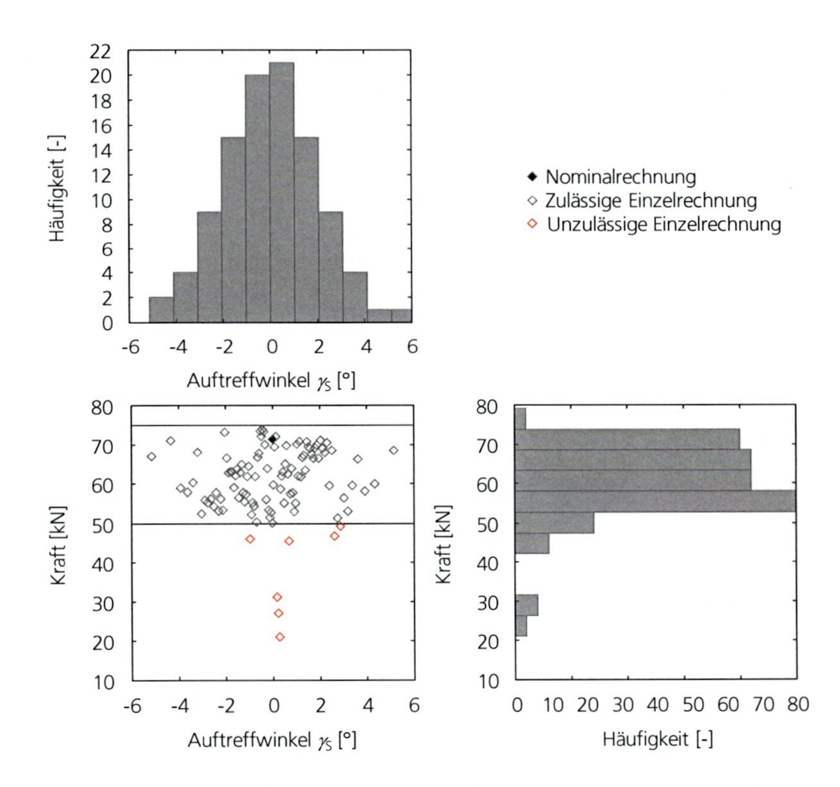

Abbildung 10-43: Streudiagramm mit zugehörigen Histogrammen der Kraft zum Zeitpunkt $t_2 = 40$ ms in **Profil A** bei variierendem Auftreffwinkel γ_S unter Verwendung von [And15b]

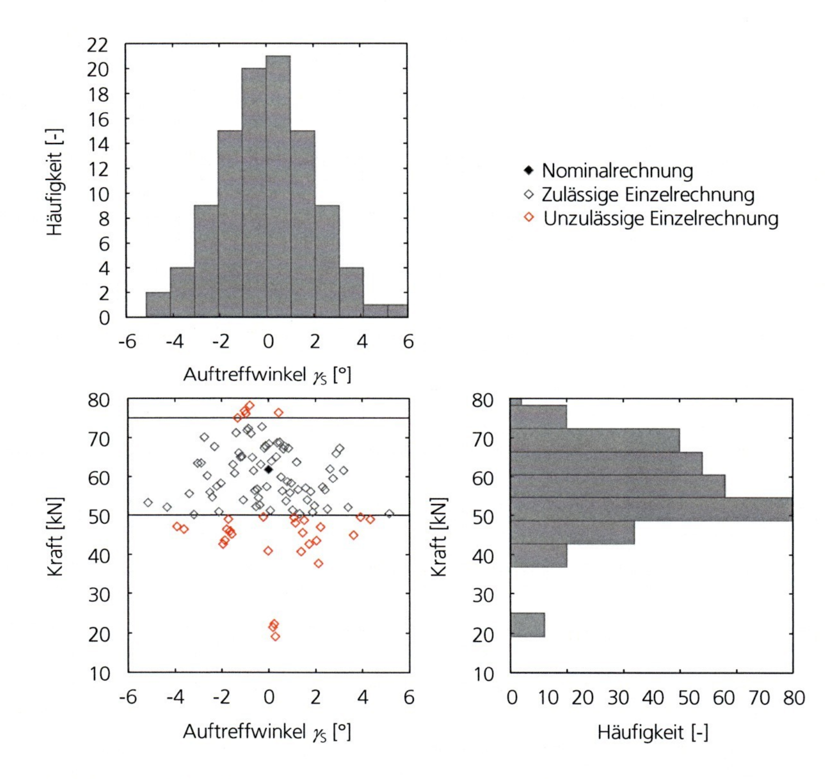

Abbildung 10-44: Streudiagramm mit zugehörigen Histogrammen der Kraft zum Zeitpunkt $t_3 = 60$ ms in **Profil A** bei variierendem Auftreffwinkel γ_S unter Verwendung von [And15b]

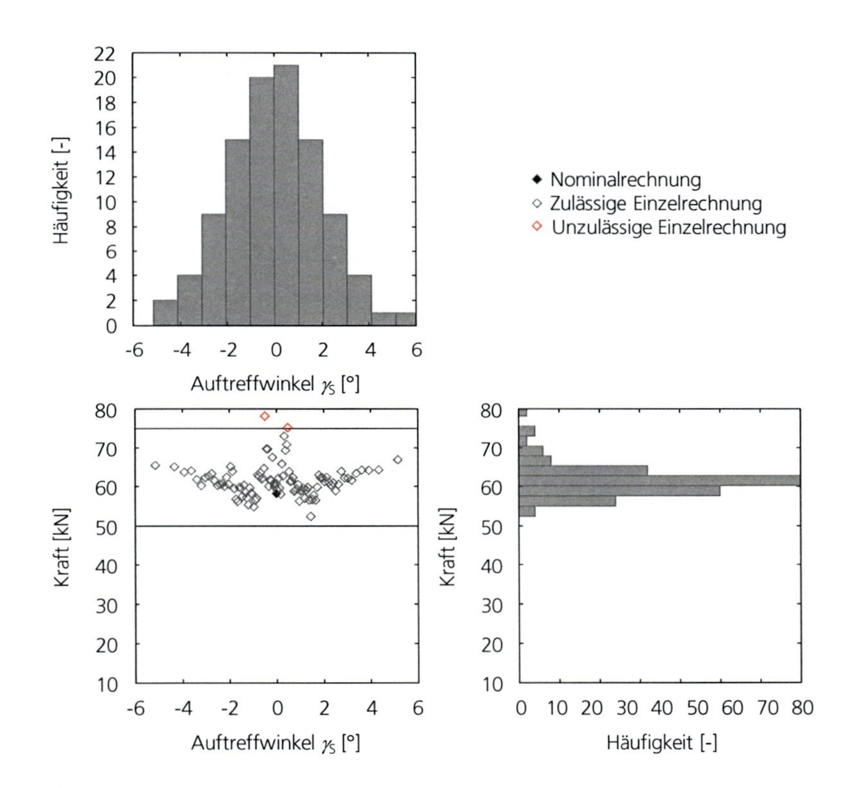

Abbildung 10-45: Streudiagramm mit zugehörigen Histogrammen der Kraft zum Zeitpunkt $t_1 = 20\,\text{ms}$ in **Profil B** bei variierendem Auftreffwinkel γ_S unter Verwendung von [And15b]

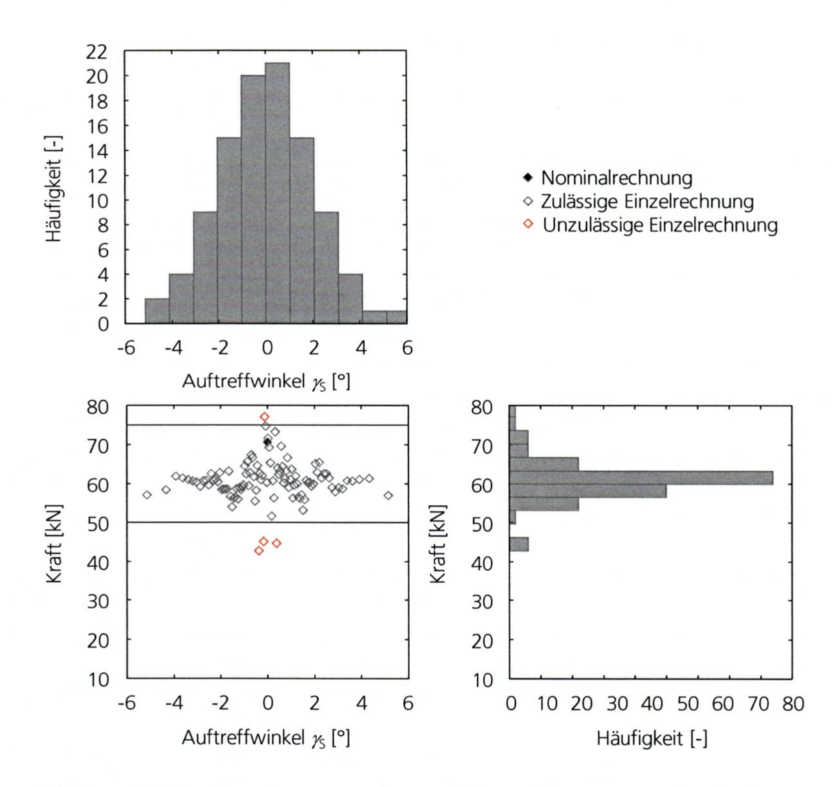

Abbildung 10-46: Streudiagramm mit zugehörigen Histogrammen der Kraft zum Zeitpunkt $t_2 = 40\,\text{ms}$ in **Profil B** bei variierendem Auftreffwinkel γ_S unter Verwendung von [And15b]

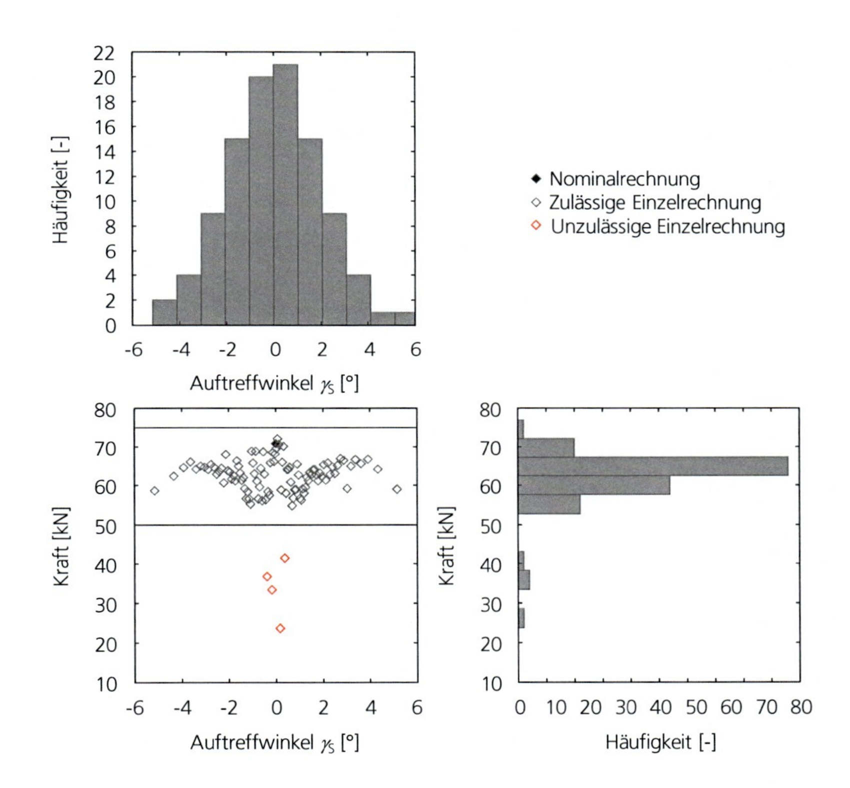

Abbildung 10-47: Streudiagramm mit zugehörigen Histogrammen der Kraft zum Zeitpunkt $t_3 = 60$ ms in **Profil B** bei variierendem Auftreffwinkel γ_S unter Verwendung von [And15b]

Tabelle 10-3: Robustheitsbewertung von **Profil A** bei wiederholter Simulation der gleichen Konfiguration

	RI_V	RI_{F20}	RI_{F40}	RI_{F60}	RI_{Gesamt}
Basis	0,387	0,537	0,531	0,428	0,443
Wiederholung 1 [-]	0,471	0,543	0,529	0,379	0,477
Wiederholung 2 [-]	0,372	0,512	0,485	0,367	0,413
Wiederholung 3 [-]	0,461	0,526	0,489	0,437	0,473
Wiederholung 4 [-]	0,420	0,521	0,473	0,418	0,445
Wiederholung 5 [-]	0,341	0,490	0,490	0,426	0,405
Wiederholung 6 [-]	0,399	0,531	0,549	0,385	0,444
Wiederholung 7 [-]	0,377	0,530	0,465	0,444	0,428
Wiederholung 8 [-]	0,500	0,520	0,498	0,392	0,485
Wiederholung 9 [-]	0,402	0,561	0,517	0,357	0,402
Durchschnitt [-]	0,413	0,527	0,503	0,403	0,442
Minimum [-]	0,341	0,490	0,465	0,357	0,402
Maximum [-]	0,500	0,561	0,549	0,444	0,485
Abweichung Minimum [%]	17,4	7,0	7,5	11,5	9,0
Abweichung Maximum [%]	21,1	6,4	9,2	10,1	9,8
Gesamtstreubreite [%]	**38,5**	**13,5**	**16,7**	**21,6**	**18,8**

Tabelle 10-4: Robustheitsbewertung von **Profil B** bei wiederholter Simulation der gleichen Konfiguration

	RI_V	RI_{F20}	RI_{F40}	RI_{F60}	RI_{Gesamt}
Basis	0,710	0,807	0,736	0,605	0,713
Wiederholung 1 [-]	0,687	0,817	0,753	0,651	0,714
Wiederholung 2 [-]	0,700	0,869	0,728	0,685	0,730
Wiederholung 3 [-]	0,695	0,837	0,749	0,610	0,714
Wiederholung 4 [-]	0,705	0,817	0,750	0,696	0,730
Wiederholung 5 [-]	0,721	0,830	0,756	0,552	0,717
Wiederholung 6 [-]	0,646	0,790	0,720	0,580	0,671
Wiederholung 7 [-]	0,693	0,847	0,721	0,591	0,706
Wiederholung 8 [-]	0,718	0,783	0,745	0,627	0,718
Wiederholung 9 [-]	0,717	0,835	0,783	0,694	0,744
Durchschnitt [-]	0,699	0,823	0,744	0,629	0,716
Minimum [-]	0,646	0,783	0,720	0,552	0,671
Maximum [-]	0,721	0,869	0,783	0,696	0,744
Abweichung Minimum [%]	7,6	4,9	3,2	12,3	6,2
Abweichung Maximum [%]	3,1	5,6	5,2	10,6	3,9
Gesamtstreubreite [%]	**10,7**	**10,4**	**8,5**	**22,9**	**10,1**

Tabelle 10-5: Details zu dem FE-Modell des T-Stoßes unter Impaktbelastung

	T-Stoß	Impaktor	Einspannung	Prallelement	Gesamt
Schalenelemente [-]	9992	192	0	0	10184
Volumenelemente [-]	519	3456	14608	2036	20619
Elementanzahl [-]	10511	3648	14608	2036	30803
Knotenanzahl [-]	11790	4629	27534	2745	46698
Masse [kg]	1,1	171,2	0,5	0,7	173,5
Simulationsdauer [s]					0,03

Tabelle 10-6: Robustheitsbewertung von **Variante B des T-Stoßes** bei wiederholter Simulation der gleichen Konfiguration

	$R/_E$
Basis	0,608
Wiederholung 1 [-]	0,633
Wiederholung 2 [-]	0,591
Wiederholung 3 [-]	0,612
Wiederholung 4 [-]	0,598
Durchschnitt [-]	0,608
Minimum [-]	0,591
Maximum [-]	0,633
Abweichung Minimum [%]	2,9
Abweichung Maximum [%]	4,1
Gesamtstreubreite [%]	**6,9**

Tabelle 10-7: Details zu dem FE-Modell des Vorderwagens im Frontalaufprall

	Modell	Barriere	Gesamt
Schalenelemente [-]	358834	90578	449412
Volumenelemente [-]	244220	19280	263500
Balkenelemente [-]	20599	1107	21744
Massenelemente [-]	20	0	20
Feder-/Dämpferelemente [-]	18	0	18
Elementanzahl [-]	623691	110965	734656
Knotenanzahl [-]	488924	43372	532296
Masse [kg]	1639,3	32,4	1671,7
Simulationsdauer [s]			0,12

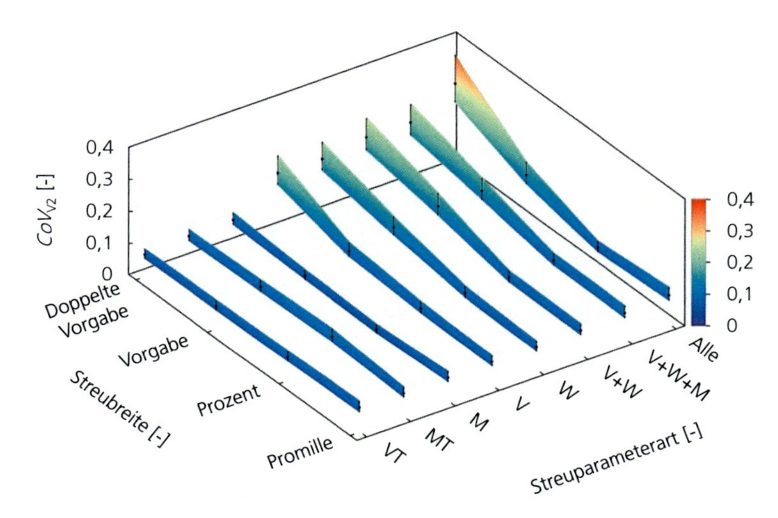

VT Verbindungstechnik MT Montagetoleranz M Material V Versuch W Wanddicke

Abbildung 10-48: Einfluss der einzelnen und kumulierten Streuparameterarten und Streubreiten auf den Variationskoeffizienten der Deformation an **Auswertepunkt 2** unter Verwendung von [Lüh15, Boh16]

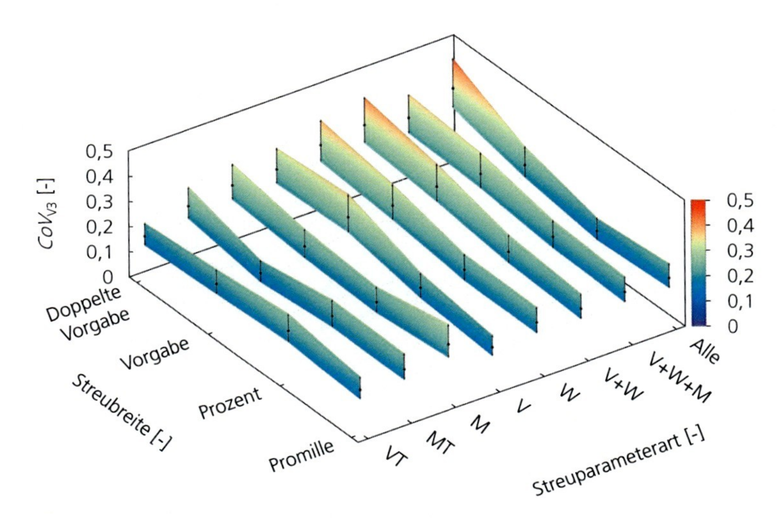

VT Verbindungstechnik MT Montagetoleranz M Material V Versuch W Wanddicke

Abbildung 10-49: Einfluss der einzelnen und kumulierten Streuparameterarten und Streubreiten auf den Variationskoeffizienten der Deformation an **Auswertepunkt 3** unter Verwendung von [Lüh15, Boh16]

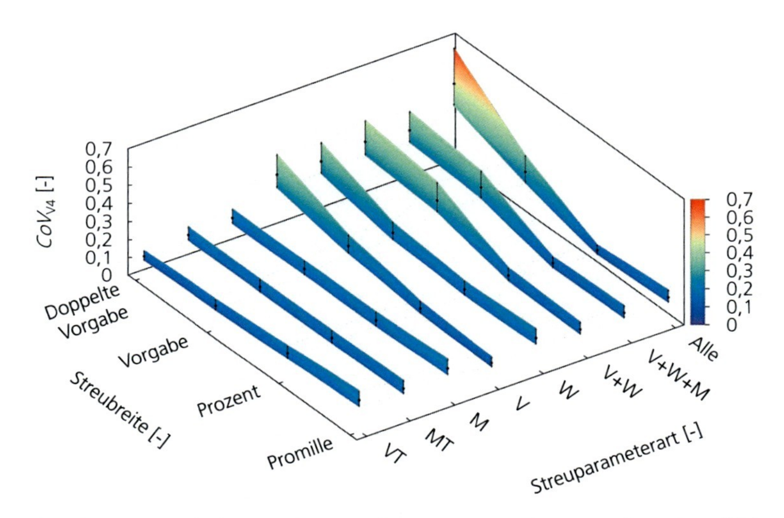

VT Verbindungstechnik MT Montagetoleranz M Material V Versuch W Wanddicke

Abbildung 10-50: Einfluss der einzelnen und kumulierten Streuparameterarten und Streubreiten auf den Variationskoeffizienten der Deformation an **Auswertepunkt 4** unter Verwendung von [Lüh15, Boh16]

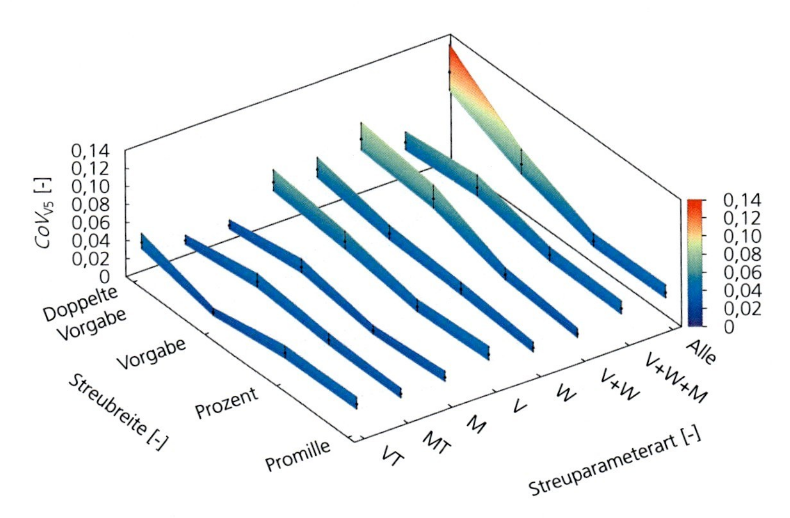

VT Verbindungstechnik MT Montagetoleranz M Material V Versuch W Wanddicke

Abbildung 10-51: Einfluss der einzelnen und kumulierten Streuparameterarten und Streubreiten auf den Variationskoeffizienten der Deformation an **Auswertepunkt 5** unter Verwendung von [Lüh15, Boh16]

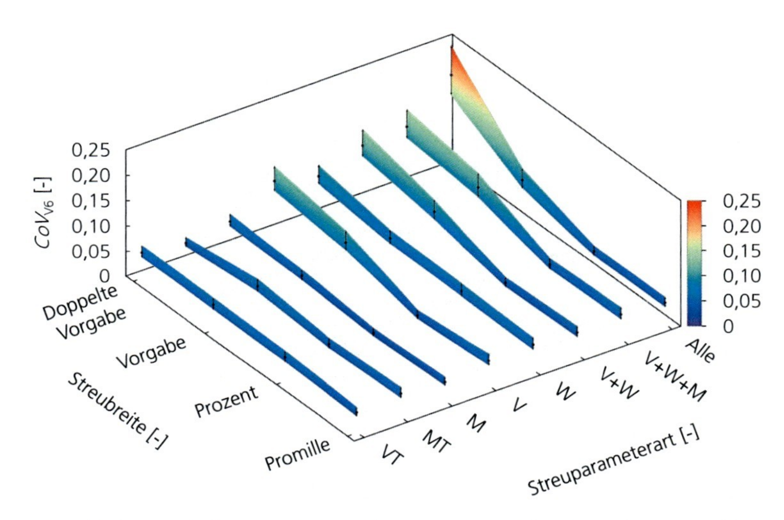

VT Verbindungstechnik MT Montagetoleranz M Material V Versuch W Wanddicke

Abbildung 10-52: Einfluss der einzelnen und kumulierten Streuparameterarten und Streubreiten auf den Variationskoeffizienten der Deformation an **Auswertepunkt 6** unter Verwendung von [Lüh15, Boh16]

Folgende Titel der Schriftenreihe
»$\dot{\varepsilon}$ - Forschungsergebnisse aus der Kurzzeitdynamik«
sind im Fraunhofer Verlag bereits erschienen:

Numerik und Werkstoffcharakterisierung der Crash- und Impaktvorgänge
Habilitation

Stefan Hiermaier, Band 1
Hrsg.: K. Thoma, S. Hiermaier
Freiburg i. Br. 2003, 266 S., zahlreiche Abbildungen und Tabellen

ISBN 3-8167-6342-1 | Fraunhofer IRB Verlag
EUR 100

Fraunhofer Institut Kurzzeitdynamik Ernst-Mach-Institut

Integrale Charakterisierung und Modellierung von duktilem Stahl unter dynamischen Lasten

Ingmar Rohr

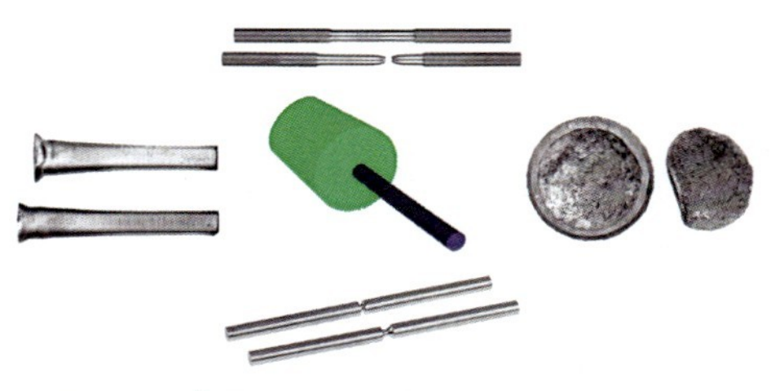

Schriftenreihe $\dot{\varepsilon}$ - Forschungsergebnisse aus der Kurzzeitdynamik

Herausgeber Prof. Dr. rer. nat. Klaus Thoma
Priv. Doz. Dr.-Ing. habil. Stefan Hiermaier

Heft Nr. 2

Integrale Charakterisierung und Modellierung von duktilem Stahl unter dynamischen Lasten

Ingmar Rohr, Band 2
Hrsg.: K. Thoma, S. Hiermaier
Freiburg i. Br. 2004, 168 S., zahlreiche farbige Abbildungen und Tabellen

ISBN 3-8167-6397-9 | Fraunhofer IRB Verlag
EUR 100

Fraunhofer Institut Kurzzeitdynamik Ernst-Mach-Institut

Charakterisierung und Modellierung unverstärkter thermoplastischer Kunststoffe zur numerischen Simulation von Crashvorgängen

Michael Junginger

Schriftenreihe $\dot{\mathcal{E}}$ - Forschungsergebnisse aus der Kurzzeitdynamik

Herausgeber Prof. Dr. rer. nat. Klaus Thoma
PD Dr.-Ing. habil. Stefan Hiermaier

Heft Nr. 3

Charakterisierung und Modellierung unverstärkter thermoplastischer Kunststoffe zur numerischen Simulation von Crashvorgängen

Michael Junginger, Band 3
Hrsg.: K. Thoma, S. Hiermaier
Freiburg i. Br. 2004, 211 S., zahlreiche teilw. farbige Abbildungen und Tabellen

ISBN 3-8167-6339-1 | Fraunhofer IRB Verlag
EUR 100

Fraunhofer Institut
Kurzzeitdynamik
Ernst-Mach-Institut

Hochgeschwindigkeitsimpakt auf Gasdruckbehälter in Raumfahrtanwendungen

Frank Schäfer

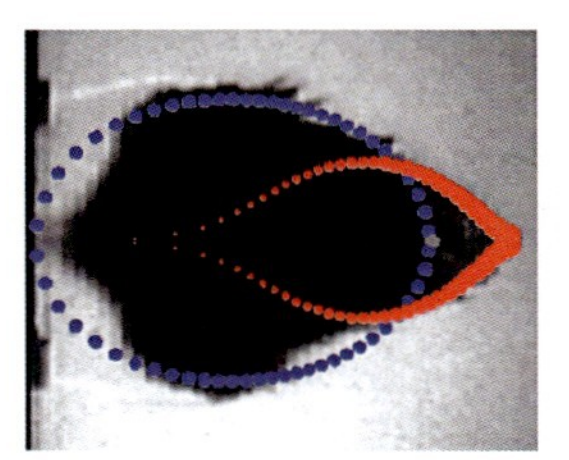

Schriftenreihe $\dot{\varepsilon}$ - Forschungsergebnisse aus der Kurzzeitdynamik

Herausgeber Prof. Dr. rer. nat. Klaus Thoma
PD Dr.-Ing. habil. Stefan Hiermaier

Heft Nr. 4

Hochgeschwindigkeitsimpakt auf Gasdruckbehälter in Raumfahrt-anwendungen

Frank Schäfer, Band 4
Hrsg.: K. Thoma, S. Hiermaier
Freiburg i. Br. 2004, 176 S., zahlreiche Abbildungen und Tabellen

ISBN 3-8167-6341-3 | Fraunhofer IRB Verlag
EUR 100

Fraunhofer Institut
Kurzzeitdynamik
Ernst-Mach-Institut

Beton unter dynamischen Lasten Meso- und makromechanische Modelle und ihre Parameter

Werner Riedel

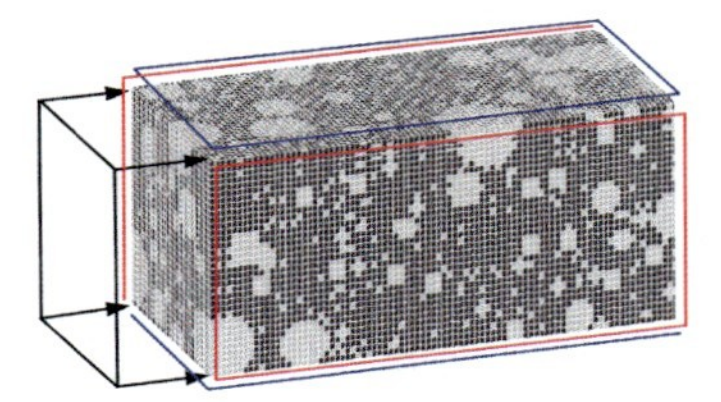

Schriftenreihe $\dot{\varepsilon}$ - Forschungsergebnisse aus der Kurzzeitdynamik

Herausgeber Prof. Dr. rer. nat. Klaus Thoma
PD Dr.-Ing. habil. Stefan Hiermaier

Heft Nr. 5

Beton unter dynamischen Lasten: Meso- und makromechanische Modelle und ihre Parameter

Werner Riedel, Band 5
Hrsg.: K. Thoma, S. Hiermaier
Freiburg i. Br. 2004, 220 S., zahlreiche Abbildungen und Tabellen

ISBN 3-8167-6340-5 | Fraunhofer IRB Verlag
EUR 100

Fraunhofer Institut
Kurzzeitdynamik
Ernst-Mach-Institut

Experimentelle und numerische Untersuchungen zur Schädigung von stoßbeanspruchtem Beton

Harald Schuler

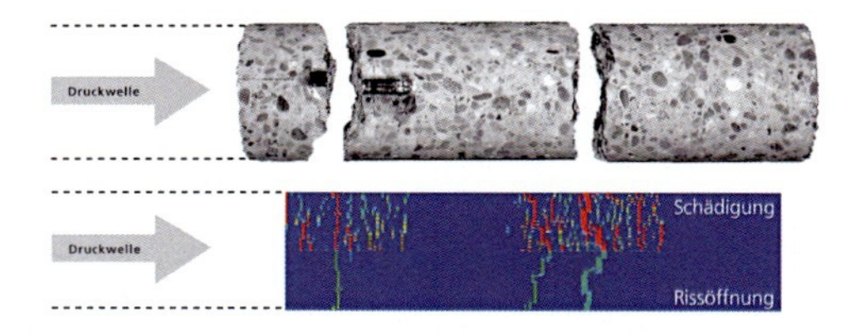

Schriftenreihe $\dot{\mathcal{E}}$ - Forschungsergebnisse aus der Kurzzeitdynamik

Herausgeber Prof. Dr. rer. nat. Klaus Thoma
PD Dr.-Ing. habil. Stefan Hiermaier

Heft Nr. 6

Experimentelle und numerische Untersuchungen zur Schädigung von stoßbeanspruchtem Beton

Harald Schuler, Band 6
Hrsg.: K. Thoma, S. Hiermaier
Freiburg i. Br. 2004, 189 S., zahlreiche Abbildungen und Tabellen

ISBN 3-817-6463-0 | Fraunhofer IRB Verlag
EUR 64.20

Fraunhofer Institut Kurzzeitdynamik Ernst-Mach-Institut

Characterization and Modeling of the Dynamic Mechanical Properties of a Particulate Composite Material

John Corley

1 msec

8 msec

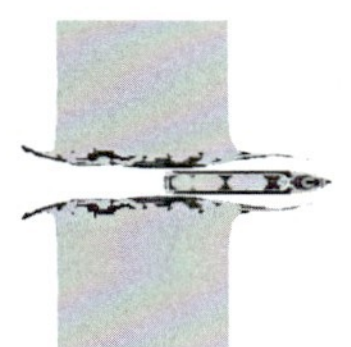

15 msec

Schriftenreihe $\dot{\mathcal{E}}$ - Forschungsergebnisse aus der Kurzzeitdynamik

Herausgeber Prof. Dr. rer. nat. Klaus Thoma
Priv.-Doz. Dr.-Ing. habil. Stefan Hiermaier

Heft Nr. 7

Characterization and Modeling of the Dynamic Mechanical Properties of a Particulate Composite Material

John Corley, Band 7
Hrsg.: K. Thoma, S. Hiermaier
Freiburg i. Br. 2004, 139 S., zahlreiche farbige Abbildungen und Tabellen

ISBN 3-8167-6343-X | Fraunhofer IRB Verlag
EUR 100

Fraunhofer Institut
Kurzzeitdynamik
Ernst-Mach-Institut

Experimentelle und numerische Untersuchungen zum Crashverhalten von Strukturbauteilen aus kohlefaserverstärkten Kunststoffen

Jochen Peter

Schriftenreihe $\dot{\varepsilon}$ - Forschungsergebnisse aus der Kurzzeitdynamik

Herausgeber Prof. Dr. rer. nat. Klaus Thoma
Priv.-Doz. Dr.-Ing. habil. Stefan Hiermaier

Heft Nr. 8

Experimentelle und numerische Untersuchungen zum Crashverhalten von Strukturbauteilen aus kohlefaserverstärkten Kunststoffen

Jochen Peter, Band 8
Hrsg.: K. Thoma, S. Hiermaier
Freiburg i. Br. 2005, 186 S., zahlreiche Abbildungen und Tabellen

ISBN 3-8167-6748-6 | Fraunhofer IRB Verlag
EUR 64.20

Fraunhofer Institut Kurzzeitdynamik Ernst-Mach-Institut

Zellulares Aluminium: Entwicklung eines makromechanischen Materialmodells mittels mesomechanischer Simulation

Markus Wicklein

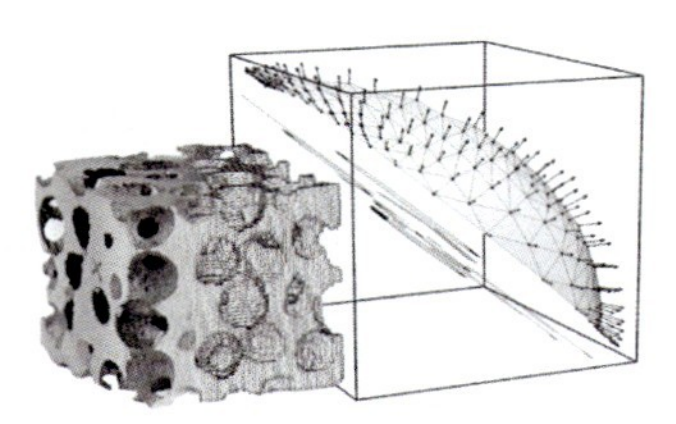

Schriftenreihe $\dot{\mathcal{E}}$ - Forschungsergebnisse aus der Kurzzeitdynamik

Herausgeber Prof. Dr. rer. nat. Klaus Thoma
PD Dr.-Ing. habil. Stefan Hiermaier

Heft Nr. 9

Zellulares Aluminium: Entwicklung eines makromechanischen Materialmodells mittels mesomechanischer Simulation

Markus Wicklein, Band 9
Hrsg.: K. Thoma, S. Hiermaier
Freiburg i. Br. 2006, 186 S., zahlreiche farbige Abbildungen und Tabellen

ISBN 3-8167-7018-5 | Fraunhofer IRB Verlag
EUR 64.20

Fraunhofer Institut
Kurzzeitdynamik
Ernst-Mach-Institut

Naturfaserverstärkter Polymerbeton - Entwicklung, Eigenschaften und Anwendung

Meike Gallenmüller

Schriftenreihe $\dot{\varepsilon}$ - Forschungsergebnisse aus der Kurzzeitdynamik

Herausgeber Prof. Dr. rer. nat. Klaus Thoma
PD Dr.-Ing. habil. Stefan Hiermaier

Heft Nr. 10

Naturfaserverstärkter Polymerbeton - Entwicklung, Eigenschaften und Anwendung

Meike Gallenmüller, Band 10
Hrsg.: K. Thoma, S. Hiermaier
Freiburg i. Br. 2006, zahlreiche farbige Abbildungen und Tabellen

ISBN 3-8167-7053-3 | Fraunhofer IRB Verlag
EUR 64.20

Räumliche und zeitauflösende bildgebende Verfahren der Röntgenblitztechnik

Philip Helberg

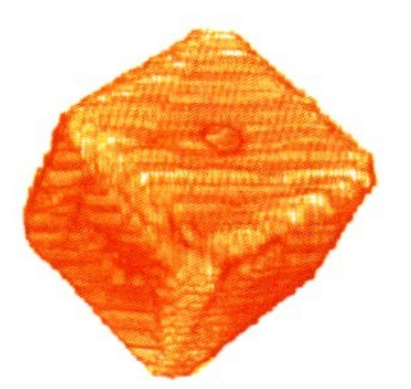

Schriftenreihe $\dot{\mathcal{E}}$ - Forschungsergebnisse aus der Kurzzeitdynamik

Herausgeber Prof. Dr. rer. nat. Klaus Thoma
PD Dr.-Ing. habil. Stefan Hiermaier

Heft Nr. 11

Räumliche und zeitauflösende bildgebende Verfahren der Röntgenblitztechnik

Philip Helberg, Band 11
Hrsg.: K. Thoma, S. Hiermaier
Freiburg i. Br. 2006, 201 S., zahlreiche Abbildungen und Tabellen

ISBN 3-8167-7212-9 | Fraunhofer IRB Verlag
EUR 64.20

Fraunhofer Institut
Kurzzeitdynamik
Ernst-Mach-Institut

Charakterisierung und Modellierung kurzfaserverstärkter thermoplastischer Kunststoffe zur numerischen Simulation von Crashvorgängen

Roland Krivachy

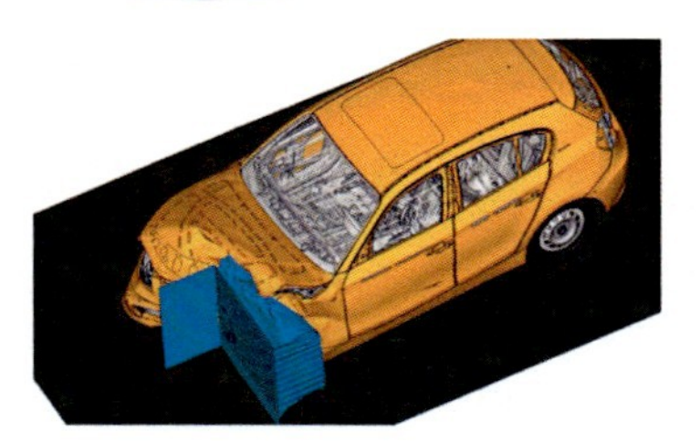

Schriftenreihe $\dot{\varepsilon}$- Forschungsergebnisse aus der Kurzzeitdynamik

Herausgeber Prof. Dr. rer. nat. Klaus Thoma
PD Dr.-Ing. habil. Stefan Hiermaier

Heft Nr. 12

Charakterisierung und Modellierung kurzfaserverstärkter thermoplastischer Kunststoffe zur numerischen Simulation von Crashvorgängen

Roland Krivachy, Band 12
Hrsg.: K. Thoma, S. Hiermaier
Freiburg i. Br. 2007, 212 S., zahlreiche Abbildungen und Tabellen

ISBN 978-3-8167-7364-1 | Fraunhofer IRB Verlag
EUR 64.20

Fraunhofer Institut
Kurzzeitdynamik
Ernst-Mach-Institut

Ein Werkstoffmodell für eine Aluminium Druckgusslegierung unter statischen und dynamischen Beanspruchungen

Jan Jansen

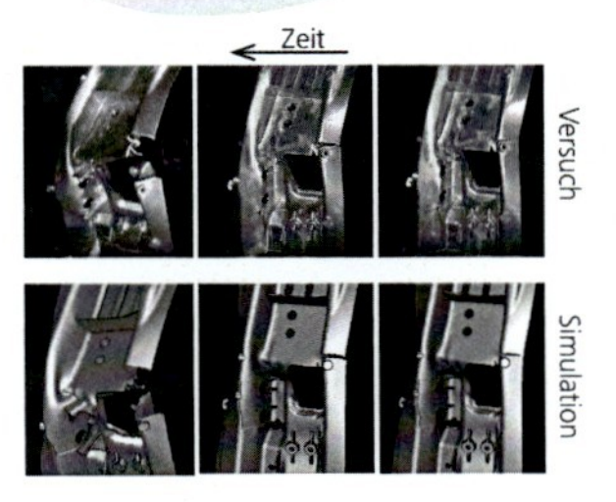

Schriftenreihe $\dot{\mathcal{E}}$ - Forschungsergebnisse aus der Kurzzeitdynamik

Herausgeber Prof. Dr. rer. nat. Klaus Thoma
PD Dr.-Ing. habil. Stefan Hiermaier

Heft Nr. 13

Ein Werkstoffmodell für eine Aluminium Druckgusslegierung unter statischen und dynamischen Beanspruchungen

Jan Jansen, Band 13
Hrsg.: K. Thoma, S. Hiermaier
Freiburg i. Br. 2007, 212 S., zahlreiche Abbildungen und Tabellen

ISBN 978-3-8167-7382-5 | Fraunhofer IRB Verlag
EUR 64.20

Fraunhofer Institut
Kurzzeitdynamik
Ernst-Mach-Institut

Charakterisierung niederimpedanter Werkstoffe unter dynamischen Lasten

Thomas Meenken

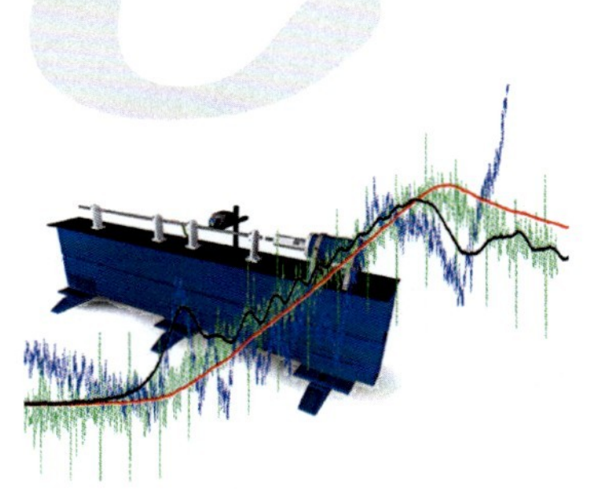

Schriftenreihe $\dot{\mathcal{E}}$ - Forschungsergebnisse aus der Kurzzeitdynamik

Herausgeber Prof. Dr. rer. nat. Klaus Thoma
Priv.-Doz. Dr.-Ing. habil. Stefan Hiermaier

Heft Nr. 14

Charakterisierung niederimpedanter Werkstoffe unter dynamischen Lasten

Thomas Meenken, Band 14
Hrsg.: K. Thoma, S. Hiermaier
Freiburg i. Br. 2008, 263 S., zahlreiche Abbildungen und Tabellen

ISBN 978-3-8167-7522-5 | Fraunhofer IRB Verlag
EUR 64.20

Fraunhofer Institut
Kurzzeitdynamik
Ernst-Mach-Institut

Hypervelocity Impact Induced Disturbances on Composite Sandwich Panel Spacecraft Structures

Shannon Ryan

© Photo: ESA

Schriftenreihe $\dot{\varepsilon}$ - Forschungsergebnisse aus der Kurzzeitdynamik

Herausgeber Prof. Dr. rer. nat. Klaus Thoma
Priv.-Doz. Dr.-Ing. habil. Stefan Hiermaier

Heft Nr. 15

Hypervelocity Impact Induced Disturbances on Composite Sandwich Panel Spacecraft Structures

Shannon Ryan, Band 15
Hrsg.: K. Thoma, S. Hiermaier
Freiburg i. Br. 2008, 248 S., zahlreiche Abbildungen und Tabellen

ISBN 978-3-8167-7555-3 | Fraunhofer IRB Verlag
EUR 64.20

Fraunhofer Institut
Kurzzeitdynamik
Ernst-Mach-Institut

Einfluss des Klebstoffversagens auf die Faltenbeulfestigkeit von Wabenstrukturen

Susanne Niedermeyer

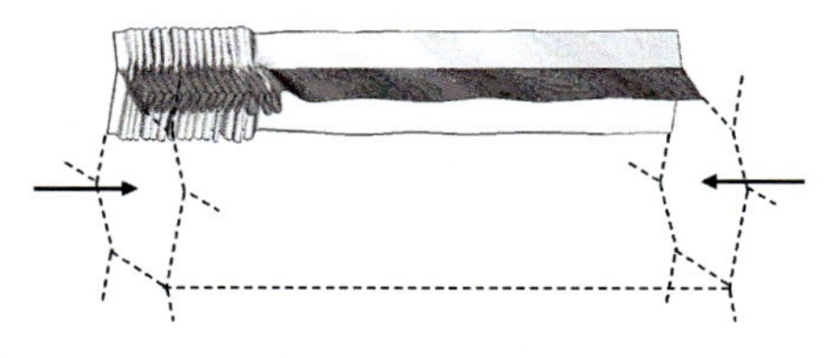

Schriftenreihe $\dot{\varepsilon}$ - Forschungsergebnisse aus der Kurzzeitdynamik

Herausgeber Prof. Dr. rer. nat. Klaus Thoma
Priv.-Doz. Dr.-Ing. habil. Stefan Hiermaier

Heft Nr. 16

Einfluss des Klebstoffversagens auf die Faltenbeulfestigkeit von Wabenstrukturen

Susanne Niedermeyer, Band 16
Hrsg.: K. Thoma, S. Hiermaier
Freiburg i. Br. 2008, 107 S., zahlreiche Abbildungen und Tabellen

ISBN 978-3-8167-7561-4 | Fraunhofer IRB Verlag
EUR 64.20

Fraunhofer Institut Kurzzeitdynamik Ernst-Mach-Institut

Mauerwerk unter Druckstoßbelastung - Tragverhalten und Berechnung mit Verstärkung durch Kohlefaserlamellen

Markus Romani

© Photo: ESA

Schriftenreihe $\dot{\mathcal{E}}$ - Forschungsergebnisse aus der Kurzzeitdynamik

Herausgeber Prof. Dr. rer. nat. Klaus Thoma
Prof. Dr.-Ing. habil. Stefan Hiermaier

Heft Nr. 17

Mauerwerk unter Druckstoßbelastung – Tragverhalten und Berechnung mit Verstärkung durch Kohlefaserlamellen

Markus Romani, Band 17
Hrsg.: K. Thoma, S. Hiermaier
Freiburg i. Br. 2008, 236 S., zahlreiche Abbildungen und Tabellen

ISBN 978-3-8167-7605-5 | Fraunhofer IRB Verlag
EUR 64.20

Multiskalenmodellierung von Impaktbelastungen auf Faserverbundlaminate: Methodenentwicklung, Parameteridentifikation und Anwendung

Matthias Nossek

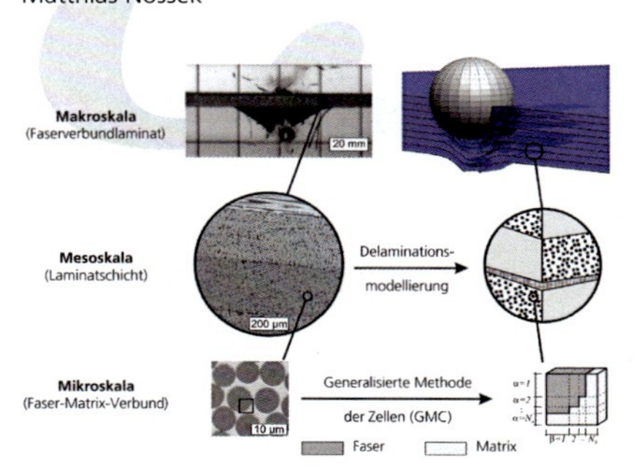

Schriftenreihe $\dot{\varepsilon}$ – Forschungsergebnisse aus der Kurzzeitdynamik

Herausgeber Prof. Dr. rer. nat. Klaus Thoma
Prof. Dr.-Ing. habil. Stefan Hiermaier

Heft Nr. 18

Multiskalenmodellierung von Impaktbelastungen auf Faserverbundlaminate: Methodenentwicklung, Parameteridentifikation und Anwendung

Matthias Nossek, Band 18
Hrsg.: K. Thoma, S. Hiermaier
Freiburg i. Br. 2011, 282 S., zahlreiche Abbildungen und Tabellen

ISBN 978-3-8396-0226-3 | Fraunhofer Verlag
EUR 64.20

Modeling of ultra-high performance concrete (UHPC) under impact loading

Design of a high-rise building core against aircraft impact

Markus Nöldgen

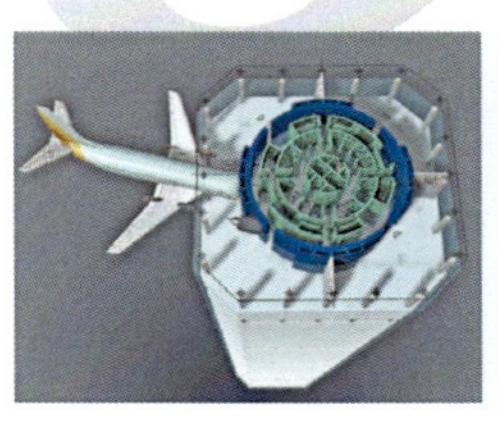

Schriftenreihe $\dot{\varepsilon}$ – Forschungsergebnisse aus der Kurzzeitdynamik

Herausgeber Prof. Dr. rer. nat. Klaus Thoma
Prof. Dr.-Ing. habil. Stefan Hiermaier

Heft Nr. 19

FRAUNHOFER VERLAG

Modeling of ultra-high performance concrete (UHPC) under impact loading

Markus Nöldgen, Band 19
Hrsg.: K. Thoma, S. Hiermaier
Freiburg i. Br. 2011, 288 S., zahlreiche Abbildungen und Tabellen

ISBN 978-3-8396-0286-7 | Fraunhofer Verlag
EUR 66

Proceedings of the 11th Hypervelocity Impact Symposium

Freiburg, Germany, April 11–15, 2010

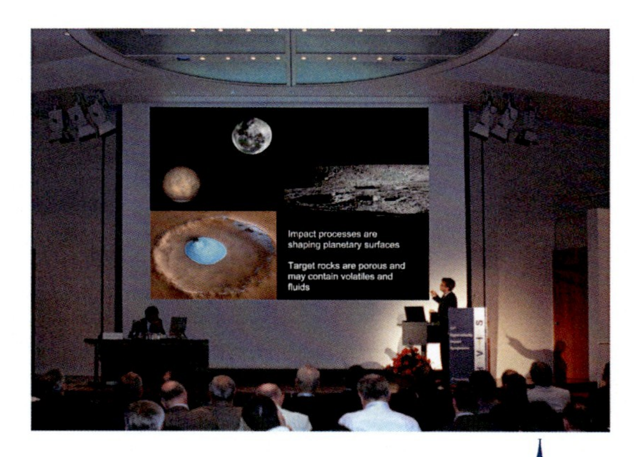

F. Schäfer, S. Hiermaier, (Eds.)

Proceedings of the 11th Hypervelocity Impact Symposium

Band 20
Hrsg.: F. Schäfer, S. Hiermaier
Freiburg i. Br. 2011, 828 S., zahlreiche Abbildungen und Tabellen

ISBN 978-3-8396-0280-5 | Fraunhofer Verlag
EUR 150

A numerical modeling approach for the transient response of solids at the mesoscale

Sascha Knell

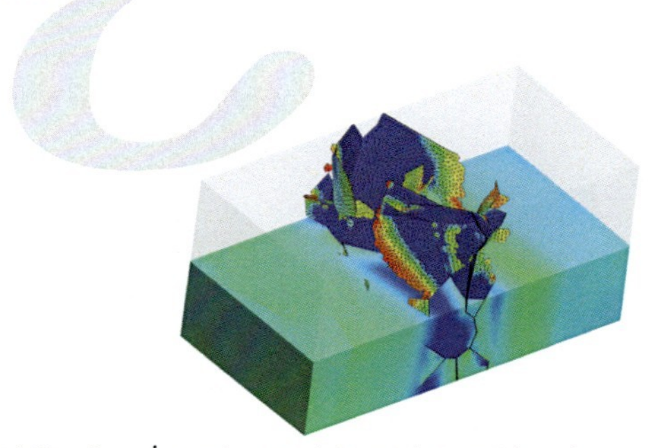

Schriftenreihe $\dot{\mathcal{E}}$ – Forschungsergebnisse aus der Kurzzeitdynamik

Herausgeber Prof. Dr. rer. nat. Klaus Thoma
Prof. Dr.-Ing. habil. Stefan Hiermaier

Heft Nr. 21

FRAUNHOFER VERLAG

A numerical modeling approach for the transient response of solids at the mesoscale

Sascha Knell, Band 21
Hrsg.: K. Thoma, S. Hiermaier
Freiburg i. Br. 2011, 203 S., zahlreiche Abbildungen und Tabellen

ISBN 978-3-8396-0323-9 | Fraunhofer Verlag
EUR 58

Stanznietverbindungen: Experimentelle und numerische Analyse unter Berücksichtigung von Eigenspannungen

Gunter Haberkorn

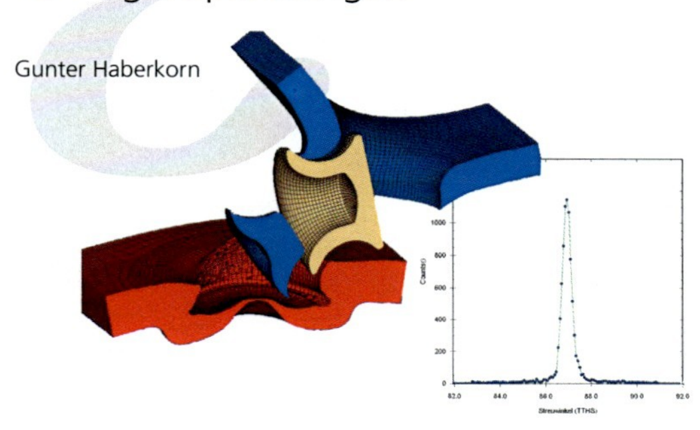

Schriftenreihe $\dot{\varepsilon}$ – Forschungsergebnisse aus der Kurzzeitdynamik

Herausgeber Prof. Dr. rer. nat. Klaus Thoma
Prof. Dr.-Ing. habil. Stefan Hiermaier

Heft Nr. 23

FRAUNHOFER VERLAG

Stanznietverbindungen: Experimentelle und numerische Analyse unter Berücksichtigung von Eigenspannungen

Gunter Haberkorn, Band 23
Hrsg.: K. Thoma, S. Hiermaier
Freiburg i. Br. 2011, 138 S., zahlreiche Abbildungen und Tabellen

ISBN 978-3-8396-0364-2 | Fraunhofer Verlag
EUR 48

Identifikation und Analyse von sicherheitsbezogenen Komponenten in semi-formalen Modellen

Uli Siebold

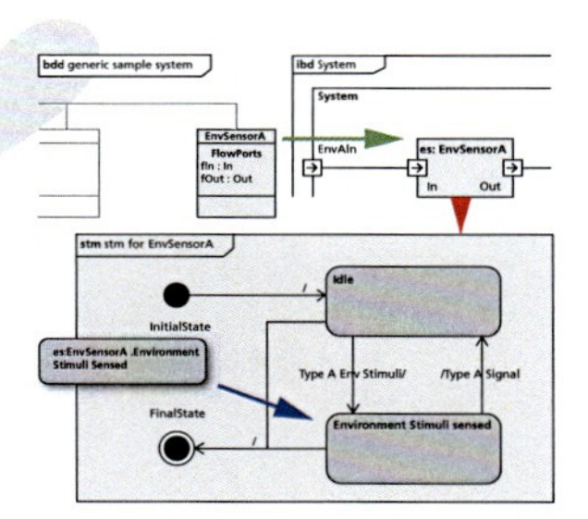

Schriftenreihe $\dot{\mathcal{E}}$ – Forschungsergebnisse aus der Kurzzeitdynamik

Herausgeber Prof. Dr. rer. nat. Klaus Thoma
Prof. Dr.-Ing. habil. Stefan Hiermaier

Heft Nr. 25

FRAUNHOFER VERLAG

Identifikation und Analyse von sicherheitsbezogenen Komponenten in semi-formalen Modellen

Uli Siebold, Band 25
Hrsg.: K. Thoma, S. Hiermaier
Freiburg i. Br. 2013, 230 S., zahlreiche Abbildungen und Tabellen

ISBN 978-3-8396-0541-7 | Fraunhofer Verlag
EUR 58

Ein kontinuumsmechanisches Materialmodell für das Verformungs- und Schädigungsverhalten textiler Gewebestrukturen bei dynamischen Lasten

Matthias Boljen

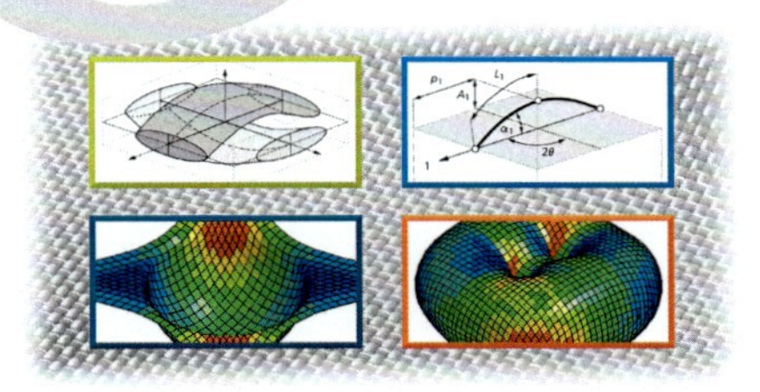

Schriftenreihe $\dot{\varepsilon}$ – Forschungsergebnisse aus der Kurzzeitdynamik

Herausgeber Prof. Dr. rer. nat. Klaus Thoma
Prof. Dr.-Ing. habil. Stefan Hiermaier

Heft Nr. 26

FRAUNHOFER VERLAG

Ein kontinuumsmechanisches Materialmodell für das Verformungs- und Schädigungsverhalten textiler Gewebestrukturen bei dynamischen Lasten

Matthias Boljen, Band 26
Hrsg.: K. Thoma, S. Hiermaier
Freiburg i. Br. 2014, 248 S., zahlreiche Abbildungen und Tabellen

ISBN 978-3-8396-0747-3 | Fraunhofer Verlag
EUR 59

Analyse und Beschreibung des dynamischen Zugtragverhaltens von ultra-hochfestem Beton

Oliver Millon

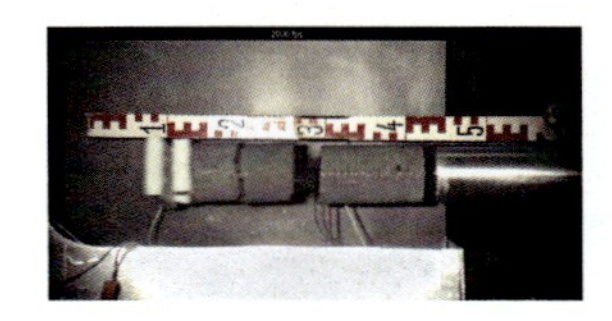

Schriftenreihe $\dot{\varepsilon}$ – Forschungsergebnisse aus der Kurzzeitdynamik

Herausgeber Prof. Dr. rer. nat. Klaus Thoma
Prof. Dr.-Ing. habil. Stefan Hiermaier

Heft Nr. 27

FRAUNHOFER VERLAG

Ein kontinuumsmechanisches Materialmodell für das Verformungs- und Schädigungsverhalten textiler Gewebestrukturen bei dynamischen Lasten

Oliver Millon, Band 27
Hrsg.: K. Thoma, S. Hiermaier
Freiburg i. Br. 2015, 256 S., zahlreiche Abbildungen und Tabellen

ISBN 978-3-8396-0824-1 | Fraunhofer Verlag
EUR 59

Systematik eines Beschleunigungs-sensor-Designkonzepts auf MEMS-Basis

Robert Külls

$$\phi_{design} = S\omega^2 = kr\frac{1}{L}C$$

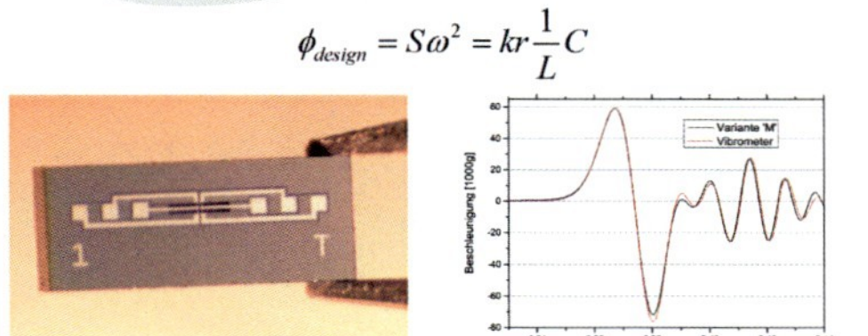

Schriftenreihe $\dot{\varepsilon}$ – Forschungsergebnisse aus der Kurzzeitdynamik

Herausgeber Prof. Dr.-Ing. habil. Stefan Hiermaier

Heft Nr. 28

FRAUNHOFER VERLAG

Systematik eines Beschleunigungssensor-Designkonzepts auf MEMS-Basis

Robert Külls , Band 28
Hrsg.: K. Thoma, S. Hiermaier
Freiburg i. Br. 2016, 224 S., zahlreiche Abbildungen und Tabellen

ISBN 978-3-8396-0902-6 | Fraunhofer Verlag
EUR 39

Stahlbetonbauteile unter kombinierten statischen und detonativen Belastungen in Experiment, Simulation und Bemessung

Andreas Bach

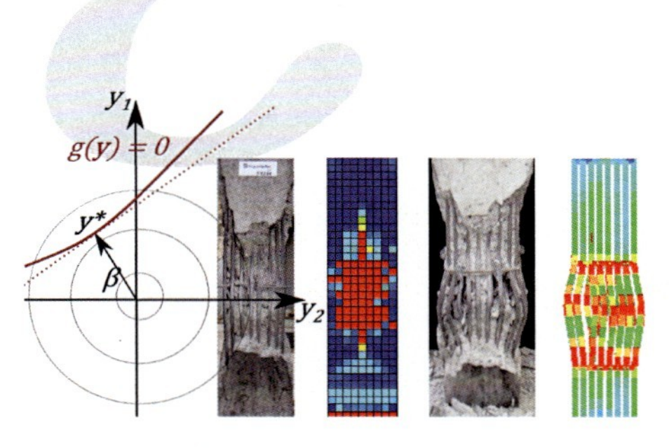

Schriftenreihe $\dot{\varepsilon}$ – Forschungsergebnisse aus der Kurzzeitdynamik

Herausgeber Prof. Dr. rer. nat. Klaus Thoma
Prof. Dr.-Ing. habil. Stefan Hiermaier

Heft Nr. 29

FRAUNHOFER VERLAG

Stahlbetonbauteile unter kombinierten statischen und detonativen Belastungen in Experiment, Simulation und Bemessung

Andreas Bach , Band 29
Hrsg.: K. Thoma, S. Hiermaier
Freiburg i. Br. 2017, 293 S., zahlreiche Abbildungen und Tabellen

ISBN 978-3-8396-1028-2 | Fraunhofer Verlag